W0293533

LANDTECHNIK I

Grundlagen

Herbert Reiter
Hubert Schagerl
Anton Wagner
Gotthard Wirleitner

Leopold Stocker Verlag
Graz – Stuttgart

Umschlaggestaltung: Herwig Steiner, Graz
Umschlagfoto: Fa. Perkins Motoren GmbH., Kleinostheim
Zeichnungen, Grafiken: Fa. Kirschblau, Graz; ein Teil davon wurde dem Verlag freundlicherweise von den Autoren zur Verfügung gestellt, so nicht anders angegeben.
Fotos: Diese wurden dem Verlag ebenfalls von den Autoren zur Verfügung gestellt, so nicht anders angegeben.

Lt. Bescheid des Bundesministeriums für Unterricht und Kunst, Zl. 24.566/10-V/2/93 vom 3. Juni 1994, für den Unterrichtsgebrauch an Höheren land- und forstwirtschaftlichen Lehranstalten, Fachrichtungen Allgemeine Landwirtschaft und Alpenländische Landwirtschaft. II.–V. Jg., im UG „Landmaschinentechnik" als geeignet erklärt.

Lt. Bescheid des Amtes der Burgenländischen Landesregierung, Zl. V/1-8110/126-1994 vom 10. Mai 1994, für den Unterrichtsgebrauch an landwirtschaftlichen Berufs- und Fachschulen, alle Fachrichtungen und sämtliche Schulstufen, als geeignet erklärt.

Lt. Bescheid des Amtes der Kärntner Landesregierung, Zl. 10L-134/8/94 vom 20. September 1994, für den Unterrichtsgebrauch an landwirtschaftlichen Fachschulen, Fachrichtung Landwirtschaft, alle Schulstufen, in den UG „Landtechnik und Baukunde" bzw. „Landtechnik" als geeignet erklärt.

Lt. Bescheid des Amtes der Niederösterreichischen Landesregierung, Zl. VI/5-520/14-1993 vom 28. März 1994, für den Unterrichtsgebrauch an landwirtschaftlichen Berufs- und Fachschulen, alle Fachrichtungen und Schulstufen, in den UG „Landtechnik und Baukunde" bzw. „Landtechnik" als geeignet erklärt.

Lt. Bescheid des Amtes der Oberösterreichischen Landesregierung, Zl. Bi-120076/68-1994 vom 19. Mai 1994, für den Unterrichtsgebrauch an landwirtschaftlichen Berufs- und Fachschulen, alle Fachrichtungen, sämtliche Schulstufen, in den UG „Landtechnik und Baukunde" bzw. „Landtechnik" als geeignet erklärt.

Lt. Bescheid des Amtes der Salzburger Landesregierung, Zl. 4/02-54/15-1994 vom 17. Mai 1994, für den Unterrichtsgebrauch an landwirtschaftlichen Berufs- und Fachschulen als geeignet erklärt.

Lt. Bescheid des Amtes der Steiermärkischen Landesregierung, Zl. ALS-41 A5/5 vom 3. Mai 1994, für den Unterrichtsgebrauch an land- und forstwirtschaftlichen Berufs- und Fachschulen, alle Fachrichtungen und Schulstufen, im UG „Landtechnik und Baukunde" als geeignet erklärt.

Lt. Bescheid des Amtes der Tiroler Landesregierung, Zl. IIIc-32/46 vom 5. Mai 1994, für den Unterrichtsgebrauch an land- und forstwirtschaftlichen Berufs- und Fachschulen, sämtliche Schulstufen, im UG „Landtechnik und Baukunde" als geeignet erklärt.

Lt. Bescheid des Amtes der Vorarlberger Landesregierung, Zl IIa-146-1 vom 5. August 1994, für den Unterrichtsgebrauch an landwirtschaftlichen Berufs- und Fachschulen, Fachrichtung Landwirtschaft, alle Schulstufen, in den UG „Baukunde" bzw. „Landtechnik und Arbeitswirtschaft" als geeignet erklärt.

ISBN 3-7020-0735-0
Alle Rechte der Verbreitung, auch durch Film, Funk und Fernsehen, fotomechanische Wiedergabe, Tonträger jeder Art, auszugsweisen Nachdruck oder Einspeicherung und Rückgewinnung in Datenverarbeitungsanlagen aller Art, sind vorbehalten.
© Copyright by Leopold Stocker Verlag, Graz 1995, Nachdruck 1999
Printed in Austria
Satzherstellung: „AGENDA" Verlags-, Presse- und Werbe GmbH, 8051 Graz, Wiener Straße 287
Druck + Bindung: Druckerei Theiss GmbH, A-9400 Wolfsberg

Buch-Nr. 46-1988

Wirleitner u. a.
Landtechnik 1

© Copyright by Leopold Stocker Verlag,
Graz 1995, Nachdruck 2002

ISBN 3-7020-0735-0

INHALTSVERZEICHNIS

A ENERGIE ALS GRUNDLAGE DER TECHNIK ... 5

1. Mechanische Energie ... 7
1.1 Eigenschaften der Körper ... 7
1.2 Maßeinheiten der Technik ... 7
1.3 Flüssigkeiten ... 14
1.4 Gase ... 15
1.5 Pumpen ... 16
1.6 Festigkeit ... 17

2. Wärmeenergie ... 19
2.1 Wärmedehnung ... 19
2.2 Wärmemenge ... 19
2.3 Heizwert ... 20
2.4 Wärmeübertragung ... 20
2.5 Änderung des Aggregatzustandes ... 21

3. Elektrische Energie ... 22
3.1 Maßeinheiten und Grundgesetze ... 22
3.2 Stromarten und Stromerzeugung ... 23
3.3 Elektronische Bauelemente ... 26
3.4 Elektrische Beleuchtung ... 28
3.5 Elektromotoren ... 29
3.6 Schutzmaßnahmen ... 30

4. Energievorkommen ... 34
4.1 Begrenzte Energievorkommen ... 34
4.2 Erneuerbare Energievorkommen ... 38

B WERKSTOFFKUNDE ... 45

1. Herstellung und Eigenschaften von Eisenwerkstoffen ... 45

2. Nichteisenmetalle ... 49
2.1 Legierungen von Nichteisenmetallen ... 49
2.2 Korrosion und Korrosionsschutz ... 49

3. Holz ... 51
3.1 Bearbeitung des Holzes ... 51
3.2 Holzverbindungen ... 52
3.3 Holzschutz ... 53

4. Kunststoffe ... 55

5. Maschinenelemente ... 60
5.1 Verbindungselemente ... 60
a) Lösbare Verbindungen ... 60
b) Unlösbare Verbindungen ... 63
5.2 Bewegungselemente ... 70

6. Verbrennungsmotoren ... 76
6.1 Begriffe und Unterscheidungsmerkmale von Verbrennungsmotoren ... 76
6.2 Der Aufbau des Motors ... 77
6.3 Arbeitsverfahren von Hubkolbenmotoren ... 78
6.4 Bauelemente von Ottomotoren ... 80
6.5 Bauelemente von Dieselmotoren ... 85
6.6 Motorschmierung ... 88
6.7 Kühlung ... 89
6.8 Luftfilter ... 90

C WIRTSCHAFTLICHE MECHANISIERUNG 92

1. Maschinenkosten und Maschinenkauf 92
1.1 Fixkosten 92
1.2 Bewegliche (variable) Kosten 93
1.3 Beispiel zur Kostenrechnung 94
1.4 Die wirtschaftliche Einsatzgrenze 95
1.5 Der Maschinenkauf 95

2. Arbeitstechnik 97

3. Zwischenbetrieblicher Maschineneinsatz 99

4. Maschinenpflege 101
4.1 Reinigen 101
4.2 Konservieren 101
4.3 Schmieren 101
4.4 Die Werkstätte 103

GRUNDLAGEN DER LANDTECHNIK

A Energie als Grundlage der Technik

Unter Energie verstehen wir jede nutzbare Kraft von Körpern oder Systemen, die Arbeit verrichten kann. Energie ist eine meßbare Größe, die in verschiedener Form in Erscheinung treten kann, z. B. bei Menschen oder Tieren als Muskelkraft, bei Maschinen als mechanische Energie, bei der Verbrennung als Wärmeenergie oder durch den elektrischen Strom als elektrische Energie usw.

Zur Befriedigung seiner Bedürfnisse und zur Verbesserung seines Lebensstandards braucht der Mensch Energie, z. B. zum Betrieb von Motoren, Autos, Flugzeugen, Schiffen, Haushaltsgeräten, Heizungen usw. Wenn man die bisherige Entwicklung im Bereich der Energie betrachtet, kann gesagt werden, daß der Energiebedarf durch steigenden Wohlstand und das Anwachsen der Weltbevölkerung weiter ansteigen wird. Um den Energiebedarf weltweit auch in Zukunft decken zu können, werden neue Überlegungen nötig sein. Die Fragen der Energiegewinnung und der Energieeinsparung werden zunehmende Bedeutung erlangen.

a) Mechanische Energie

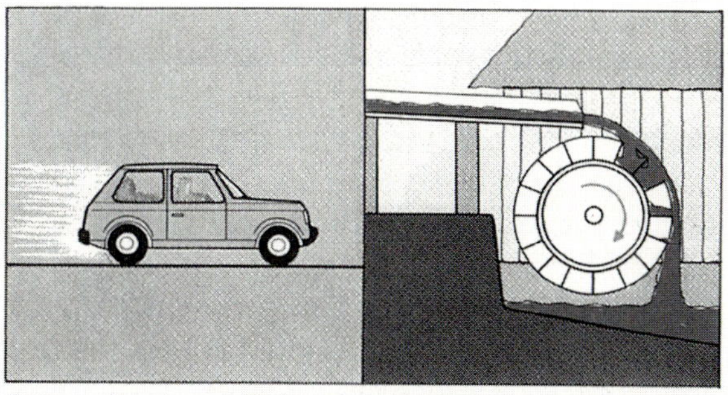

Fahrendes Auto, fließendes Wasser, Wasser in einem Stausee (verrichtet Arbeit, wenn es vom Stausee durch die Turbinen eines Kraftwerkes läuft)

b) Wärmeenergie

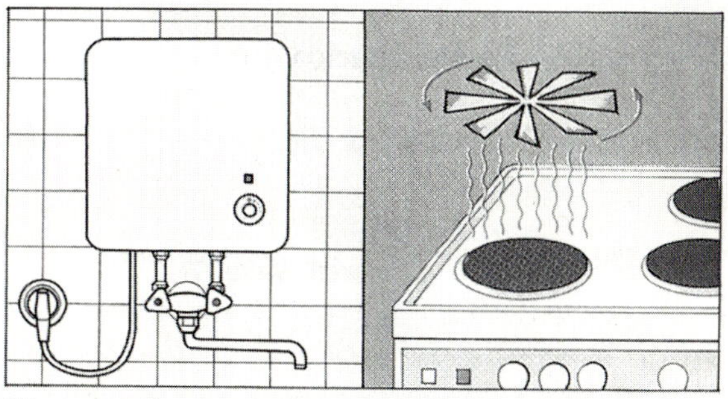

Warmes Wasser, heiße Luft, heiße Kochplatte

c) Elektrische Energie

Elektronenbewegung auf Grund einer in der Stromquelle (z. B. Generator) eines Kraftwerkes erzeugten elektrischen Spannung

d) Chemische Energie

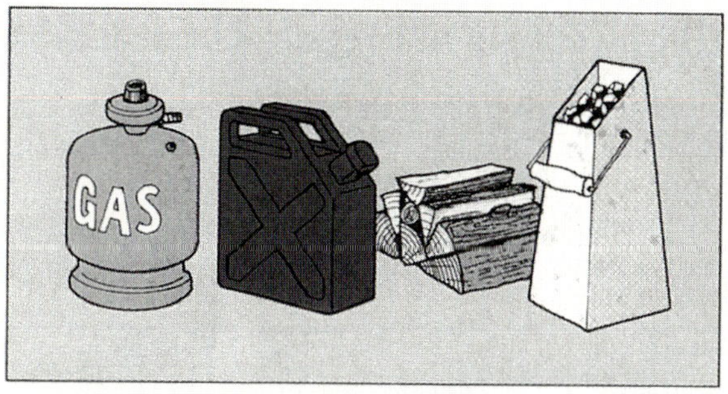

Zum Beispiel Erdöl, Erdgas, Kohle oder Holz. Wird der Brennstoff angezündet, wird die chemische Energie in Wärmeenergie umgewandelt

e) Strahlungsenergie

Licht- oder Radiowellen, Wärmestrahlung

f) Kernenergie

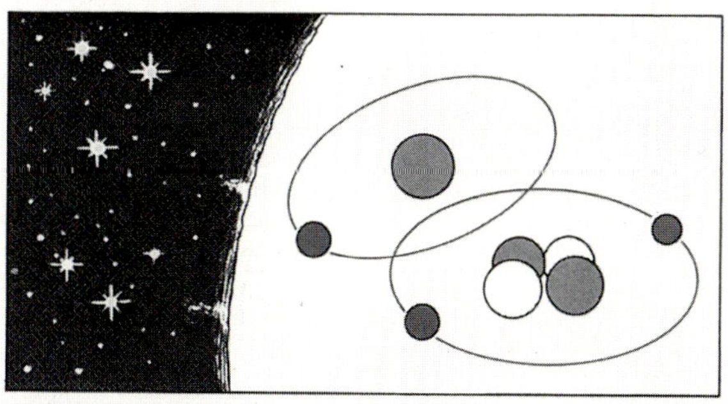

Energie der Atomkerne, z. B. Ursache der Sonneneinstrahlung

❑ Energieverbrauch

Die Energiebilanz Österreichs von 1991 wies einen Energieverbrauch von 855.337 TJ (Terajoule) aus. Davon wurden 72% importiert. Das bedeutet, daß der österreichische Staat 1991 für den Energieimport ca. 35 Milliarden Schilling an das Ausland zahlen mußte.

Nutzenergieverbrauch nach Verbrauchergruppen

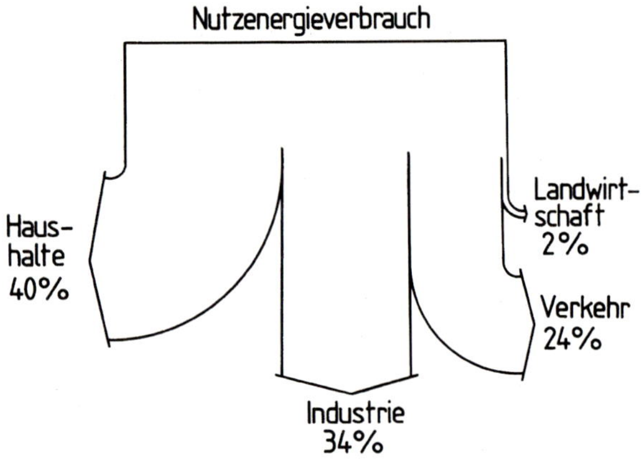

Endenergieverbrauch in Österreich 1992 (EVN)

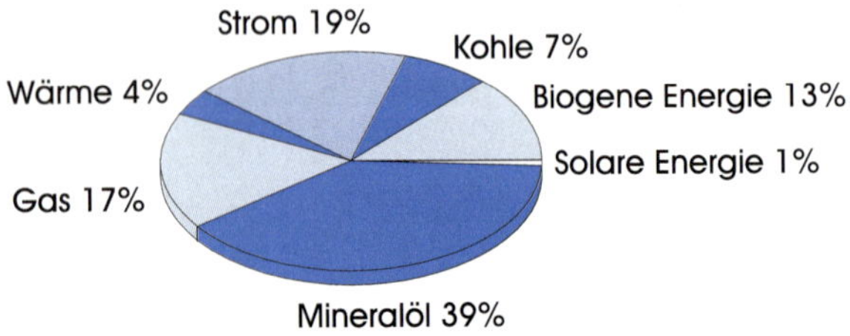

Energieverbrauch pro Haushalt 1993

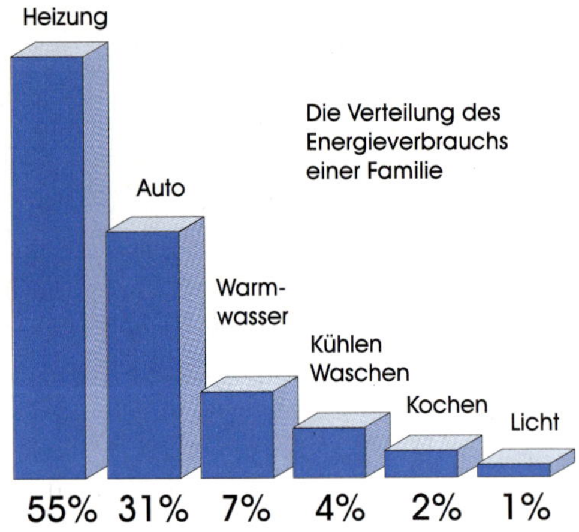

❑ Energiearten und Energieumwandlung

Die verschiedenen Energiearten können zur Bedarfsdeckung meist nicht direkt verwendet werden. In der Regel müssen sie einer Umwandlung unterworfen werden. Elektrische Energie kann z. B. in kalorischen Kraftwerken aus Erdöl, Kohle, Erdgas usw. gewonnen und über Glühlampen oder Leuchtstoffröhren in Lichtenergie oder durch den Elektromotor in mechanische Energie umgewandelt werden.
Bei der Energieumwandlung kann keine Energie verlorengehen, wenngleich sie nicht voll in Nutzenergie umgewandelt werden kann: Gesetz von der Erhaltung der Energie (Robert Mayer).

	Mechanische Energie	**Thermische Energie**	**Lichtenergie**	**Elektrische Energie**	**Chemische Energie**
Mechanische Energie	—	Reibungswärme Wärmepumpen	—	Dynamo, Mikrophon Generator	—
Thermische Energie	Wärmekraftmaschinen (Motoren)	—	Glühlampen	Thermoelement[1]	Endothermochemische Reaktion[2]
Lichtenergie	Radiometrie (Lichtmühle)[3]	Lichtabsorption[4]	—	Photoelement[5]	Photosynthese (Pflanzen)[6]
Elektrische Energie	Elektromotor	Peltiereffekt[7]	Spektrallampe Leuchtstoffröhre	—	Elektrolyse
Chemische Energie	Osmose Muskel	Verbrennung	Leuchtkäfer	Galvanisches Element[8]	—
Kernenergie	Reaktor + Turbine	Reaktor	—	Reaktor + Turbine + Generator	—

Begriffserklärung:

1 Zwei verschiedene Metalle werden miteinander verlötet. Wird die Lötstelle erwärmt, fließt elektrischer Strom (Seebeck-Effekt). Verwendung als Temperaturmeßgerät (– 250 bis 330° C).

2 Sind Prozesse, die unter Verbrauch von Wärme ablaufen, z. B. Photosynthese von Pflanzen: Die benötigte Energie wird dem Sonnenlicht entnommen.

3 Strahlenmesser: In einem Glaskolben befindet sich ein Flügelrädchen, dessen eine Seite schwarz ist, die andere ist blank. Bei Bestrahlung erwärmt sich die schwarze Seite, reflektiert die auf sie auftreffenden Luftmoleküle mit größerer Geschwindigkeit und erfährt dabei selbst einen Rückstoß, der das Rädchen zum Drehen bringt.

4 Das Verschlucken von Licht durch Materie (Körper), auf die es fällt. Die Lichtenergie wird dabei meist in Wärme umgewandelt.

5 Eine Sperrschicht (z. B. Selen) wird auf ein Trägermetall (z. B. Eisen) aufgedampft, darüber kommt eine lichtdurchlässige Schicht (z. B. Platin). Bei Belichtung entsteht eine Spannung von einigen Zehntel Volt. Anwendung bei Belichtungsmessern und Sonnenzellen.

6 Kohlensäureassimilation: Die Umwandlung von Kohlendioxyd und Wasser in Kohlenhydrate bei Ausnutzung der Lichtenergie der Sonne durch grüne Pflanzen.

7 Je nach der Stromrichtung wird die von einem elektrischen Strom durchflossene Lötstelle zweier verschiedenartiger Metalle (Thermoelement) erwärmt oder abgekühlt. Anwendung bei der technischen Kühlung.

8 Elektrochemische Stromquellen: Sie geben elektrischen Strom ab, ohne geladen werden zu müssen. Zwei verschiedene Stäbe oder Platten werden in eine Lösung (Elektrolyt) getaucht. Die dabei zwischen ihnen entstehende Ionenwanderung bewirkt an den Plattenenden einen Stromfluß (z. B. Batterie).

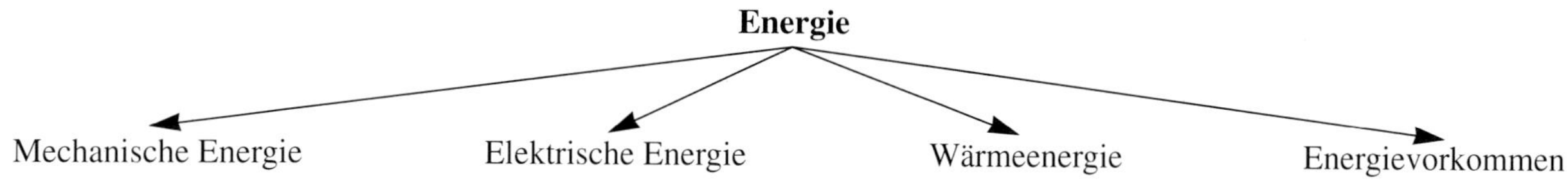

1. Mechanische Energie

1.1 Eigenschaften der Körper

Jeder Stoff besteht aus kleinsten Teilen, die dieselben Eigenschaften zeigen. Diese Teilchen werden Moleküle genannt. Diese Moleküle wieder werden aus einzelnen Atomen aufgebaut. Selbst Atome bestehen aus kleineren Elementarteilchen, aus dem Kern (Protonen und Neutronen) und den Elektronen. Wie schon im Atom zwischen Kern und Elektronen, herrschen auch zwischen Atomen und Molekülen elektrische Kräfte. Die gegenseitigen Anziehungskräfte gleichartiger Moleküle werden Kohäsionskräfte, die zwischen verschiedenartigen aber Adhäsionskräfte genannt. Zustandsformen der Körper: Jeder Körper befindet sich entweder in festem, flüssigem oder gasförmigem Zustand (Aggregatzustand). Der Aggregatzustand kann durch Temperatur- und Druckänderung umgewandelt werden.

Zwischen den Molekülen eines Körpers wirken Anziehungskräfte:

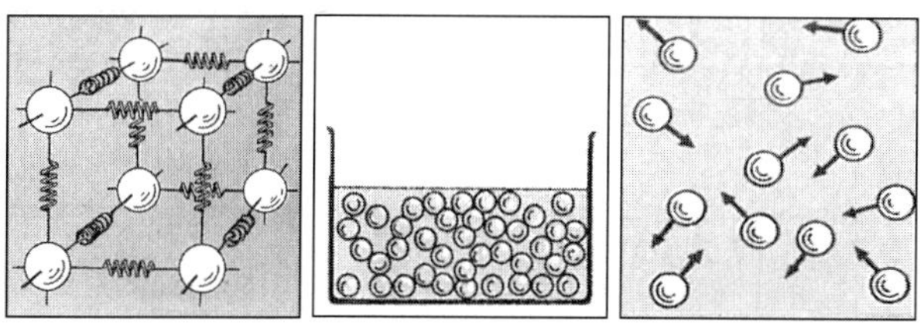

a) fester Körper – hohe Bindekräfte
b) flüssiger Körper – geringe Bindekräfte
c) gasförmiger Körper – Moleküle stoßen sich ab

Feste Körper haben eine hohe Kohäsionskraft, also eine feste Gestalt und ein bestimmtes Volumen.
Flüssigkeiten haben eine geringere Kohäsionskraft, keine bestimmte Gestalt, sie passen ihre Form dem Behälter an. Sie sind nicht zusammendrückbar, doch lassen sie sich vorzüglich zur Druckfortpflanzung verwenden (Hydraulikanlagen).
Gasförmige Körper sind voneinander unabhängig und bewegen sich mit großer Geschwindigkeit im Raum. Sie füllen einen Raum gleichmäßig aus, haben weder eine bestimmte Form noch ein bestimmtes Volumen. Sie dehnen sich bei Erwärmung aus (Expansion) und lassen sich leicht zusammendrücken (komprimieren).

1.2 Maßeinheiten der Technik

Seit dem 1. 1. 1978 ist durch das Bundesgesetz über das Maß- und Eichwesen das „Système International d' Unités" mit der international verbindlichen Abkürzung SI in Kraft getreten. Das **SI-System** enthält folgende Basiseinheiten:

	Basiseinheit	
Basisgröße	Name	Zeichen
Länge	der Meter	m
Masse	das Kilogramm	kg
Zeit	die Sekunde	s
elektrische Stromstärke	das Ampere	A
Temperatur	das Kelvin	K
Lichtstärke	die Candela	cd
Stoffmenge	das Mol	mol

SI-Vorsilben: Von den gesetzlichen SI-Einheiten können zur Vereinfachung dezimale Vielfache und Teile gebildet werden. Die SI-Vorsilben sind vor das Zeichen der SI-Einheit zu setzen, z. B.: kW, cm.

dag	Deka	10^1	= 10
h	Hekto	10^2	= 100
k	Kilo	10^3	= 1000
M	Mega	10^6	= ....
G	Giga	10^9	= ....
T	Tera	10^{12}	= ....
P	Peta	10^{15}	= ....
E	Exa	10^{18}	= ....

d	Dezi	1/10	$= 10^{-1}$	= 0,1
c	Zenti	1/100	$= 10^{-2}$	= 0,01
m	Milli	$1/10^3$	$= 10^{-3}$	= 0,001
u	Mikro	$1/10^6$	$= 10^{-6}$	= ....
n	Nano	$1/10^9$	$= 10^{-9}$	= ....
p	Pico	$1/10^{12}$	$= 10^{-12}$	= ....
f	Femto	$1/10^{15}$	$= 10^{-15}$	= ....
a	Atto	$1/10^{18}$	$= 10^{-18}$	= ....

In der Folge werden SI-Einheiten sowie die wichtigsten davon abgeleiteten Einheiten dargestellt. Die Begriffserklärungen und Beispiele sollen helfen, die Zusammenhänge besser begreifen zu lernen.

Größe	Symbol	SI-Einheit		Weitere Einheiten, Umrechnung
		Name	Zeichen	
Länge, Weg	l, s	Meter	m	1m = 100 cm = 1000 mm 1 km = 1000 m
Fläche	A	Quadratmeter	m^2	1 m^2 = 100 dm^2 = 10.000 cm^2 1a = 100 m^2 1 ha = 100 a = 10.000 m^2
Volumen	V	Kubikmeter	m^3	1 m^3 = 1000 dm^3 = 1000 l
Masse	m	Kilogramm	kg	1 t = 1000 kg 1 dt = 100 kg (t = Tonne, dt = Dezitonne)
Dichte	ρ (Rho)	Kilogramm durch Kubikmeter	kg/m^3	
Zeit	t	Sekunde	s	1 Stunde (h) = 60 min. = 3600 s
Frequenz	f	Hertz	Hz	1 Hz = 1/s = 60/min.
Drehzahl	n	reziproke Sekunde	1/s	1/s = 60/min.
Geschwindigkeit	v	Meter durch Sekunde	m/s	1 m/s = 3,6 km/h
Beschleunigung	a	Meter durch Sekunde hoch zwei	m/s^2	Erdbeschleunigung g = 9,81 m/s^2
Volumenstrom	Q	Kubikmeter pro Sekunde	m^3/s	
Kraft	F	Newton (njuten) (engl. Naturforscher)	N	1 N = 1 kg · 1 m/s^2
Druck	P	Newton durch Quadratmeter, Pascal (franz. Physiker)	N/m^2 Pa	1 N/m^2 = 1 Pa 1 bar = 100.000 Pa 1 at = 0.89 bar ≈ 1 bar
Energie, Arbeit	W	Joule (dschul) (engl. Physiker)	J	1 J = 1 Nm = 1 Ws 1 kJ = 1000 J 1 kWh = 3600 kJ
Wärmemenge	Q	Joule	J	1 kWh = 3600 kJ
Drehmoment	M	Newtonmeter, Joule	Nm J	1 Nm = 1 J = 1 Ws
Leistung	P	Watt	W	1 W = 1 J/s = 1 Nm/s = 1 VA 1 kW = 1000 W = 1000 J/s 1 kW = 1,36 PS; 1 PS = 736 W
Temperatur	T	Kelvin	K	°C; T = °C + 273 1° C = 1 K (gilt nur für Intervalle)
Elektrische Stromstärke	I	Ampere	A	
Elektrische Spannung	U	Volt	V	
Elektrischer Widerstand	R	Ohm	Ω	
Lichtstärke	I	Candela	cd	
Stoffmenge	n	Mol	mol	

Alessandro Volta

Georg Simon Ohm

Blaise Pascal

Isaak Newton

❑ Masse

Als Masse wird die Stoffmenge eines Körpers bezeichnet. Als Einheit wurde 1 Kilogramm (kg) festgelegt. Es ist dies die Masse des Urkilogramms (Platin-Iridiumkörper), das in Sèvres bei Paris aufbewahrt wird. Die Massen anderer Körper werden durch geeichte Vergleichsstücke (meist aus Stahlguß) bestimmt. Balken- oder Federwaagen mit Zeiger- oder Digitalanzeige stehen zur Verfügung.

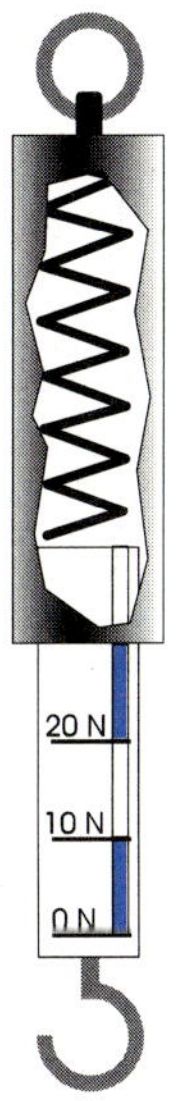

Federwaage – Meßgerät für Kräfte

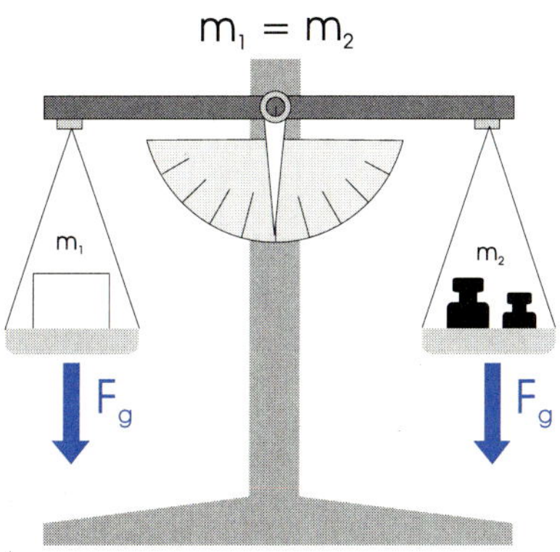

Massenvergleich

❑ Dichte

Die Stoffmenge in Körpern ist verschieden dicht gelagert. 1 Kubikmeter Heu hat z. B. eine kleinere Masse als 1 Kubikmeter Holz oder 1 Kubikmeter Wasser. Jeder Körper hat eine stoffbezogene Dichte.

$$\text{Dichte} = \frac{\text{Masse}}{\text{Volumen}} \qquad \rho = \frac{m}{v} \qquad (\text{kg/m}^3)$$

Beispiel:
Ein runder, mit Silage gefüllter Gärfutterbehälter hat einen Durchmesser von 4 m und eine Höhe von 8 m. Wie groß ist der Vorrat an Silage? Die Dichte von Gärfutter ist laut Tabelle 750 kg/m³.

$$\rho = \frac{m}{v}$$

$$m = v \cdot \rho = r^2 \cdot \pi \cdot h \cdot \rho = 2^2\,(\text{m}^2) \cdot \pi \cdot 8\,(\text{m}) \cdot 750\,(\text{kg/m}^3)$$

m = 75.360 kg

Raumgewicht verschiedener Güter und Stoffe

Bezeichnung	Dichte (kg/m³)
Aluminium	2.700
Beton	2.000
Blei	11.300
Erde	1.300
Gärfutter	750
Gerste	600
Grünfutter	350
Hafer	500
Heu (lose)	60
Heu (Stock)	90
Holz	500
Kali	1.100
Kalkstickstoff	1.500
Kartoffel	700
Kies	1.700
Kohle	800
Kompost	1.000
Kraftfutter	650
Mais (Körner)	700
Roggen	700
Rüben	700
Stahl	7.800
Stallmist	900
Superphosphat	800
Thomasphosphat	1.800
Wasser	1.000
Weizen	800
Zement	2.200

❑ Geschwindigkeit

Ist die in einer bestimmten Zeit zurückgelegte Wegstrecke.

$$\text{Geschwindigkeit} = \frac{\text{Weg}}{\text{Zeit}} \qquad v = \frac{s}{t} \qquad (\text{m/s})$$

Geschwindigkeitstabelle	
Elektron im Draht	
0,0003 m/s	1 m/h
Schnecke	
0,001 m/s	3,6 m/h
Nervenreiz 100 m/s	360 km/h
Düsenflugzeug	
300 m/s	1080 km/h
Erdrotations-geschwindigkeit von Wien 310 m/s	1116 km/h
Schallgeschwin-digkeit (in Luft)	
340 m/s	1224 km/h
Erde auf ihrer Bahn um die Sonne	
30.000 m/s	108.000 km/h
Licht (im Vakuum und in der Luft)	
300.000 km/s	1.080,000.000 km/h

Beispiel:
Welche Geschwindigkeit hat ein Taktor, der für eine Strecke von 5 km 8 Minuten braucht?

s = 5 km = 5000 m, t = 10 Minuten = 10 · 60 = 600 Sekunden, 1 m/s = 3,6 km/h

$$v = \frac{s}{t} = \frac{5000\ \text{m}}{600\ \text{s}} = 8{,}33\ \text{m/s oder } 29{,}9 \sim \mathbf{30\ km/h}$$

Für rotierende Maschinenteile ist es wichtig, die Umfangsgeschwindigkeit (Vu) und die Drehzahl (n) zu kontrollieren bzw. zu berechnen, da bei überhöhter Drehzahl die Fliehkraft mit dem Quadrat der Umfangsgeschwindigkeit zunimmt. Schleifscheiben können zerspringen, Messertrommeln von Feldhäckslern dehnen sich und können an der Gegenschneide anschlagen.

Umfangsgeschwindigkeit = Durchmesser · π · Drehzahl
$v = d \cdot \pi \cdot n$ (m/s)

❑ Beschleunigung

Ist eine Geschwindigkeitsveränderung innerhalb einer Sekunde. Die Zunahme einer Geschwindigkeit heißt Beschleunigung, die Abnahme Verzögerung.

Beispiel:
Ein PKW steigert in 10 Sekunden seine Geschwindigkeit von v_1 = 10 m/s auf v_2 = 25 m/s. Wie groß ist die Beschleunigung?

$$a = \frac{v_2 - v_1}{t} = \frac{25 - 10}{10} = \frac{15}{10} \qquad \mathbf{a = 1{,}5\ m/s^2}$$

❑ Kraft

Ist die Ursache jeder Bewegungs- oder Formänderung.

Kraft = Masse · Beschleunigung
$F = m \cdot a$

Beispiele für Kräfte

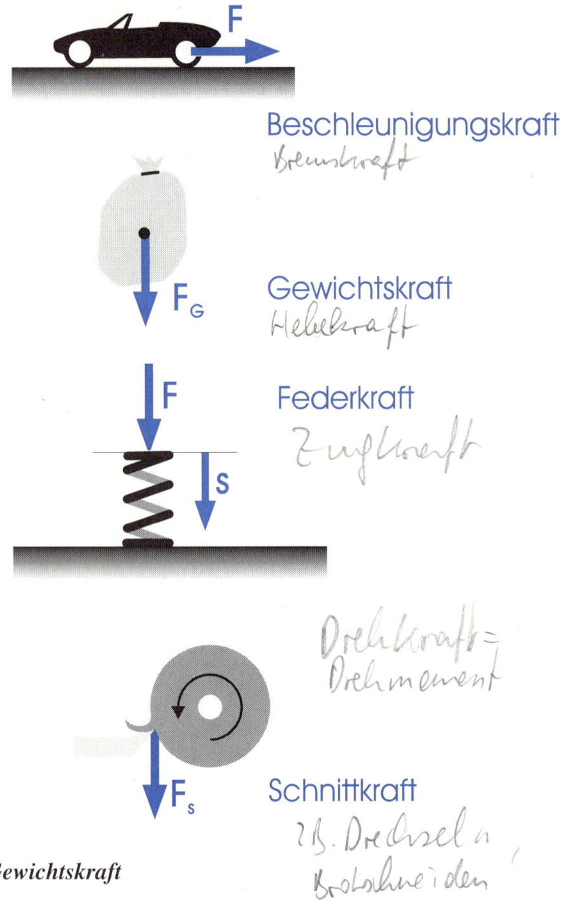

Gewichtskraft

Ein frei fallender Körper ändert infolge der Anziehungskraft der Erde seine Geschwindigkeit in jeder Sekunde um 9,81 m/s. Seine Geschwindigkeitsänderung (Beschleunigung) beträgt deshalb 9,81 m/s². Wird dieser Wert in die Kraftgleichung eingesetzt, erhält man die Gewichtskraft eines Körpers.

Für die Masse von 1 kg erhält man deshalb die **Gewichtskraft F_G:**

$F_G = 1\ kg \cdot 9{,}81\ m/s^2 = 9{,}81\ kgm/s^2 \approx 10\ kgm/s^2$

Die Maßeinheit 1 kgm/s^2 wird als 1 Newton (N) bezeichnet. Deshalb entspricht die Masse von 1 kg 9,81 N ≈ 10 N.

Zusammenwirken von Kräften

Winkel zwischen den Kräften	Zeichnerische Darstellung / Lösung
$\alpha 1=0°$ $\alpha 2=0°$ Kräfteaddition	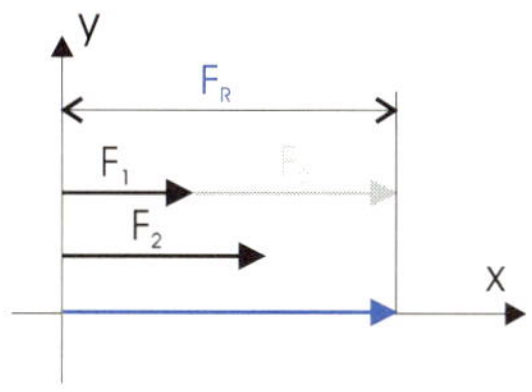
Beispiel	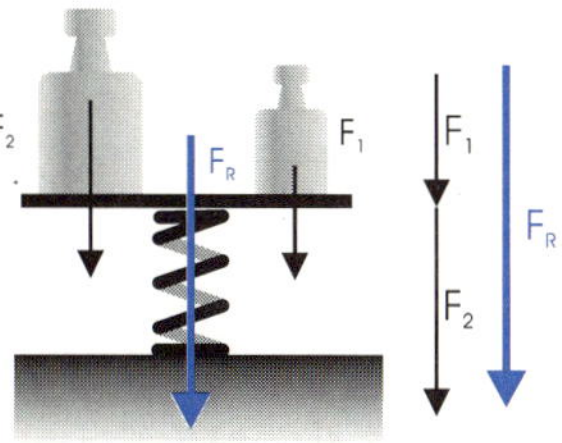
$\alpha 1=0°$ $\alpha 2=180°$ Kräftesubtraktion	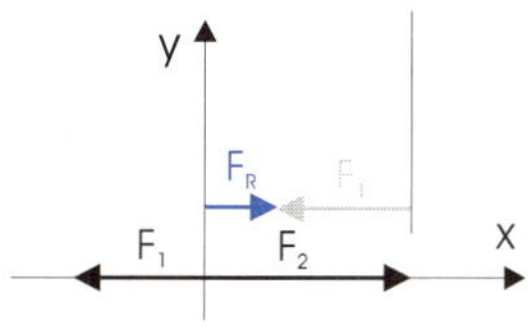

> Darstellung von Kräften: Eine Kraft (F) ist eindeutig bestimmt durch Größe, Richtung (Wirkungslinie) und Angriffspunkt. Der Angriffspunkt der Gewichtskraft von Körpern befindet sich in seinem Schwerpunkt.

Zeichnerisch werden Kräfte mittels Pfeilstrecken dargestellt: Kräfte auf gleichen Wirkungslinien summieren sich (sie werden addiert). Kräfte, die nicht in der gleichen Wirkungslinie, sondern in einem bestimmten Winkel angreifen, werden durch die Diagonale eines Kräfteparallelogramms gebildet. Mittels eines Parallelogramms kann auch eine Gesamtkraft in ihre Teilkräfte zerlegt werden. Die Übertragung von Kräften erfolgt meist durch Berührung (Zughaken, Fundament, Zahnräder, Wellen, Reifen) oder durch Kraftfelder (Magnetfeld, Schwerefeld der Erde).

Kräfteparallelogramm

Kräftemaßstab
1cm=100N

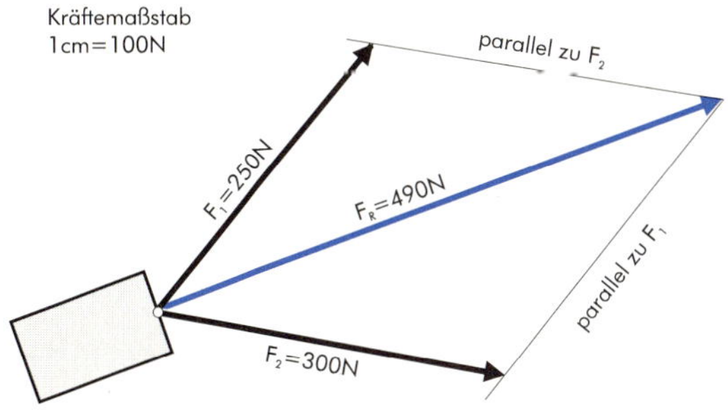

❑ Reibungskraft

Ein Körper, der sich selbst überlassen wird, kommt auf einer waagrechten Unterlage zur Ruhe. Dafür ist eine Kraft erforderlich. Da der Körper nur mit der Unterlage in Berührung kam, ist diese Kraft von der „Reibung“ mit ihr abhängig. Sie wird deshalb als Reibungskraft bezeichnet.

> Die Reibungskraft ist abhängig von der Reibungszahl (μ = my, sprich mü), das ist die Oberflächenbeschaffenheit der sich reibenden Körper, und von der Normalkraft (N). Die Normalkraft ist die senkrecht zur Berührungsfläche wirkende Kraft (meist Gewichtskraft).
>
> Reibungskraft = Reibungszahl · Normalkraft
>
> $F = \mu \cdot N\ (N)$

Darstellung der Normalkraft (N) und der Reibungskraft (F)

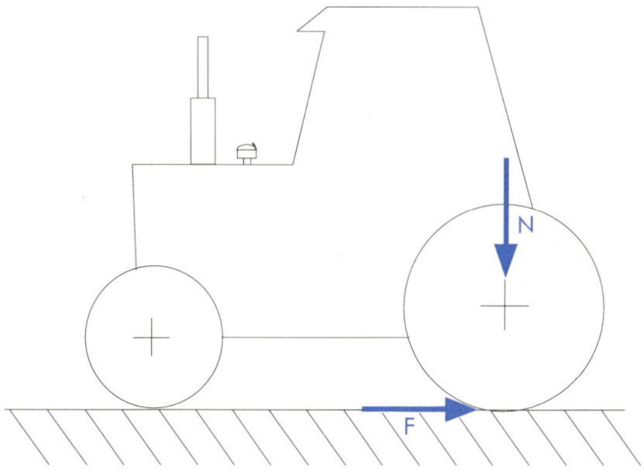

Die Reibungszahl zwischen Luftreifen und trockener Straße hat den Wert von 0,6 bis 0,9. Das heißt, daß Luftreifen dann zu rutschen beginnen, wenn die Zugkraft sechs bis neun Zehntel der Achslast ausmacht.

Haftreibung ist die Reibung vor Beginn einer Bewegung und sie ist immer größer als während der Bewegung.
Gleitreibung ist die Reibung während der Bewegung, die Oberflächen gleiten aufeinander.
Rollreibung: Wenn die Oberflächen nicht übereinander gleiten, sondern rollen, ist die Reibung am geringsten.

Reibungsarten

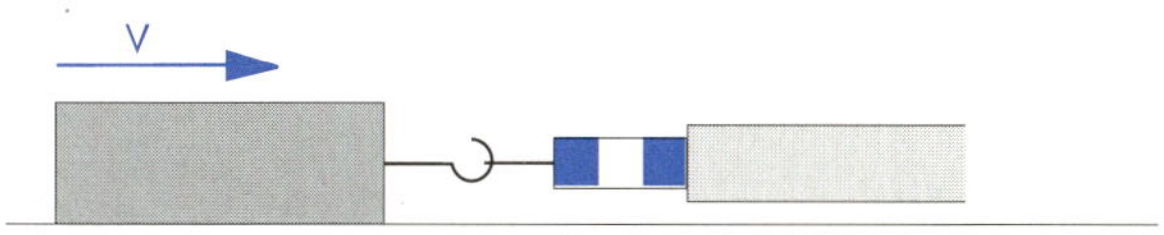

Die Federwaage zeigt die Größe der Gleitreibung an.

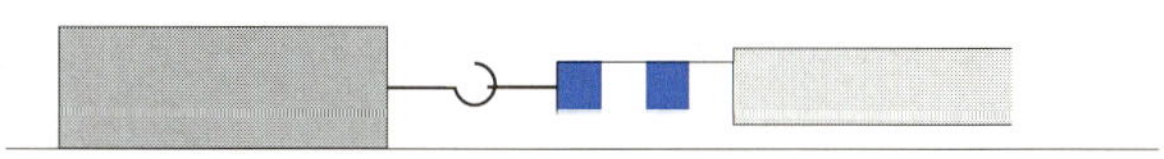

Die Haftreibung ist größer als die Gleitreibung.

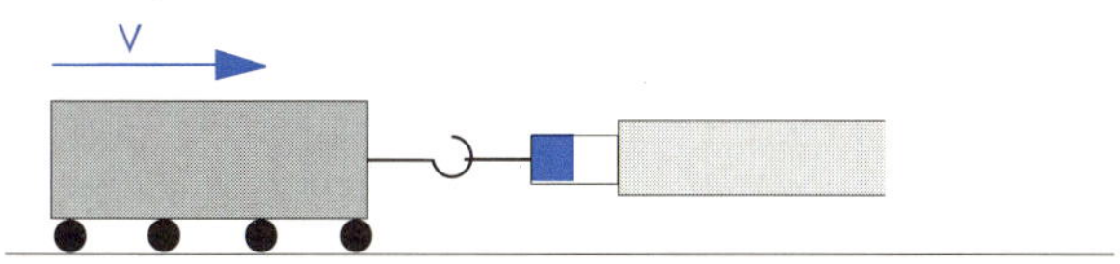

Rollen oder Kugeln verringern die Reibung stark.

Für jede Fortbewegung ist Reibung Voraussetzung (z. B. Reifen auf Boden, fehlt die Reibung – bei Glatteis –, besteht Rutschgefahr). Andererseits stört die Reibung die Bewegung: Sie stellt einen Kraftverlust dar, tritt in Form von Wärme auf und muß abgeleitet werden.
Zur Verminderung der Reibung gibt es in der Praxis einige Möglichkeiten: glatte Oberflächen, Verwendung von Gleit- und Wälzlagern, Einsatz von Schmiermitteln u. a.

Schmieren vermindert Reibung

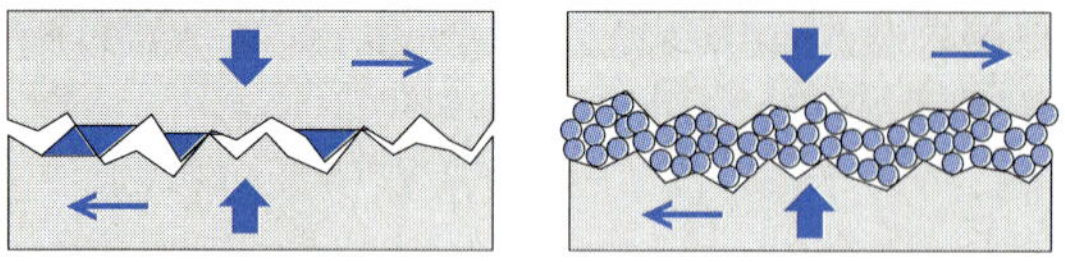

Reibungsart	Beispiel	Reibungszahl
Haftreibung	Luftreifen auf Asphalt, trocken	0,6–0,9
	Luftreifen auf Asphalt, naß	0,2–0,3
	Luftreifen auf Asphalt, vereist	0,1
	Luftreifen auf Ackerboden, trocken	0,5
Gleitreibung	Gleitlager	0,03
Rollreibung	Wälzlager	0,002
	Luftreifen auf Asphalt	0,015

❑ Arbeit

Arbeit (Energie) wird verrichtet, wenn ein Körper unter Einwirkung einer Kraft einen Weg in der Kraftrichtung zurücklegt.

Arbeit = Kraft · Weg

$W = F \cdot s$

Arbeit: Ein Maurer hebt Ziegel (EVN)

Wird ein Körper mit der Kraft von 1 Newton (N) um einen Meter (m) in die Höhe gehoben, wird eine Arbeit von 1 N · 1 m = 1 Nm verrichtet.
Statt Nm kann auch die Einheit Joule (J) oder Wattsekunde (Ws) verwendet werden.

Beispiele von mechanischer Arbeit:

Beschleunigungsarbeit = Beschleunigungskraft · Beschleunigungsweg
Dreharbeit = Drehkraft · Drehweg
Hubarbeit = Gewichtskraft · Hubhöhe
Reibungsarbeit = Reibungskraft · Reibungsweg

Beispiel: Welche Reibungsarbeit ist erforderlich, wenn ein Anhänger mit 6 t Gesamtgewicht 100 m gezogen wird? (Reibungszahl = 0,015)

m = 6 t = 6000 kg;
Gewichtskraft $F_G = 6000 \cdot 10\ N = 60.000\ N$

Reibungskraft = Gewichtskraft · Reibungszahl
$F_R = F_G . = 60.000 \cdot 0,015 = 900\ N$

Reibungsarbeit = Reibungskraft · Reibungsweg
$W = F_R \cdot s = 900\ N \cdot 100\ m = 90.000\ Nm$ (J, Ws)

Sind bei einer Maschine die Leistung und die Laufzeit bekannt, kann daraus die Arbeit berechnet werden:

$\text{Leistung} = \frac{\text{Arbeit}}{\text{Zeit}}$ Arbeit = Leistung · Zeit

Beispiel: Ein E-Motor mit einer Leistung von 8 kW verrichtet bei einer Laufzeit von 2 Stunden eine Arbeit von:
Arbeit = Leistung · Zeit = 8 kW · 2 h = 16 kWh

Drehmoment, Hebel

Ein Hebel ist ein Körper, an dem eine Kraft eine Drehbewegung verursacht (Zange, Schere, Zahnrad, Kurbelwelle, Balkenwaage, Frontlader, Riemenscheibe, Gelenkwelle usw.).
Das Drehmoment ist die im senkrechten Abstand vom Drehpunkt wirkende Kraft.

Drehmoment = Kraft · Kraftabstand

$M = F \cdot l$ (Nm, J, Ws)

An dieser Handwinde wirkt ein Drehmoment

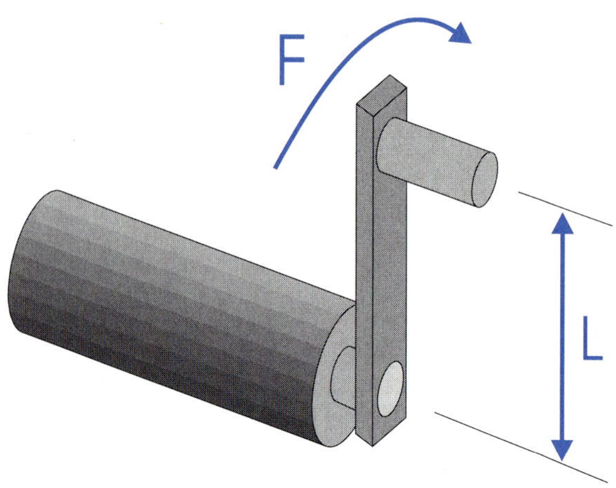

An der Antriebskurbel der abgebildeten Handwinde wirkt eine Kraft (F). Es findet eine Drehbewegung statt, es entsteht ein Drehmoment. Die Drehwirkung, also das Drehmoment, ist um so stärker, je größer der senkrechte Abstand der Wirkungslinie und je größer die Kraft ist.

> Im Gleichgewichtsfall müssen sich die Drehmomente an einem Körper aufheben. Das ist auch der Inhalt des Hebelgesetzes:
>
> Kraft · Kraftabstand = Last · Lastabstand
>
> Goldene Regel der Mechanik: Was an Kraft gewonnen wird, geht an Weg verloren.

Abstand von Lager Einz. Gewicht

Ein- und zweiarmige Hebel

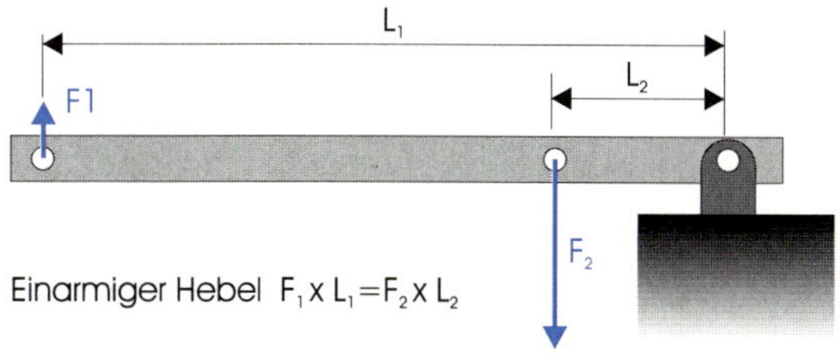

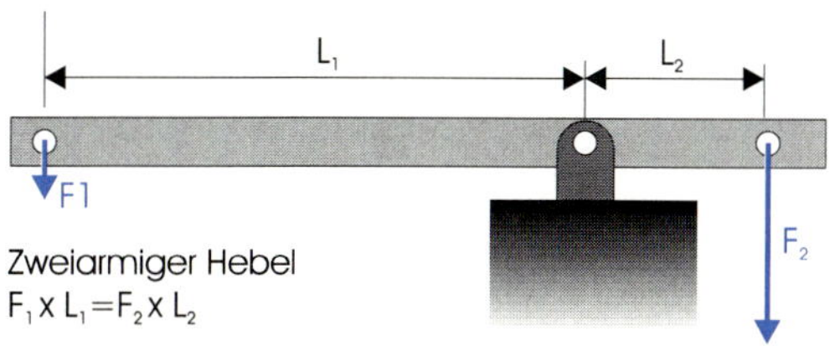

Drehmomentschraubenschlüssel zeigen mittels einer Skala das am Drehpunkt (Schraube) wirkende Drehmoment an oder lassen sich auf ein bestimmtes Drehmoment einstellen; auch eine akustische Anzeige des eingestellten Drehmomentes ist möglich.

Drehmomente werden von Wellen, besonders von Kurbelwellen, Zapf- und Gelenkwellen, übertragen. Rutschkupplungen sind auf ein bestimmtes Drehmoment eingestellt. Die Kenntnis vom Verhalten der Drehmomente und der Hebel hat zu vielen technischen Einrichtungen geführt. Sie dienen alle dazu, Kraft auf Kosten des Weges zu sparen:

Bei der **losen Rolle** ist die Kraft gleich der halben Last.

Beim **Flaschenzug** ergibt sich: $\text{Kraft} = \dfrac{\text{Last}}{\text{Rollenzahl}}$

Auch bei der **schiefen Ebene** und beim **Keil** wird auf Kosten des Weges Kraft gespart: Je geringer die Steigung der schiefen Ebene, um so geringer ist auch die notwendige Kraft, doch um so länger wird der Weg. Das Gewinde einer Schraube ist z. B. eine um den Bolzen gewickelte schiefe Ebene.

❑ Leistung

> Leistung ist die in einer bestimmten Zeit verrichtete Arbeit.

> a) $\text{Leistung} = \dfrac{\text{Arbeit}}{\text{Zeit}} = \dfrac{\text{Kraft} \cdot \text{Weg}}{\text{Zeit}}$
>
> $P = \dfrac{W}{t} = \dfrac{F \cdot s}{t}$ (Nm/s, W, J/s)
>
> b) Leistung = Kraft · Geschwindigkeit
>
> $P = F \cdot v$ (Nm/s, W, J/s)

Leistung: Die Arbeit, die ein Maurer verrichtet, um eine bestimmte Anzahl von Ziegeln zu heben, bleibt immer gleich, seine Leistung wird immer größer, je kürzer die Zeit wird, die er benötigt. (EVN)

Beispiel:

Ein Pumpenmotor soll in 1 Minute 2 Kubikmeter Wasser 2 Meter hoch pumpen. Welche Leistung muß er haben?

$$m = V \cdot \rho = 2\ m^3 \cdot 1000\ kg/m^3 = 2000\ kg$$

Gewichtskraft $F = m \cdot 10\ N = 2000 \cdot 10\ N = 20.000\ N$

$$P = \frac{F \cdot s}{t} = \frac{20.000\ N \cdot 2\ m}{60\ s} = \mathbf{666{,}6\ Nm/s\ oder\ W}$$

Der E-Motor muß eine Leistung von mindestens 0,66 kW abgeben.

Wirkungsgrad η (eta)

Bei der Energieumwandlung treten durch Reibung, Wärme u. a. Verluste auf, so daß die abgegebene Leistung immer kleiner ist als die zugeführte.

Maschine	Wirkungsgrad (%)
Dampfmaschine	ca. 10
Benzinmotor	ca. 30
Dieselmotor	ca. 40
Elektromotor	ca. 80

> Der Wirkungsgrad gibt das Verhältnis der abgegebenen Leistung (P_{ab}) zur zugeführten Leistung (P_{ZU}) an.
>
> $\text{Wirkungsgrad} = \dfrac{\text{abgegebene Leistung}}{\text{zugeführte Leistung}} \qquad \eta = \dfrac{P_{ab}}{P_{ZU}}$

Energieflußdiagramm eines E-Motors

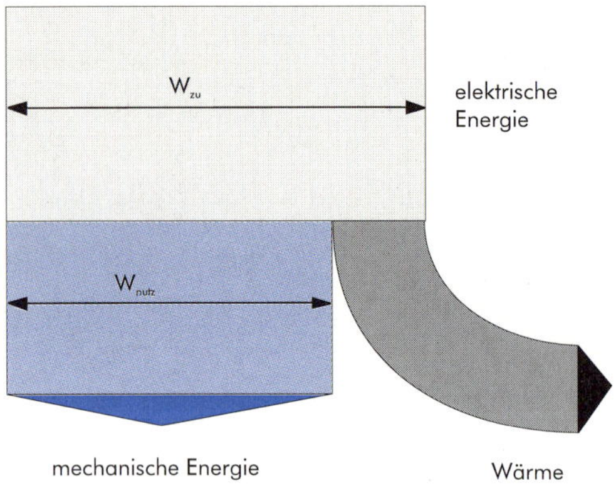

Energieflußdiagramm in einem Auto

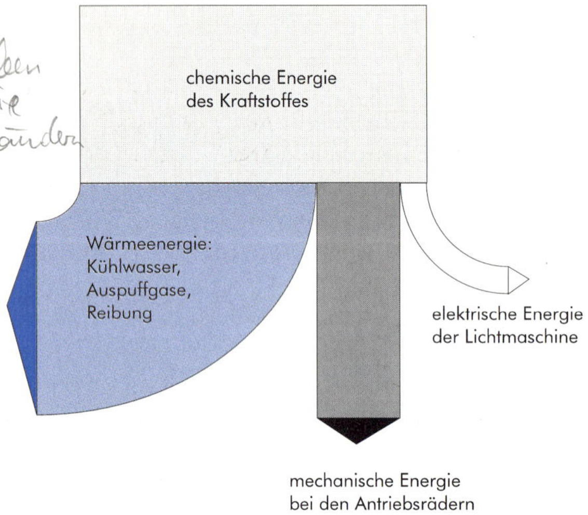

Der Wirkungsgrad liegt immer unter 1 oder unter 100%. Je höher der Wirkungsgrad ist, um so wirtschaftlicher arbeitet eine Maschine.

Beispiel:

Im vorigen Beispiel wurde eine Pumpenleistung von 0,666 kW errechnet. Der Wirkungsgrad der Pumpe wird mit 30% angenommen. Wie groß muß die zugeführte Leistung des Motors sein?

$$\eta = \frac{P_{ab}}{P_{ZU}} \qquad P_{ZU} = \frac{P_{ab}}{\eta} = \frac{0{,}666\ \text{kW}}{0{,}3} = \mathbf{2{,}22\ kW}$$

1.3 Flüssigkeiten

> Durch das Eigengewicht üben Flüssigkeiten einen Druck auf die Behälterwände aus. Dieser Druck hängt von der Dichte der Flüssigkeit und von der Höhe des Flüssigkeitsspiegels ab. Die Form des Behälters ist dabei unwichtig.
>
> $$\text{Druck} = \frac{\text{Kraft}}{\text{Fläche}} = \text{Dichte} \cdot 9{,}81 \cdot \text{Höhe}$$

Auftrieb (Auftriebskraft)

In Flüssigkeiten steigt der Druck mit zunehmender Tiefe. Die Ursache für diese Zunahme des Drucks ist das höhere Gewicht der herrschenden Flüssigkeitsmenge.

Auf einen eingetauchten Körper wirken Seitenkräfte (sie heben sich gegenseitig auf), Druckkräfte durch das Gewicht der Flüssigkeit von oben und von unten. Die Druckkraft von unten ist wegen der größeren Flüssigkeitstiefe größer als die von oben. Die Differenz dieser beiden Kräfte nennen wir Auftriebskraft (Auftrieb). Die Wirkung weist immer nach oben.

Erklärung des Auftriebes

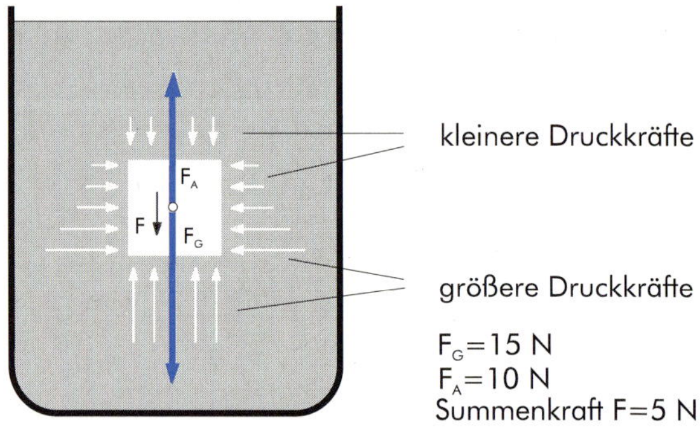

Die Auftriebskraft bewirkt einen scheinbaren Gewichtsverlust eines Körpers in einer Flüssigkeit. Er ist gleich groß wie die Gewichtskraft der verdrängten Flüssigkeitsmenge.

> $$\text{Auftriebskraft} = \text{Eintauchvolumen} \cdot \text{Dichte der Flüssigkeit} \cdot \text{Erdbeschleunigung}$$
>
> $$F = V \cdot \rho \cdot 9{,}81\ \text{m/s}^2$$

Senkwaage

Je nach der Dichte von Flüssigkeiten ist die Auftriebskraft unterschiedlich. Vergleicht man die Auftriebskraft (Eintauchtiefe) einer Senkwaage an einer geeichten Meßskala, kann die Dichte einer Flüssigkeit bestimmt werden. Je tiefer eine Senkwaage in eine Flüssigkeit eintaucht, desto geringer ist ihre Dichte und umgekehrt. Die Anwendung erfolgt bei der Dichtemessung von Säure im Akku, Kühlwasser (Anteil des Frostschutzmittels), Milch (Fettgehalt, Verwässerung) usw.

Senkwaage (Aräometer)

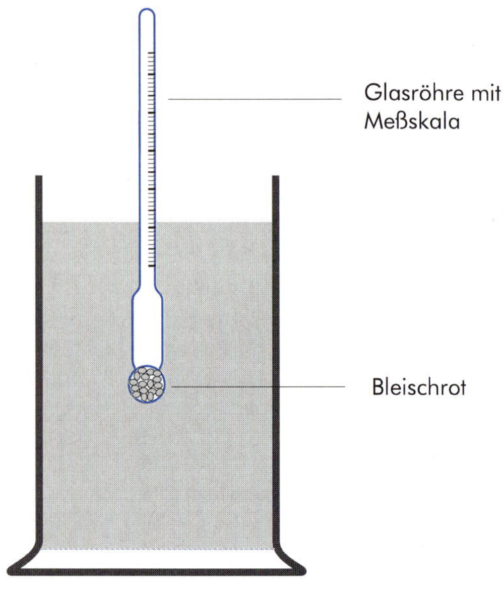

Wird mit einer Kraft (F_1) ein Kolben gegen eine Flüssigkeit gedrückt, so entsteht ein Druck von F_1/A_1. Dieser Druck pflanzt sich nach allen Seiten fort. Auf diese Weise kann er auch gegen einen zweiten, größeren Kolben mit der Fläche A_2 wirken. Der Druck muß also auch gleich F_2/A_2 sein oder:

$$\frac{F_1}{A_1} = \frac{F_2}{A_2}$$

Die Drücke verhalten sich wie die Flächen.
Mit einer geringen Kraft am Druckkolben kann eine weitaus höhere an einem Preßkolben erzielt werden. Das ist das Prinzip der hydraulischen Presse, des hydraulischen Krafthebers oder der Flüssigkeitsbremsen. Die vollbrachte Arbeit ist aber wegen des geringeren Weges des größeren Kolbens immer gleich.

Beispiel: $F_1 = 100$ N, $A_1 = 10$ cm, $A_2 = 80$ cm. Wie groß ist die Kraft F_2 am Preßkolben?

$$F_2 = \frac{F_1 \cdot A_2}{A_1} = \frac{100\ \text{N} \cdot 80\ \text{cm}}{10\ \text{cm}} = \mathbf{800\ N}$$

Druckfortpflanzung

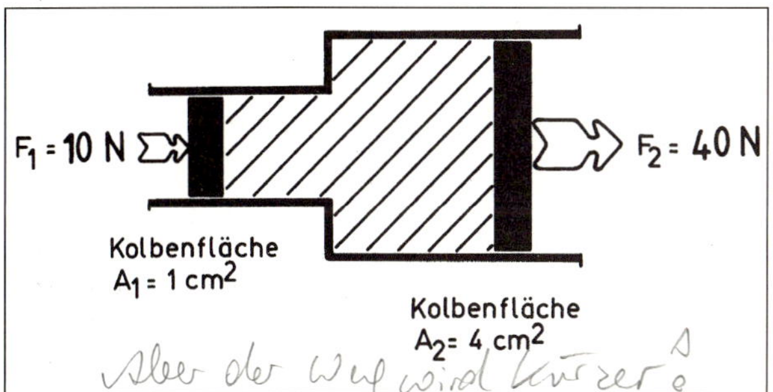

1.4 Gase

Bei Gasen stellt sich durch das Eigengewicht ein Druck ein. Der Luftdruck von etwa 1 bar wird auf diese Weise durch die Lufthülle der Erde verursacht.
Wirkung des Luftdruckes: Der Luftdruck wirkt durch das Gewicht der Lufthülle gleichmäßig auf alle Körper (z. B. menschliche Körper, Dosen, Behälter, Räume usw.), sowohl von außen als auch von innen. Es herrscht normalerweise Druckausgleich. Wird eine Flüssigkeit in einem luftverdünnten Raum gegen die Außenluft abgesperrt, preßt die Kraft der Außenluft durch den höheren Druck die Flüssigkeit in diesen Raum hinein (Vakuumfaß, Spritzen, Saugleitungen von Pumpen usw.).
Mittels **Barometers** kann der Luftdruck gemessen werden. Dafür werden Dosen- oder Quecksilberbarometer verwendet. Dosenbarometer sind zwar ungenauer, dafür aber billiger. Die Bewegungsänderung einer luftleeren Dose wird durch steigenden oder fallenden Luftdruck mittels Hebelsystems auf einen Zeiger übertragen.

Barometer (Luftdruckmesser)

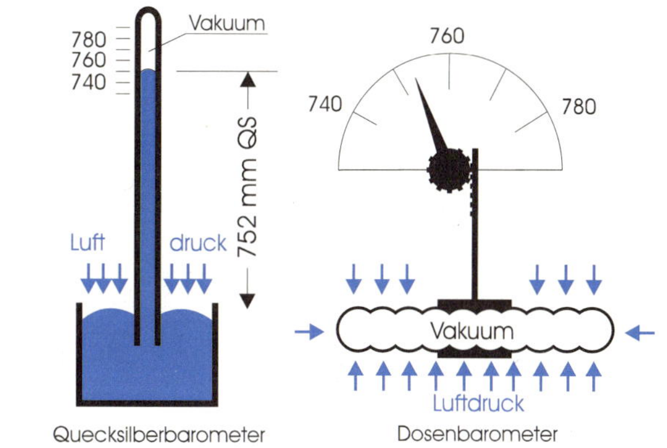

Alle Gase lassen sich zusammendrücken (komprimieren). Je kleiner ihr Volumen wird, um so größer wird der Druck.

> Bei gleichbleibender Temperatur ist das Produkt aus Druck (p) und Volumen (V) stets gleich groß.
> Der Druck und das Volumen eines Gases verhalten sich umgekehrt proportional: kleiner Druck – großes Volumen, großer Druck – kleines Volumen! Bei Gasen besteht auch zwischen Druck und Temperatur eine Beziehung: Wird ein Gas bei gleichbleibendem Volumen erwärmt, steigt sein Druck.

Diese Erkenntnisse finden bei vielen Einrichtungen zur Fortbewegung von Flüssigkeiten und Gasen Anwendung. Verdichtete Luft wird z. B. bei Spritzgeräten zur Erzeugung eines konstanten Spritzdruckes und auch zum Ausstoß der Spritzflüssigkeit verwendet.
Luft kann mit einfachen Pumpen oder Kompressoren verdichtet bzw. verdünnt werden. Auch im Zylinder eines Motors wird die Luft stark verdichtet. Dabei steigt ihre Temperatur erheblich an. Bei Feuerlöschern und Spraydosen wird ein verdichtetes Treibgas verwendet.
Flüssigkeiten und Gase, die durch eine Rohrleitung strömen, besitzen Energie. Sie setzt sich aus einer Druckenergie und einer Bewegungsenergie (Wucht) zusammen. Bei hoher Strömungsgeschwindigkeit ist auch eine sehr hohe Bewegungsenergie vorhanden, die Druckenergie oder der Druck selbst muß damit im selben Maß geringer sein. Das ist bei jeder Rohrverengung der Fall. Der Zerstäuber von Sprühflaschen arbeitet nach diesem Prinzip. Im Vergaser von Benzinmotoren wird durch eine düsenartige Verengung Kraftstoff angesaugt. Bei Fördergebläsen entsteht auf ebensolche Art im Ansaugtrichter ein Unterdruck.

Bei hoher Strömungsgeschwindigkeit kann ein Unterdruck entstehen

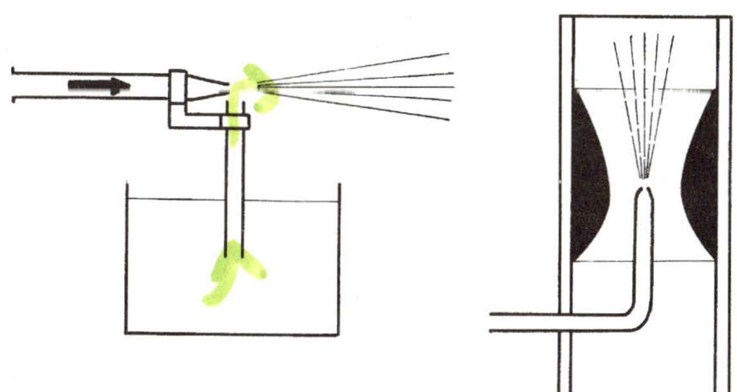

Venturirohr => an der Engstelle wird die Luft schneller, da saugt Flüssigkeit an.
(Vergaser)

Manometer dienen zur Messung des Druckes in Gasen und Flüssigkeiten. Eine bewegliche Membrane oder eine gekrümmte Rohrfeder wirkt über Hebel auf einen Zeiger.

Rohrfedermanometer

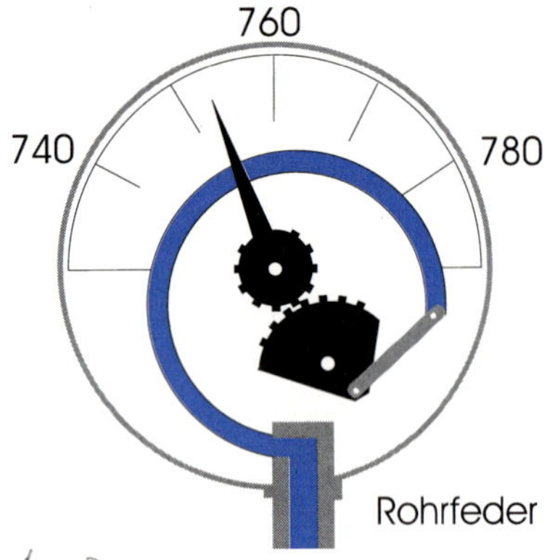

1.5. Pumpen

Pumpen bewirken bei Flüssigkeiten und Gasen eine Strömung und ermöglichen so einen Transport in Leitungen. Dafür haben Pumpen Bauteile, die einen Unterdruck (Vakuum) erzeugen. Nach diesen Bauteilen unterscheiden wir Verdrängungspumpen und Kreiselpumpen. Kreiselpumpen haben eine freie Flüssigkeitsströmung, Verdrängungspumpen eine zwangsgeleitete Strömung.

Kreiselpumpen besitzen ein Laufrad (Kreisel), welches die Flüssigkeit durch die Zentrifugalkraft nach außen schleudert, wodurch am Laufradeintritt (Mitte) ein Unterdruck (Sog) entsteht, der neue Flüssigkeit aus dem Saugrohr nachsaugt. Die Förderung erfolgt kontinuierlich (gleichmäßig, fortwährend).

Verdrängungspumpen besitzen eigene Arbeitsräume, die sich abwechselnd vergrößern (Ansaugphase) und verkleinern (Verdrängungsphase), so daß einzelne Teilvolumen gefördert werden. Dazu gehören Kolbenpumpen, Membranpumpen, Zahnradpumpen (Kapselpumpen), Exzenterschneckenpumpen und Drehkolbenpumpen.

Pumpen, die durch eine Volumenvergrößerung des Arbeitsraumes (Saugwirkung) während der Ansaugphase arbeiten, bezeichnet man auch als **selbstansaugende Pumpen.** Dazu gehören z. B. Exzenterschneckenpumpen, Kolben- und Membranpumpen.

Die **Kapselpumpe** fördert die Flüssigkeit in den Hohlräumen zwischen den Radzähnen und dem Pumpengehäuse. Die **Drehkolbenpumpe** besteht aus einem exzentrisch angeordneten Zylinder mit radial beweglichen Lamellen, die von Federn ständig gegen die zylindrische Gehäusewand gedrückt werden. **Kolbenpumpen** bestehen aus einem Zylinder, in dem ein hin- und hergehender Kolben die Flüssigkeit ansaugt und hinausdrückt. Sie sind mit Saug- und Druckventilen versehen und besitzen vielfach einen Wind- oder Druckkessel, der für den Druckausgleich während des Saughubes sorgt.

Die **Membranpumpe** arbeitet mit einer Membrane aus Gummi oder Leder. Sie wirkt ähnlich wie ein Kolben. Über einen Pumpenantriebshebel und eine Nocke wird sie angetrieben. **Exzenterschneckenpumpen** besitzen einen schneckenförmig gewundenen Stahlkörper, der sich in einer Hülse aus elastischem Werkstoff dreht. Die entstehenden Hohlräume verändern sich ständig, so daß eine Saug- und Druckwirkung entsteht.

Pumpenbauarten

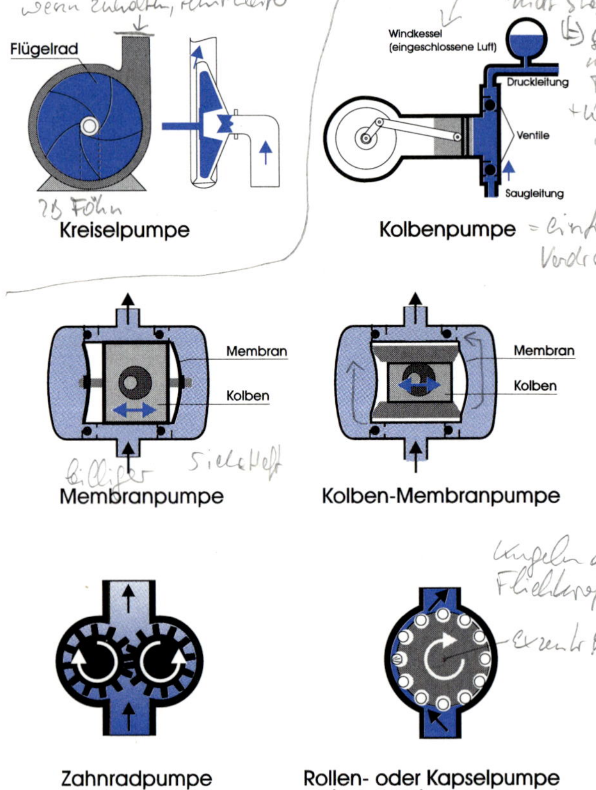

Die Saughöhe einer Pumpe ist begrenzt. Der Kolben einer Kolbenpumpe erzeugt z. B. während des Ansaugens einen Unterdruck. Dadurch kann der auf dem Flüssigkeitsspiegel lastende atmosphärische Luftdruck von ca. 1 bar die Flüssigkeit im Saugrohr maximal 10 m hoch drücken (10 m Wassersäule entsprechen 1 bar). Praktisch werden aber nur ca. 7 m Saughöhe erreicht, da in der Rohrleitung Reibungsverluste und an der Pumpe Abdichtungsverluste auftreten. Die Gesamtförderhöhe einer Pumpe setzt sich aus der Saughöhe, der Druckhöhe und den Reibungsverlusten in den Leitungen (werden in m angegeben) zusammen.

Bestimmend für die **Leistung** einer Pumpe ist neben der Gesamtförderhöhe die mittlere Durchflußmenge in m³/h oder in l/min.

$$P = \frac{Q \cdot H_{ges}}{3{,}67 \cdot \eta}$$

P.......................... Leistung (kW)
Q.......................... Durchflußmenge (m³/h)
H_{ges} .... Gesamtförderhöhe (m)
3,67 .... Umrechnungsfaktor
η .... Wirkungsgrad der Pumpe (%)

Beispiel:
Q = 30 m³/h, Saughöhe = 5 m, Druckhöhe = 75 m, Reibungsverluste in den Leitungen = 15 m, Wirkungsgrad der Pumpe = 60%. Wie groß ist die erforderliche Antriebsleistung (P) der Pumpe?

$$P = \frac{30 \cdot 95}{3,67 \cdot 60} = 12,9 \approx \mathbf{13\ kW}$$

1.6 Festigkeit

Feste Körper haben die Eigenschaft, sich formändernden Kräften zu widersetzen. Diese können sein: Zug- und Druckbelastung, Knickung, Biegung, Abscherung und Verdrehung.
Um diesen Belastungen standhalten zu können, müssen die einzelnen Bauteile aus entsprechendem Material hergestellt werden und in ihren Abmessungen hinreichend bemessen sein. Durch richtige Wahl bestimmter Querschnittsformen (Profile) kann die Festigkeit wesentlich erhöht werden.

Verschiedene Beanspruchungen

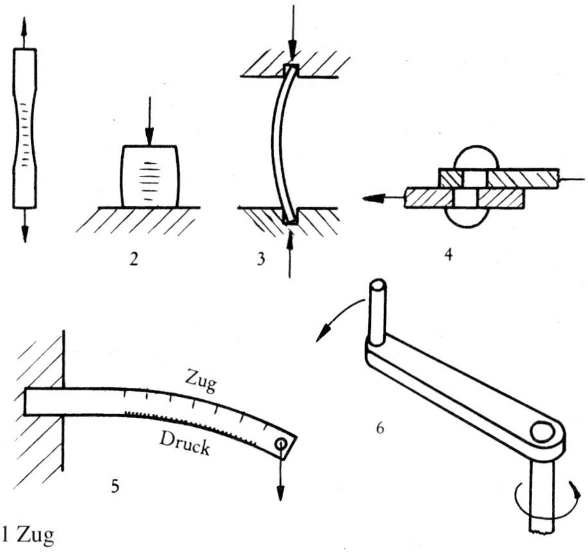

1 Zug
2 Druck
3 Knickung
4 Abscherung
5 Biegung
6 Verdrehung

Verschiedene Querschnittsformen (Profile)

Winkelstahl
z. B. Schenkellänge a = 30 mm
Dicke d = 3 mm
L 30/30/3

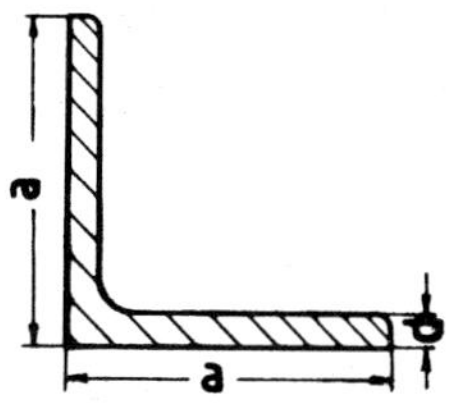

I-Stahl
z. B. Fußbreite b = 100 mm
Steghöhe h = 200 mm
I 100/200

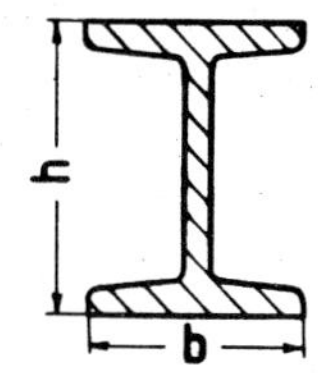

T-Stahl
z. B. Fußbreite b = 40 mm
Steghöhe h = 40 mm
T 40/40

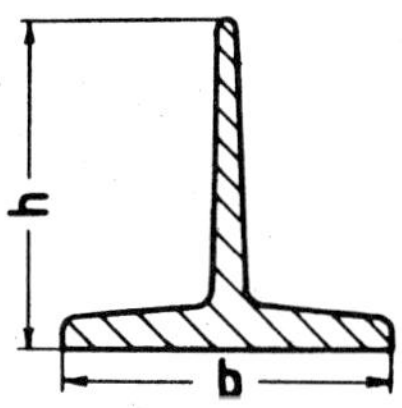

U-Stahl
z. B. Fußbreite b = 40 mm
Steghöhe h = 60 mm
U 40/60

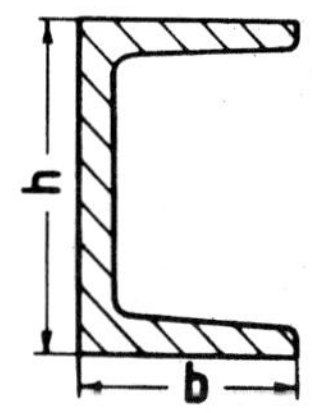

Z-Stahl
z. B. Fußbreite b = 30 mm
Steghöhe h = 40 mm
Z 30/40

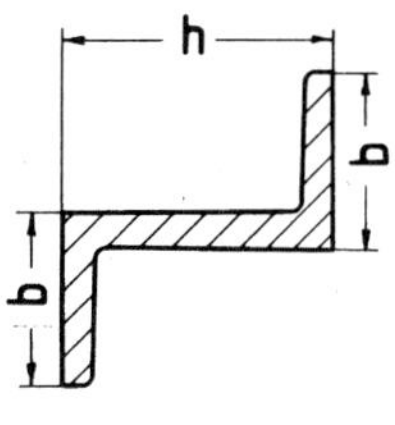

Rundstahl
z. B. Durchmesser d = 10 mm
∅ 10

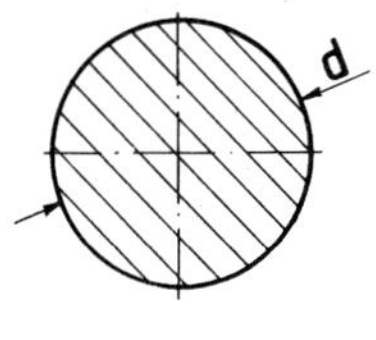

Rohr
z. B. Durchmesser d = 25 mm
Wandstärke s = 3 mm
Rohr 25/3

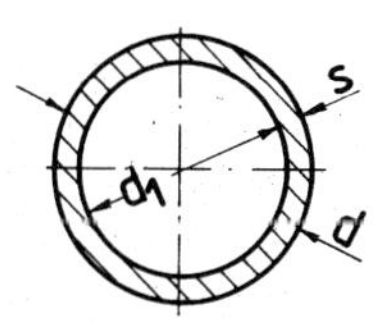

Quadratstahl
z. B. a = 8 mm
b = 8 mm
□ 8

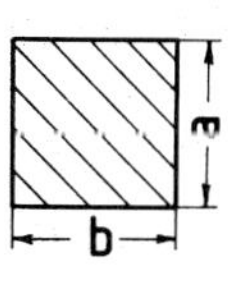

Formrohr FR
z. B. Breite b = 50 mm
Höhe h = 30 mm
Wandstärke s = 4 mm
FR 50/30/4

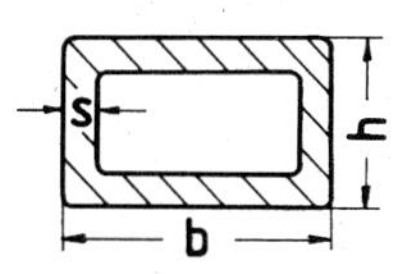

Flachstahl
z. B. Breite b = 30 mm
Dicke d = 4 mm
▭ 30/4

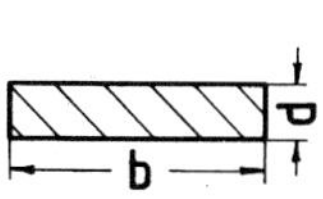

Mit **Festigkeit** eines Werkstoffes bezeichnet man jene Spannung, bei der ein Werkstoff zu Bruch geht oder seine Form verändert. Diese Spannung wird in Newton pro Quadratmillimeter (N/mm^2) angegeben.

Elastizität: Wirkt auf einen Körper eine äußere Kraft, eine Belastung oder Beanspruchung, entstehen in ihm Spannungen. Das Gleichgewicht der inneren Kohäsionskräfte wird gestört. Es kommt zu Verschiebungen der Moleküle, der Körper ändert seine Form, er wird deformiert. Hört die Belastung auf und der Körper nimmt seine ursprüngliche Form wieder an, nennt man die Deformation elastisch. Bleiben Formänderungen zurück, spricht man von plastischer Deformation.

Härte: Die Kohäsionskräfte bewirken nicht nur den Zusammenhalt zwischen den Stoffteilchen, sondern verhindern auch das Eindringen fremder Körper in die Oberfläche. Diese Eigenschaft von festen Stoffen wird als Härte bezeichnet. In der Härteskala von Mohs werden die Mineralien so gereiht, daß das folgende das vorhergehende ritzt, also härter ist:

1. Talk, 2. Gips, 3. Kalkspat, 4. Flußspat, 5. Apatit, 6. Feldspat, 7. Quarz, 8. Topas, 9. Korund, 10. Diamant.

2. Wärmeenergie

Wärme ist eine Energieform. Der Wärmezustand (die Temperatur) wird mit einem Thermometer gemessen.

2.1 Wärmedehnung

Mit der Temperatur ändern sich verschiedene Eigenschaften der Körper. Bei zunehmender Temperatur dehnen sich die Körper aus, und zwar feste Körper und Flüssigkeiten in verschieden starkem Maß. Eine Ausnahme bildet Wasser, das bei 4° C sein kleinstes Volumen erreicht. Gase dehnen sich bei 1 K Temperaturzunahme immer um $^1/_{273}$ ihres ursprünglichen Volumens aus.

Auf der verschieden starken Ausdehnung fester Körper und Flüssigkeiten beruht die Wirkungsweise der Thermometer mit Quecksilber- oder Alkoholfüllung: Auf der Skaleneinteilung beim Celsiusthermometer werden der Gefrierpunkt des Wassers mit 0° C und der Siedepunkt mit 100° C festgelegt. 1° C entspricht dem hundertsten Teil dieses Kennwertes.

Flüssigkeitsthermometer beruhen auf der starken Ausdehnung von Flüssigkeiten bei Temperaturanstieg

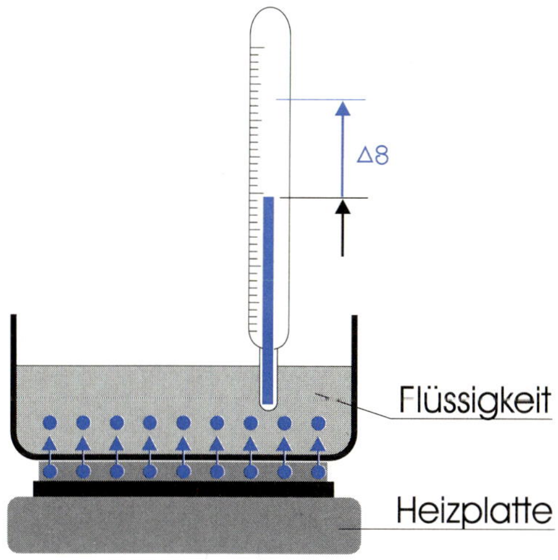

Bei der Kelvin-Angabe wird der absolute Nullpunkt (– 273,16° C) mit Null Grad Kelvin (0° K) angegeben. Kelvin- und Celsiusgrade haben gleiche Intervalle, d. h., ein Temperaturunterschied von 1° C entspricht 1° K. Zur Umrechung in Kelvin addiert man zu den Celsiusgraden den Wert 273 (K = C + 273).

Bei Bimetallthermometern wird die Verformung eines Streifens ausgenutzt, der aus zwei aufeinander aufgewalzten Blechen verschiedener Wärmedehnung besteht (Zink-Kupfer-Streifen). Thermostate von Kühlschränken, Bügeleisen oder Heißwasserspeichern sind mit Bimetallelementen ausgerüstet (automatische Ein- und Ausschalter).

Bimetallthermometer

Bimetall als Schalter (Bügeleisen)

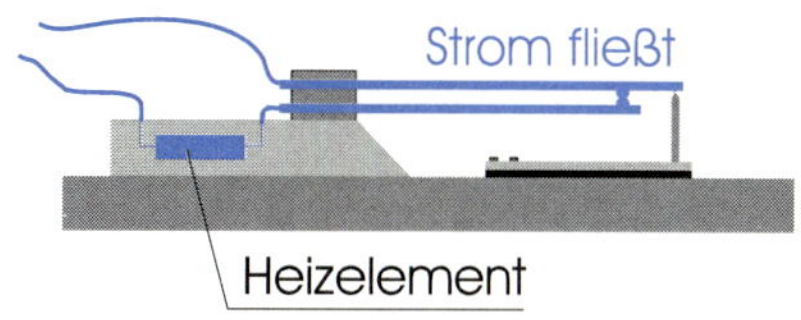

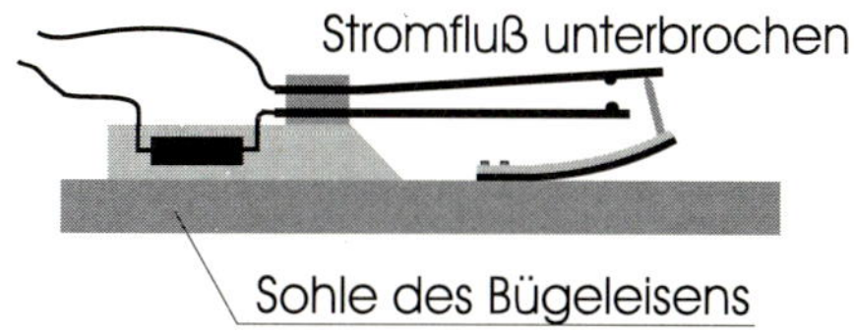

Bei Brückenkonstruktionen z. B. muß ein Ende der Brückenträger frei gelagert werden. Die Verwendung von Stahl zur Armierung von Beton ist nur deshalb möglich, weil beide Werkstoffe beinahe die gleiche Wärmedehnung haben.

2.2 Wärmemenge

Soll eine bestimmte Menge verschiedener Stoffe erwärmt werden, sind unterschiedliche Wärmemengen notwendig. Die zugeführte Wärmemenge hängt ab von der Masse (m), der spezifischen Wärmemenge (c) und von der Temperaturdifferenz Δ T (Δ = delta).

Die spezifische Wärmemenge gibt an, wieviel Wärmeenergie zugeführt werden muß, um 1 kg eines Stoffes um 1 K zu erwärmen.

Wärmemenge (Q) = Masse (m) · spezifische Wärmemenge (c) · Temperaturdifferenz (Δ T)

$$Q\,(Wh) = m\,(kg) \cdot c\,\left(\frac{Wh}{kgK}\right) \cdot \Delta T\,(K)$$

Umrechnung von Wärmeeinheiten:
1 kcal = 4,1868 kJ = 1,163 Wh; 1 kJ = 0,2388 kcal = = 0,2778 Wh; 1 Wh = 3600 J = 0,860 kcal.

c – Wert von Wasser = 1,163 Wh/kgK oder 4,18 kJ/kgK
c – Wert von Luft = 0,278 Wh/kgK oder 1 kJ/kgK

Beispiel: 200 l Wasser (1 l = 1 kg) sollen im Kessel einer Heizungsanlage von 8° C auf 65° C erwärmt werden. Welche Wärmemenge muß zugeführt werden?
Q = m · c · Δ T = 200 kg · 1,163 Wh/kgK · 57 K
Q = 13.258 Wh (13,2 kWh)

2.3 Heizwert

Als Heizwert versteht man die Energie, die bei der Verbrennung von 1 kg eines Stoffes frei wird.
Die bei der Verbrennung insgesamt freiwerdende Wärmemenge kann nach folgender Formel berechnet werden:

Wärmemenge (W) = Masse (m) · Heizwert (H)

W (kWh) = m (kg, l, m³) · H (kWh/kg, l, m³)

Energieträger	Heizwert	η (%)	Nutzheizwert
Strom	1 kWh	97	~ 1 kWh
Heizöl EL	9,8 kWh/l	85	8,4 kWh/l
Koks	8,1 kWh/kg	70	5,6 kWh/kg
Steinkohle	8,6	70	6
Braunkohle	4,1	70	2,9
Holz	3,6	70	2,5
Erdgas	10 kWh/m³	85	8,5 kWh/m³
Propangas	11	90	9,9
Biogas	5,4	85	4,6
Stroh	3,2 kWh/kg	70	2,2 kWh/kg
Sonne	1000 kWh/m² u. Jahr	40	400 kWh/m² u. Jahr

2.4 Wärmeübertragung

Wärme ist die Bewegungsenergie der Moleküle. Ähnlich wie die Bewegungsenergie ist auch die Wärme übertragbar. Dies kann erfolgen durch:

- Wärmeleitung: Die größere Bewegungsenergie des wärmeren Teilchens wird auf seine Nachbarteilchen übertragen.
- Wärmeströmung: Eine Stoffmenge mit ihrer Wärmeenergie bewegt sich von einer Stelle zu einer anderen.
- Wärmestrahlung: Die Energieübertragung erfolgt durch elektromagnetische Wellen (Wärmewellen).

- **Wärmeleitung**

Die Teilchen (Moleküle) bleiben an ihrer Stelle. Das ist die Form der Wärmeübertragung in festen Stoffen. Je größer die Dichte eines Stoffes, desto größer ist seine Wärmeleitfähigkeit. Es gibt deshalb gute und schlechte Wärmeleiter. Zu den guten gehören alle Metalle, zu den schlechten Holz und Kunststoffe. Sehr schlechte Wärmeleiter sind Gase.
Ruhende Luftschichten in Fenstern, Hohlziegeln oder porösen Baustoffen werden als Dämmstoffe in der Bauwirtschaft verwendet.

- **Wärmeströmung**

Sie beruht auf einer Bewegung von Stoffteilchen und ist daher nur in Flüssigkeiten und Gasen möglich. Die Anwendung erfolgt in Heizungsanlagen. Diese Wärmeströmung (Konvektion) wird dadurch erreicht, daß warme Teilchen wegen des geringeren Gewichtes aufsteigen, kalte dagegen absinken (Schwerkraftheizung). Mit einer Umwälzpumpe kann der Kreislauf wesentlich rascher erfolgen. Ein anderes Beispiel aus der Natur ist der Golfstrom.

- **Wärmestrahlung**

Die Übertragung der Sonnenenergie durch Strahlung bewirkt die Erwärmung der Erdoberfläche. Die Wärmewellen durchdringen die Luft, erst in einem Körper bewirken sie eine Erwärmung. Dunkle Oberflächen nehmen mehr Energie auf (Absorption), helle Oberflächen reflektieren sie.

Wärmeströmung und Wärmestrahlung

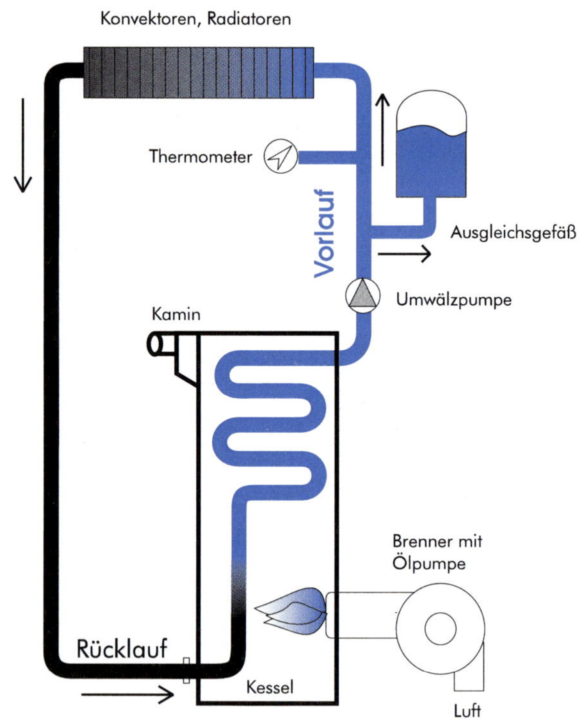

Wärmeleitung

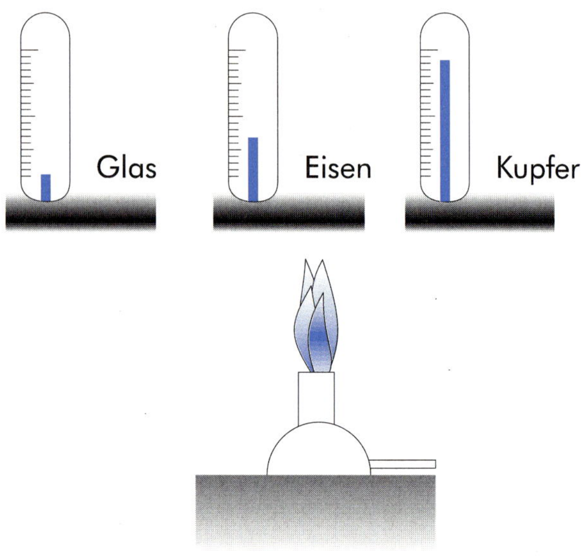

2.5 Änderung des Aggregatzustandes

Mit der Temperatur läßt sich der Aggregatzustand eines Stoffes verändern. Besonders augenscheinlich ist dies bei Wasser, das sowohl in festem Zustand – als Eis – als auch in flüssigem – als Wasser – und in gasförmigem Zustand – als Wasserdampf – vorkommt. Beim Gefrieren erhöht sich das Volumen um etwa ein Zehntel. Das ist bei wassergekühlten Motoren zu beachten.

> Um einen Körper vom festen in den flüssigen bzw. gasförmigen Zustand zu versetzen, muß Wärme zugeführt werden. Umgekehrt wird Wärme abgegeben, wenn ein Körper vom gasförmigen in den flüssigen bzw. festen Zustand übergeführt wird.

Die zugeführte Wärme ist notwendig, um die Moleküle entgegen den Anziehungskräften voneinander zu lösen. Diese Schmelzwärme wird andererseits beim Gefrieren wieder frei. Auf dieser Tatsache beruht beispielsweise die Frostberegnung bei Obstkulturen. Für Wasser beträgt die Gefrierwärme 93 Wh/kg. Um 1 kg Wasser (das bereits auf Siedetemperatur erwärmt wurde) vollständig zu verdampfen, werden 627 Wh benötigt. Diese Verdampfungswärme wird ebenso beim Kondensieren wieder frei. Auf diese Weise kann in Kühlschränken Kälte erzeugt werden, allerdings mit speziellen Kühlflüssigkeiten. Ein Kompressor verdichtet ein gasförmiges Kühlmittel und drückt es in den mit Kühlrippen versehenen Kondensator. Hier verflüssigt sich das Kühlmittel. In einem Reduzierventil wird es anschließend entspannt. Wegen der Druckminderung verdampft die Flüssigkeit im Inneren des Kühlschrankes und entzieht damit Wärme. Das verdampfte Kühlmittel wird anschließend vom Kompressor wieder angesaugt.

Prinzip einer Kältemaschine

Isolierung, Kühlschrankrückwand

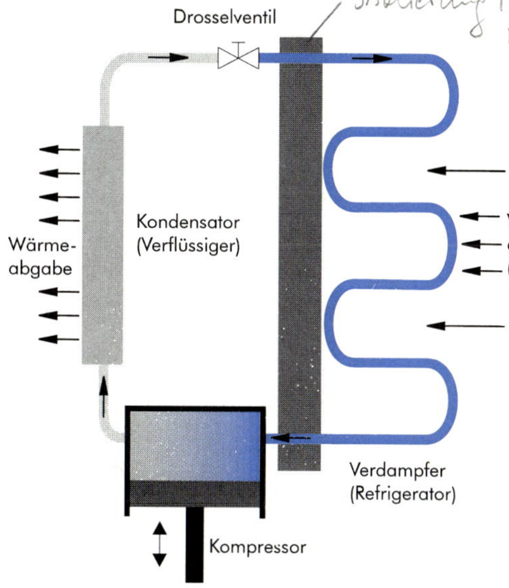

Wärmepumpe dasselbe, nur wo die andere Seite genutzt

3. Elektrische Energie

Siehe Heft (15.10.)

Elektroenergie läßt sich leicht in andere Energieformen (z. B. Wärme oder mechanische Energie) umwandeln und zudem verlustarm über weite Strecken transportieren. Steuer- und Regelvorgänge zur Automatisierung von Arbeitsvorgängen lassen sich nur schwer ohne elektrische Energie ausführen. Der technische Fortschritt ist daher immer mehr an diese Energieform gebunden.

Die Träger elektrischer Energie finden sich in den Bausteinen aller Materie, den Atomen. Vereinfacht kann man sich jedes Atom als Atomkern mit einem oder mehreren darum kreisenden Elektronen vorstellen. Die Elektronen müssen dabei durch starke Anziehungskräfte an den Kern gebunden werden. Man nennt die zwischen Atomkern und Elektronen wirkenden Kräfte elektrische Kräfte und deren Ursache „elektrische Ladung". Die elektrische Ladung eines Atomkerns wird als positiv, die der Elektronen dagegen als negativ bezeichnet. Das elektrostatische Grundgesetz beschreibt die gegenseitige Wirkung elektrischer Ladungen: Gleichnamige Ladungen stoßen einander ab, ungleichnamige Ladungen ziehen einander an.

Elektrisch geladene Teilchen im Atom

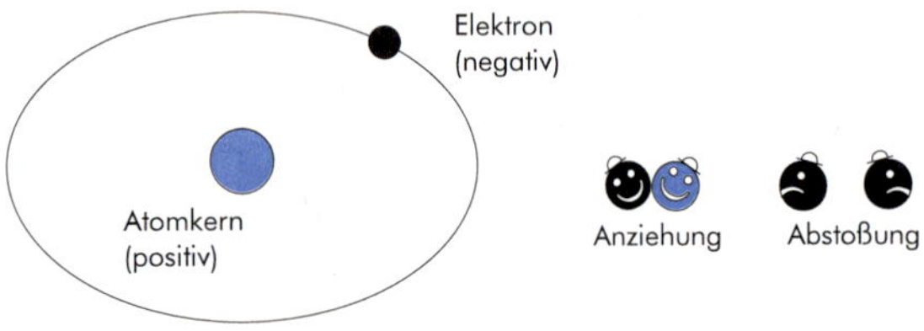

Beim einfach aufgebauten Wasserstoffatom kreist um den Kern nur ein einziges Elektron. Alle anderen Elemente besitzen mehrere Elektronen. Ein Kupferatom weist beispielsweise 29 Elektronen in vier „Bahnschalen" auf. Bei Metallen befinden sich dabei in der äußeren Schale nur wenige Elektronen. Diese sind dann nur mehr lose an den Kern gebunden. Alle elektrisch leitenden Stoffe besitzen derart bewegliche („freie") Elektronen, bei Nichtleitern fehlen sie. Freie Elektronen werden durch elektrische Ladungen leicht aus ihrer Bahn geworfen. Sie können auf ein Nachbaratom überwechseln und dort vorhandene Außenelektronen verdrängen. Auf diese Weise entsteht durch fortschreitende Bewegung der Elektronen von Atom zu Atom elektrischer Strom.

Auf Dauer kann der elektrische Strom nur fließen, wenn die an einem Leiterende austretenden Ladungen durch hinzutretende am Leiteranfang ersetzt werden, also wenn der Stromkreis geschlossen ist. Ein elektrischer Stromkreis ist damit mit einem Wasserkreislauf vergleichbar: Die freien Elektronen entsprechen den Wasserteilchen. Die Anzahl der in einer Zeiteinheit durch einen Leiterquerschnitt bewegten Elektronen bestimmt die elektrische Stromstärke. Die dem Wasserdruck vergleichbare gegenseitige Abstoßung der Ladungsträger wird elektrische Spannung genannt. Dem Rohrreibungswiderstand einer Wasserleitung entspricht der elektrische Widerstand.

Schema eines Stromkreises: ein Vergleich mit fließendem Wasser

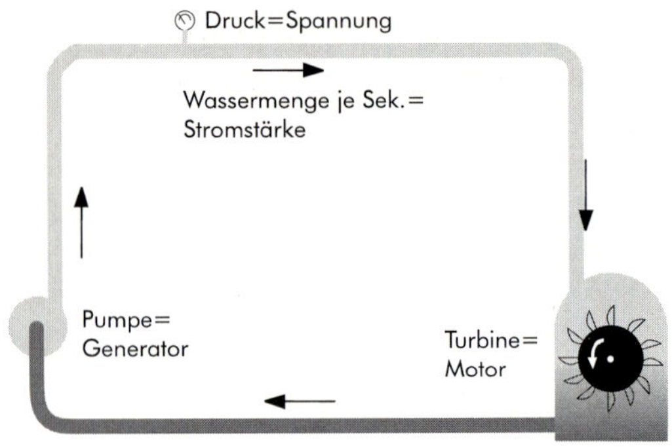

3.1 Maßeinheiten und Grundgesetze

Nach dem französischen Physiker André Marie Ampère bezeichnet man die Maßeinheit der elektrischen Stromstärke als Ampere (A). Man hat vereinbart, daß dies jene Stromstärke ist, bei der je Sekunde 6,28 Trillionen Elektronen durch einen Leiterquerschnitt fließen. Die Ursache des elektrischen Stromes, die elektrische Spannung, wird nach dem italienischen Physiker Alessandro Volta in Volt (V) gemessen.

Der elektrische Widerstand ist abhängig von der Art, der Länge und der Querschnittsfläche eines Leiters. Bei Elementen mit leicht beweglichen Außenelektronen, wie etwa bei Kupfer oder Aluminium, ist er sehr gering. Legierungen von Metallen haben dagegen stets einen hohen elektrischen Widerstand. Die Maßeinheit des elektrischen Widerstandes ist der Widerstand einer Quecksilbersäule von 1 mm^2 Querschnitt und 106,3 cm Länge. Diese Einheit wird nach dem deutschen Physiker Georg Simon Ohm als 1 Ohm (Ω) bezeichnet.

Widerstandsgerade eines Bügeleisens

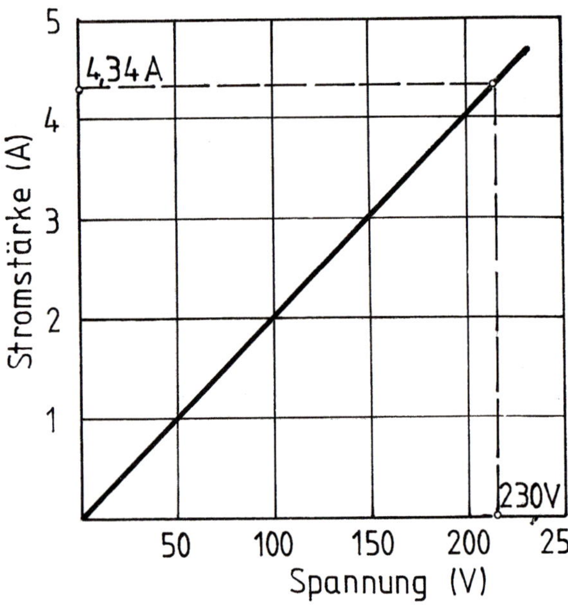

Je größer der Druck in einer Wasserleitung ist, um so stärker wird der Wasserstrom fließen. Ähnlich sind die Verhältnisse auch im elektrischen Stromkreis: Je höher die

U = Spannung (Volt) P = Leistung (Watt)
I = Stromstärke (Ampere)
(R = Widerstand)

Spannung, um so höher ist die elektrische Stromstärke. Bei gleichbleibendem Widerstand sind also Stromstärke und Spannung zueinander proportional. Das Verhältnis Spannung zu Stromstärke bleibt damit gleich groß, es ist ein Maß für den elektrischen Widerstand. Dieser grundlegende Zusammenhang wird als Ohmsches Gesetz bezeichnet.

$$\text{Widerstand} = \frac{\text{Spannung}}{\text{Stromstärke}} \quad \text{oder als Formel:}$$

$$R = \frac{U}{I} \qquad U = I \cdot R \qquad R = \frac{U}{I}$$

Nach dieser Darstellung ist 1 Volt jene Spannung, die bei einem Widerstand von 1 Ohm einen elektrischen Strom von 1 A verursacht.
Wenn mit Hilfe einer Turbine aus Wasserkraft mechanische Leistung erzeugt wird, so ist dafür sowohl der Wasserdruck als auch die durchfließende Wassermenge je Zeiteinheit maßgeblich. Für die elektrische Leistung sind in gleicher Weise Spannung und Stromstärke bestimmend:

$$\text{Leistung} = \text{Spannung} \cdot \text{Stromstärke}$$
$$P = U \cdot I$$

Die Maßeinheit der elektrischen Leistung ist wie in der Mechanik das Watt (W).
Aus der elektrischen Leistung ist bei gegebener Einschaltzeit (t) auf einfache Weise die elektrische Arbeit (W) zu errechnen:

$$W = P \cdot t$$

Setzt man dabei die Zeit in Sekunden ein, so erhält man die elektrische Arbeit in Wattsekunden (Ws). Eine Wattsekunde entspricht 1 Joule. Gebräuchlicher ist jedoch die Einheit Kilowattstunde (kWh). Dazu ist entsprechend die Leistung in kW und die Zeit in Stunden einzusetzen. Zur Umrechnung gilt: 1 kWh = 3600 kJ.
Beispiel: Es ist die elektrische Stromstärke eines Heizlüfters bei 230 V Spannung und Heizstufe 1 zu berechnen, wenn der elektrische Widerstand mit 48 Ω angegeben ist.

$$I = U/R = 230/48 = 4{,}79 \text{ A}$$

Beispiel: Wie stark muß die Sicherung für den Betrieb einer Kochplatte bei 230 V Netzspannung sein, wenn deren Leistungsaufnahme am Typenschild mit 1700 W gegenben ist?

$$I = P/U = 1700/230 = 7{,}39 \text{ A}$$

Das Gerät erfordert damit eine 10-A-Sicherung!
Beispiel: Wie groß muß der „Anschlußwert" (= elektrische Leistung) eines Heißwasserboilers sein, wenn dieser 60 l Wasser in 6 Stunden von 15° C auf 85° C erwärmen soll? Der Wirkungsgrad wird mit 80% angenommen.

Dazu ist die nötige Wärmemenge (Q) aus der Wassermenge (m), dem Temperaturunterschied (δ) und der spezifischen Wärmekapazität des Wassers (c = 4,186 kJ/kg, °C) zu ermitteln:

$$W = c \cdot m \cdot \delta = 4{,}186 \cdot 60 \cdot 70 = 17.581{,}2 \text{ kJ} = 4{,}87 \text{ kWh}$$

Die abgegebene Leistung ergibt sich damit aus Arbeit/Zeit:

$$P_{ab} = W/t = 4{,}87/6 = 0{,}81 \text{ kW}$$

Unter Berücksichtigung des Wirkungsgrades (= 0,8) ist die tatsächliche Leistungsaufnahme errechenbar:

$$P_{auf} = P_{ab}/\eta = 0{,}81/0{,}8 = 1{,}0125 \text{ kW}$$

Als Faustregel gilt übrigens: 1 kWh erzeugt rund 10 l Warmwasser!

3.2 Stromarten und Stromerzeugung

❑ **Gleichstrom**

Wenn zwei unterschiedliche Metalle in eine leitende Flüssigkeit (Elektrolyt) tauchen, so entsteht eine elektrische Spannung. Die Ursache dafür liegt im unterschiedlichen Lösungsbestreben der Materialien. Beim Bleiakkumulator lösen sich beispielsweise die (Minus-)Platten aus reinem Blei stärker in verdünnter Schwefelsäure als die positiven Bleioxidplatten. Durch die Abgabe von elektropositiven Bleiionen lädt sich eine Bleiplatte mehr negativ auf. Beim Bleiakku entsteht auf diese Weise ein Spannungsfeld von etwa 2 V.

Bleiakkumulator

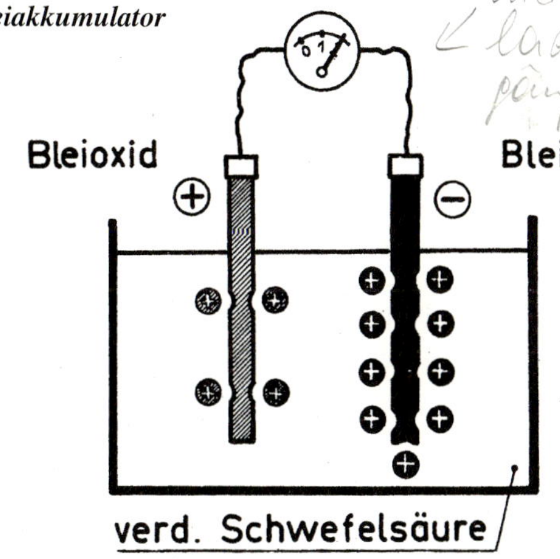

In einem geschlossenen Stromkreis führen solche „galvanischen Elemente" stets einen Strom nur in einer Richtung (= Gleichstrom). Als technische Stromrichtung gilt vereinbarungsgemäß die Richtung vom Pluspol zu einem Minuspol, obwohl sich Elektronen wegen ihrer negativen Ladung genau umgekehrt bewegen! Im Gegensatz zu normalen galvanischen Elementen lassen sich Bleiakkumulatoren durch Anlegen einer richtig gepolten Gleichspannung wieder aufladen.
Gleichstrom läßt sich außer durch galvanische Elemente auch, wie Wechselstrom, durch Induktion erzeugen.

❑ Wechselstrom

Wechselstrom entsteht in Generatoren durch Induktion. Nach dem vom englischen Physiker Michael Faraday entdeckten Induktionsprinzip entstehen immer elektrische Spannungen, wenn magnetische Feldlinien einen Leiter schneiden (= Generatorprinzip). Die Richtung eines Induktionsstromes läßt sich mit der „Rechten-Hand-Regel" bestimmen: Hält man die rechte Hand so, daß die (vom magnetischen Nord- zum Südpol laufenden) Feldlinien in die offene Handfläche eintreten, so zeigt der abgestreckte Daumen in Stromrichtung.

Die Erzeugung von Wechselstrom (Bosch)

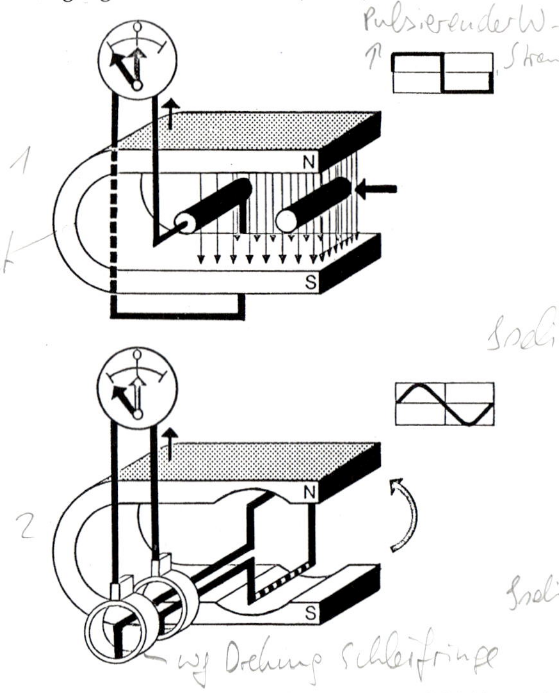

Bewegt man einen Leiter in einem Magnetfeld hin und her, so entsteht eine wechselnde Stromrichtung. Man spricht deshalb von Wechselstrom. Bei einer drehbaren Leiterschleife oder Spule muß der entstehende Wechselstrom über Schleifringe abgenommen werden.

Wechselstrom läßt sich im Gegensatz zu Gleichstrom umspannen (transformieren). Fließt nämlich Wechselstrom durch eine Wicklung, so entsteht wie bei jedem stromdurchflossenen Leiter ein Magnetfeld. Dessen Stärke und Richtung ändern sich jedoch durch den Wechsel des Stromflusses dauernd. In einer benachbarten zweiten Spule schneidet dieses Wechselfeld die Leiter und erzeugt eine Induktionsspannung. Deren Höhe ist vom Verhältnis der Windungszahlen der beiden Spulen abhängig. Mit solchen Transformatoren kann fast jede beliebige Spannung erzeugt werden.

Transformator

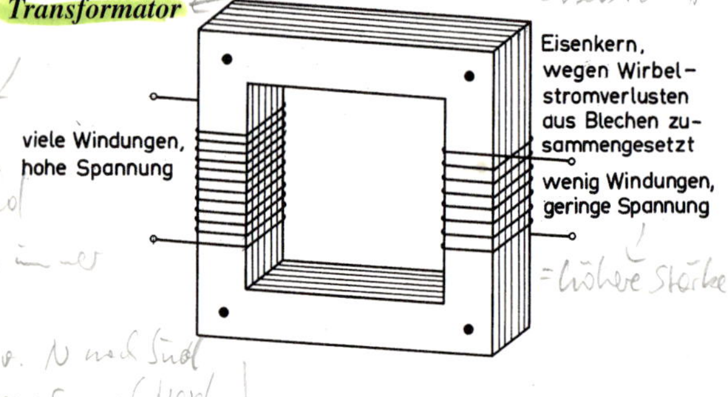

Ersetzt man die Schleifringe eines Wechselstromgenerators durch einen Lamellenkollektor, so wird beim Wechsel der Richtung des Induktionsstromes umgepolt. An den feststehenden Stromabnehmern, den Kollektorkohlen, entsteht damit eine (pulsierende) Gleichspannung. Generatoren mit Lamellenkollektor sind daher Gleichstromgeneratoren. Der Dauermagnet eines solchen Gleichstromgenerators kann auch durch eine Magnetspule ersetzt werden. Deren Wicklungen können mit der beweglichen „Läuferwicklung" entweder in Reihe oder parallel dazu geschaltet werden. Gleichstromlichtmaschinen von Kraftfahrzeugen sind nach diesem Schema aufgebaut.

Die Erzeugung von Gleichstrom. Anstelle des Dauermagneten kann auch, wie rechts unten, ein Elektromagnet verwendet werden (Bosch).

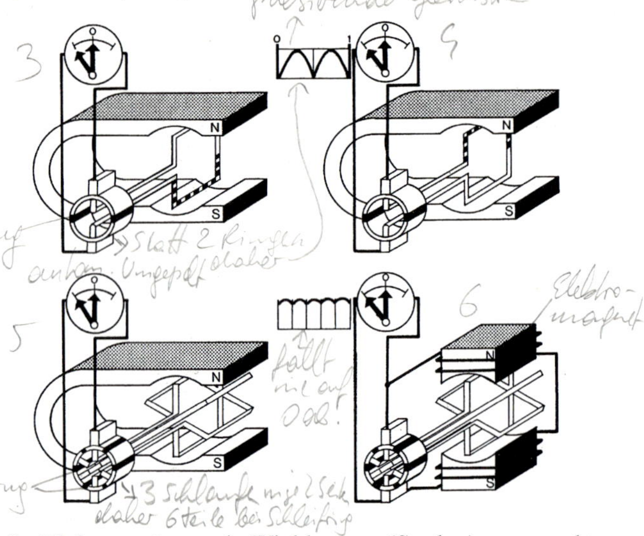

In Elektrogeräten mit Wicklungen (Spulen) verursacht Wechselstrom andauernd eine Induktion. Mit der Stromrichtung des Wechselstromes ändert sich nämlich auch die Richtung und Stärke des Magnetfeldes. Daher schneiden die magnetischen Kraftlinien die Windungen der Spule, die das Magnetfeld erzeugt hat. Nach dem Generatorprinzip ist die Folge ein Induktionsstrom. Der volle Strom fließt aber erst dann, wenn die Wechselspannung ihren Höchstwert überschritten hat und das Magnetfeld zusammenbricht. In solchen Fällen erreichen Stromstärke und Spannung nicht mehr, wie beim Gleichstrom, zugleich ihre Höchstwerte. Man spricht von einer Phasenverschiebung. Dieser Umstand muß dann auch bei der Berechnung der wirksamen Leistung von Geräten mit Spulen durch einen Korrekturfaktor berücksichtigt werden. Man nennt diesen Faktor sinngemäß „Leistungsfaktor" (abgekürzt cos φ). Er ist stets kleiner als 1. Die wirksame Leistung von Wechselstromgeräten errechnet sich damit aus der Formel:

$$P = U \cdot I \cdot \cos\varphi$$

Beispiel: Ein Elektro-Winkelschleifer zeigt am Typenschild eine aufgenommene Leistung von 1750 W bei einer Spannung von 230 V. Der Leistungsfaktor wird mit 0,8 angegeben. Wie groß ist die aufgenommene Stromstärke?

$$I = P/(U \cdot \cos\varphi) = 1750/(230 \cdot 0{,}8) = \mathbf{9{,}51\ A}$$

Das Typenschild eines Elektrogerätes (STEWEAG)

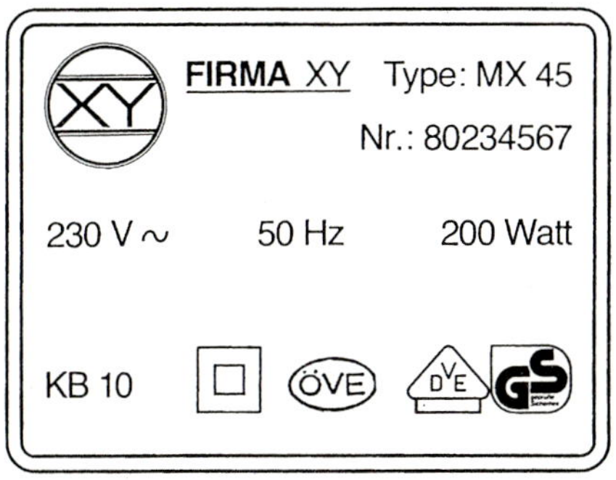

Jedes Elektrogerät muß mit einem Leistungsschild versehen sein. Darauf sind der Erzeuger, Spannung 230 V, Leistung (200 W) ersichtlich.
KB 10 weist darauf hin, daß das Gerät nur für Kurzbetrieb (max. 10 min.) geeignet ist. Das Zeichen ▣ weist auf Schutzisolierung hin.
Der Konsument sollte nur sichere Elektrogeräte kaufen!

❑ Drehstrom

Drehstromgeneratoren besitzen drei um 120 Grad versetzte Wicklungen. Dreht man im Zentrum solcher Wicklungen einen Dauermagneten oder eine Magnetspule, so muß nach dem Induktionsprinzip in jeder Spule eine Wechselspannung entstehen. Der Höchstwert dieser Wechselspannung wird in jeder Spule entsprechend der Stellung des rotierenden Magneten zu einem anderen Zeitpunkt erreicht. Derartige Wechselströme haben daher eine Phasenverschiebung von einem Drittel einer Umdrehung, also von 120 Grad. Drei um je 120 Grad phasenverschobene Wechselströme bezeichnet man daher als Drehstrom.

Die Summe der Ströme ist bei Drehstrom stets Null

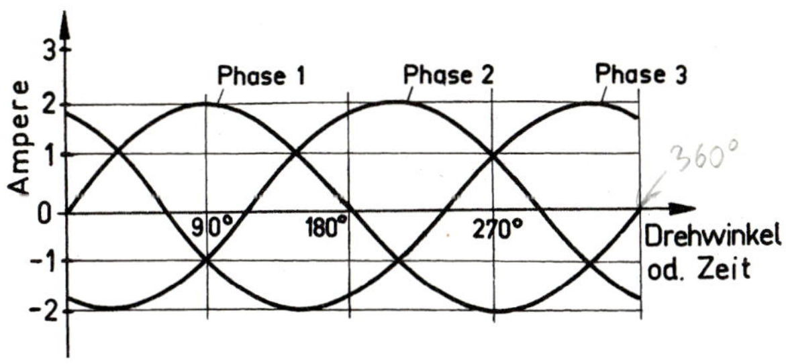

In einem Drehstromnetz heben sich in jedem beliebigen Zeitpunkt die Ströme der drei Spulen gegenseitig auf. Man kann daher je drei Wicklungsenden zusammenschließen und benötigt damit zur Weiterleitung nur drei anstelle von sechs Leitern. Das öffentliche Stromnetz ist ein derartiges Drehstromnetz. Mit Hilfe eines vierten Leiters am „Sternpunkt", dem Mittelpunktsleiter (Neutralleiter), ist die Abnahme von zwei Spannungen möglich, z. B. von 400 V („Kraftstrom") und 230 V („Lichtstrom"). Lichtstromverbraucher liegen dabei stets zwischen einem Phasenleiter (L1, L2 oder L3) und dem Neutralleiter. Dieser ist bei Hausanschlüssen durch seine blaue Farbe gekennzeichnet. Weil der Neutralleiter zumindest beim nächsten Transformator geerdet ist, zeigt ein „Phasenprüfer" keine Spannung an. Schalter von festinstallierten Elektrogeräten müssen immer im Stromkreis zum Phasenleiter liegen, nicht zum Neutralleiter. Ansonsten könnte auch nach dem Abschalten am Gerät eine gefährliche Spannung vorhanden sein.

Drehstromnetz

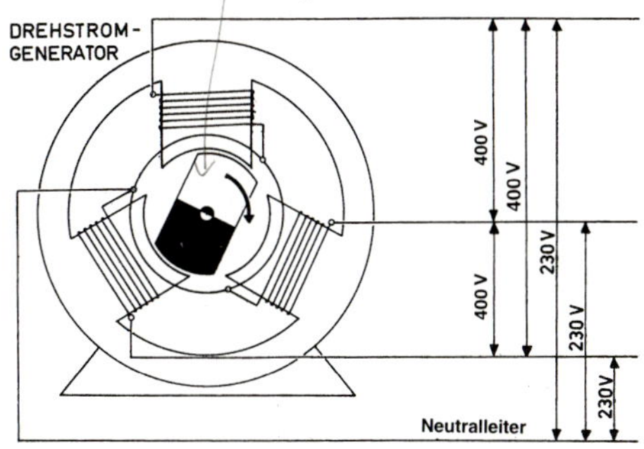

Drehstromverbraucher können entweder in Stern- oder auch in Dreieckschaltung ans Netz geschlossen werden.

Für die Berechnung der wirksamen Leistung gilt in beiden Fällen:

$$P = U \cdot I \cdot \cos \varphi \cdot 1{,}73$$

Beispiel: Welche Leistung nimmt ein Drehstrommotor bei folgenden Daten am Typenschild auf?

$U = 400$ V, $I = 8{,}5$ A, $\cos \varphi =$ **0,83**
$P = 400 \cdot 8{,}5 \cdot 0{,}83 \cdot 1{,}73 =$ **4882 W**

Ein Drehstrom-Vierleiternetz liefert Licht- und Kraftstrom; 1 Vorzählsicherung, 2 Hausanschlußsicherung

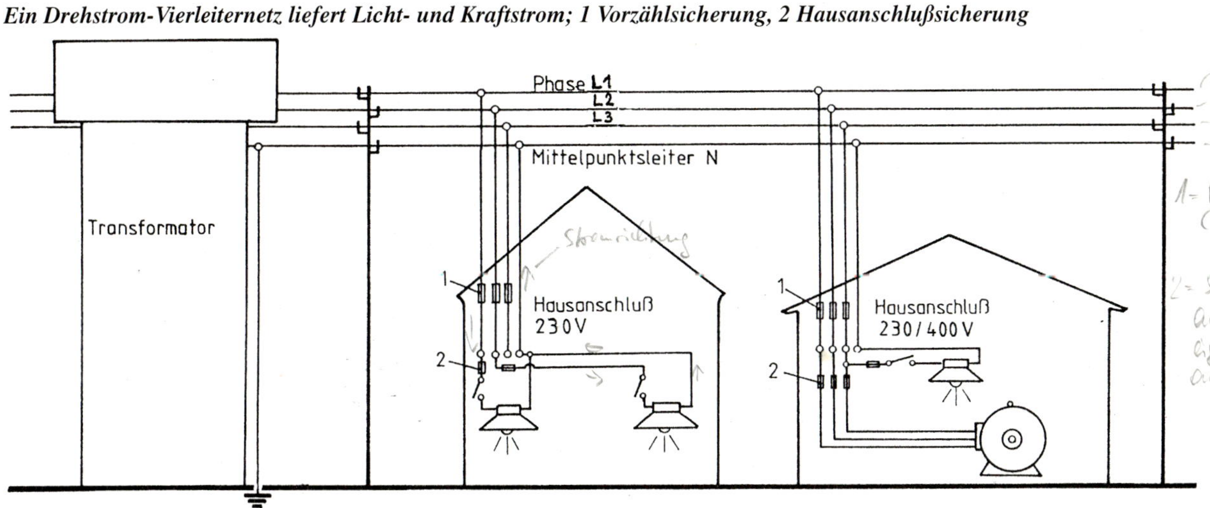

3 Phasen zum Motor + Nullleiter

nur 3 Phasen angeschlossen

Stern- und Dreiecksschaltung

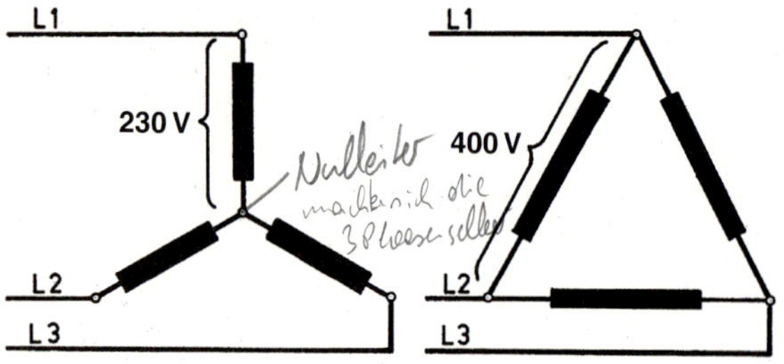

3.3 Elektronische Bauelemente

Elektronische Schaltungen bestehen vor allem aus Widerständen, Spulen, Kondensatoren und Halbleiterbauteilen, wie Dioden, Transistoren und Thyristoren. Oft sind Tausende solcher Bauelemente auf kleinstem Raum mit Ausmaßen von wenigen Millimetern zu integrierten Schaltungen („Chips") vereint.

Die wichtigsten Bauelemente elektronischer Schaltungen

BENENNUNG	SYMBOL	FORM
Widerstand		
Potentiometer		
Spule		
Kondensator		
Diode		
Diac		
Transistor		
Thyristor		
Triac		

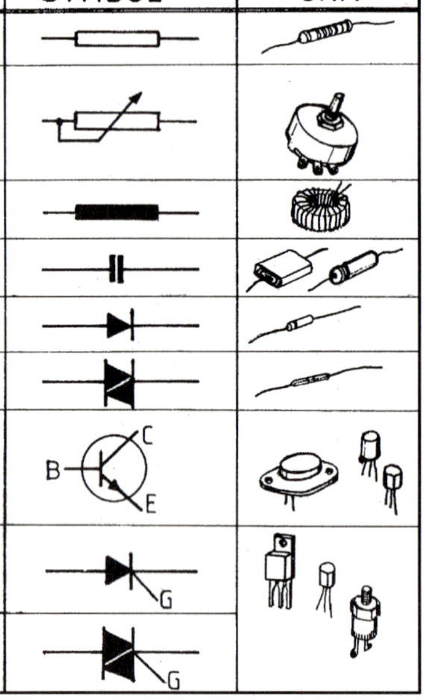

Widerstände
werden zur Strombegrenzung oder Spannungsteilung benutzt. Meist handelt es sich dabei um Kohleschicht- oder Drahtwiderstände. Ihr elektrischer Widerstand ist in Form von Farbringen verschlüsselt. Regelbare Widerstände werden auch Potentiometer genannt.

Spulen
haben im Gleichstromkreis einen geringen, bei Wechselstrom jedoch einen höheren Widerstand. Der fortwährende Auf- und Abbau des Magnetfeldes führt nämlich bei Wechselstrom zu einer andauernden Induktion, die den ursprünglichen Stromfluß hemmt.

Kondensatoren
bestehen meist aus großen, leitenden Flächen (z. B. aus Alufolie). Dazwischen ist eine dünne Isolierschicht. Auf diesen Flächen werden elektrische Ladungen gespeichert. Für hohe Speicherkapazitäten werden auch Elektrolytkondensatoren benutzt. Diese dürfen nie verkehrt gepolt werden!

Im Gleichstromkreis wirkt ein Kondensator nach dem Fließen eines kurzen Ladestromstoßes wie eine Sperre. Im Wechselstromkreis läßt ein Kondensator dagegen scheinbar Strom fließen, weil sich ständig Lade- und Entladevorgänge wiederholen. Kondensatoren lassen Wechselströme hoher Frequenz fast ungehindert fließen. Oft werden deshalb Kondensatoren dazu benutzt, um hochfrequente Störströme kurzzuschließen. Kondensatoren sperren also Gleichströme und leiten Wechselströme um so besser, je höher deren Frequenz ist.

Halbleiterdioden
bestehen ebenso wie Transistoren und Thyristoren aus Halbleitern. Dabei handelt es sich durchwegs um Elemente mit vier Elektronen auf der äußersten Schale des Atombaues. Die wichtigsten Vertreter sind Silizium und Germanium. Durch Beimengung einer geringen Zahl an Fremdatomen mit drei oder fünf Außenelektronen (z. B. Arsen oder Indium) entsteht an einzelnen Stellen ein Überschuß (= n-Halbleiter) oder ein Mangel (= p-Halbleiter) an Elektronen. Durch Verlagerung solcher überzähliger Ladungen kommt es bei Halbleitern zu einem Stromfluß.

Halbleiterdiode in Sperr- und Durchlaßstellung

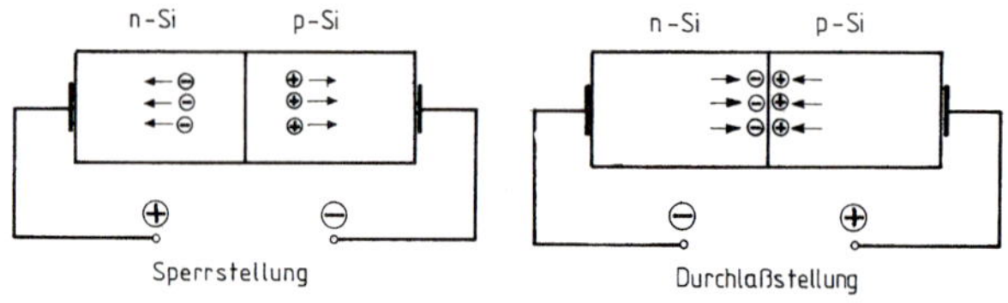

Dioden bestehen stets aus zwei aneinandergrenzenden Schichten eines n- und eines p-Halbleiters. Schließt man eine Gleichspannungsquelle mit dem Pluspol am n-Halbleiter und dem Minuspol am p-Halbleiter an, so werden durch die Anziehung ungleichnamiger Ladungen die Ladungsträger aus der Übergangsschicht herausgezogen.

Kennlinie einer normalen Diode (oben) und einer Zener-Diode

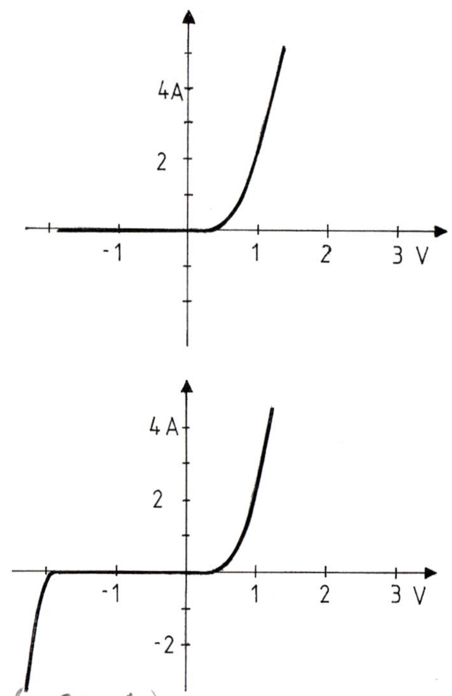

Silicium – das Material der Halbleiterindustrie (Dioden)

Transistoren: prinzipiell zur Verstärkung.
(wie Schalter ohne Verschleiß, ohne Funken)

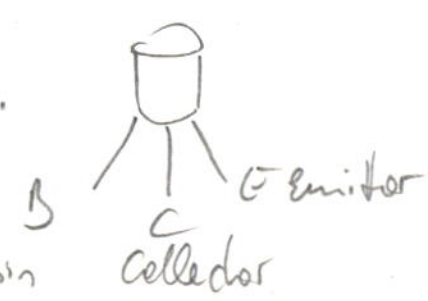

Bei dieser Polung ist eine Diode daher nichtleitend („Sperrstellung"). Bei entgegengesetzter Schaltung durchsetzen die Ladungsträger dagegen die Übergangsschicht und machen sie leitend („Durchlaßstellung"). Dioden lassen also Ströme in einer Richtung fließen, sperren aber in der Gegenrichtung.
Je nach Material setzt die Leitung bei Dioden erst ab einer Spannung von 0,3 bis 0,6 V ein. Werden Dioden in Sperrstellung hohen Spannungen ausgesetzt, so kann die Übergangsschicht zerstört werden. Die sogenannten Zener-Dioden werden im Gegensatz zu üblichen Formen auch in Sperrstellung plötzlich leitend. Solche Zener-Dioden werden deshalb gerne als Überspannungsschutz benutzt. Triggerdioden (Diacs) werden bei einer Spannung von 30 bis 35 V in beiden Richtungen leitend. Leuchtdioden geben in Durchlaßstellung Licht ab. Sie werden häufig als Anzeigeleuchten verwendet, verkraften aber nur Spannungen von 1,5 bis 2,5 V.

Transistoren
sind aus drei Halbleiterschichten aufgebaut. Durch die Aneinanderlagerung von abwechselnd einem n- und einem p-Halbleiter entstehen an den Übergängen zwei Dioden. Entsprechend der Schichtfolge werden pnp-Transistoren von npn-Transistoren unterschieden. Der Anschluß muß stets so erfolgen, daß sich eine der beiden

Schematischer Aufbau eines Transistors

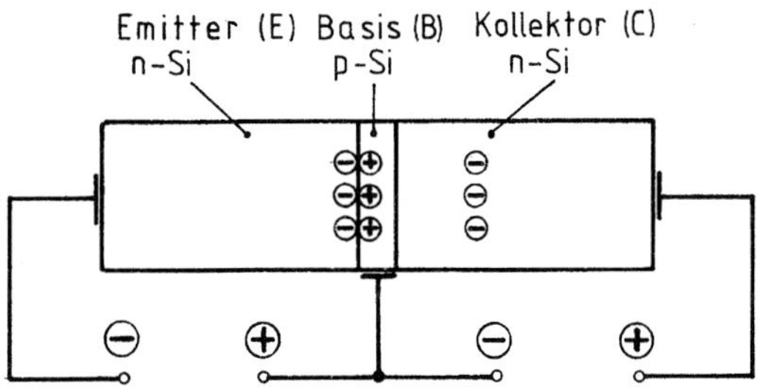

Dioden in Durchlaßstellung, die zweite aber in Sperrstellung befindet. Daher kann zwischen den Endanschlüssen Emitter (E) und Kollektor (C) vorerst kein Strom fließen. Wenn aber über die hauchdünne mittlere Schicht (die Basis) Ladungsträger in die Sperrschicht gebracht werden, so wird diese leitend. Dabei hängt die Leitfähigkeit von der Zahl der an der Basis zugeführten Ladungen ab, also vom Basisstrom. Bereits ein schwacher Strom zwischen Basis und Emitter kann einen starken Stromfluß zwischen Emitter und Kollektor verursachen. Der Basisstrom steuert damit den Kollektorstrom. Die Basis muß bei npn-Transistoren gegenüber dem Emitter positiv, bei pnp-Transistoren dagegen negativ gepolt sein, wenn eine Leitung eintreten soll. Bei Feldeffekttransistoren genügt zum Durchschalten eine Spannung an der Basis, es ist kein Basisstrom nötig. Solche Transistoren arbeiten daher fast verlustlos.

Thyristoren
bestehen aus vier Halbleiterschichten. Der Funktion nach kann man sie als gesteuerte Dioden bezeichnen. In einer Richtung wird nämlich ein elektrischer Strom dauernd gesperrt, in der Gegenrichtung aber durchgelassen, wenn am Steueranschluß (Gate) eine meist positive Spannung von wenigen Volt anliegt. Das Durchschalten erfolgt im Gegensatz zu Transistoren schlagartig. Doppelwegthyristoren (Triacs) können in beiden Richtungen durchschalten. Thyristoren dienen allgemein als schnelle, kontaktlose Schalter für meist hohe Spannungen und Leistungen.

Kennlinie eines Thyristors

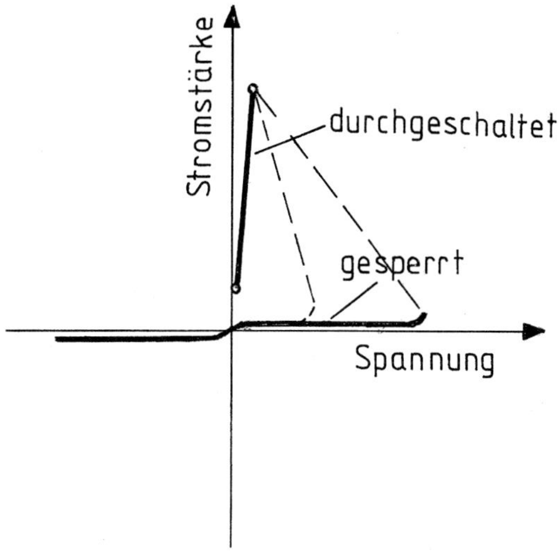

Alle Halbleiterbauteile sind empfindlich gegenüber Wärme und Fremdspannung. Deshalb sollen beispielsweise bei Schweißarbeiten an Kraftfahrzeugen die mit Halbleitern ausgestatteten Drehstromlichtmaschinen abgeklemmt werden.
Ein Beispiel für die Anwendung verschiedener elektronischer Bauteile ist die als Phasenanschnittsteuerung bekannte stufenlose Helligkeitsregelung von Beleuchtungen oder die Drehzahlregelung von Motoren.

Phasenanschnittsteuerung

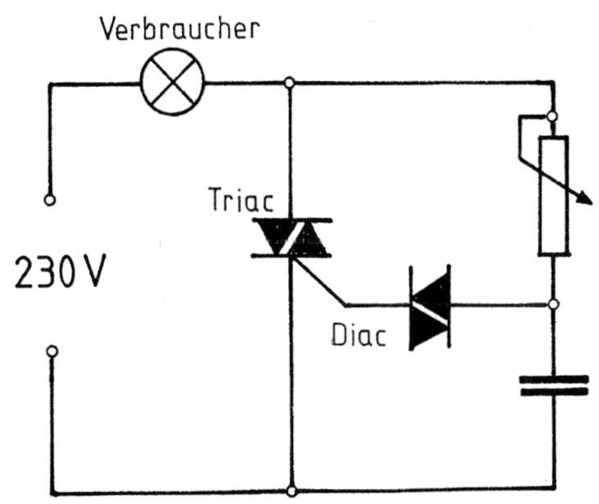

Der im Stromkreis des Verbrauchers liegende Doppelwegthyristor (T) wird immer dann leitend, wenn an seinem Gate eine positive oder negative Mindestspannung anliegt. Im Wechselstromkreis ändert sich aber die Spannung dauernd. Bei jeder Halbwelle der Wechselspannung wird über einen Regelwiderstand der Kondensator (C) aufgeladen. Erreicht die Spannung am Kondensator den Wert der Zündspannung des angeschlossenen Diacs (D), so schaltet der Thyristor durch. Es fließt kurzzeitig ein Strom durch den Verbraucher. Dieser Strom kommt gegen Ende der Halbwelle wieder zum Erliegen. Er fließt aber bei der folgenden negativen Halbwelle nach entsprechender Aufladung des Kondensators neuerlich. Je nach

Einstellung des Regelwiderstandes ist die Ladezeit des Kondensators unterschiedlich lang. Von ihr ist jedoch die Zeit des Stromflusses durch den Verbraucher abhängig. Mit dem Regelpotentiometer kann also die Leistungsaufnahme des Verbrauchers stufenlos fast ohne Verluste verändert werden.

Phasenanschnittsteuerung

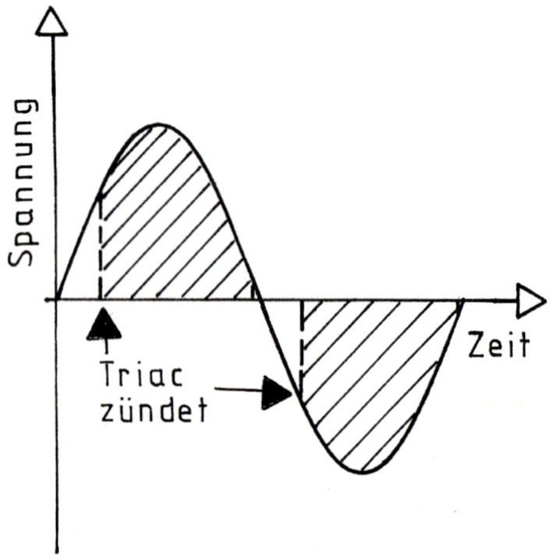

3.4 Elektrische Beleuchtung

Erst mit der Erfindung der **Glühbirne** begann die praktische Nutzanwendung der elektrischen Energie. Im Gegensatz zu den ersten Kohlefadenbirnen des Amerikaners Th. A. Edison werden heute fast ausnahmslos solche mit Wolframglühdraht und Edelgasfüllung verwendet. Die Lebensdauer einer Glühbirne ist mit 800 bis 1000 Stunden eher kurz. Wegen der ansprechenden warmen Lichtfarbe haben Glühbirnen auch in Zukunft Bedeutung, obwohl ihr Wirkungsgrad in der Größenordnung um 5% liegt. Etwas günstiger ist die Lichtausbeute bei **Halogenlampen.** Es handelt sich dabei um Glühlampen mit Jod- oder Bromgasfüllung, bei denen das vom Glühdraht abgedampfte Metall in kälteren Zonen eine Verbindung mit Jod oder Brom eingeht. Am Glühdraht zerfällt diese Verbindung und führt damit das Wolfram wieder zurück.

Energiesparbirne

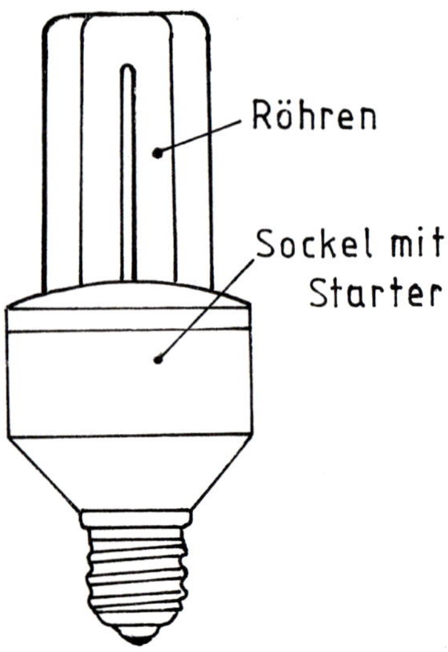

Solche Lampen können mit höheren Temperaturen betrieben werden und erzielen daher eine bessere Lichtausbeute. Die beispielsweise in der Ferkelaufzucht verwendeten Infrarotlampen erzeugen dagegen besonders viel Wärmestrahlung, aber weniger sichtbares Licht. Die in letzter Zeit angebotenen **Energiesparlampen** sind von der Funktion her keine Glühbirnen, sondern kurze Leuchtstoffröhren. Im Schraubsockel ist die nötige Starteinrichtung fest eingebaut. Die Eigenschaften entsprechen den klassischen Leuchtstoffröhren.
Leuchtstoffröhren geben „kaltes" Licht ab, dessen Farbe von dem an der Röhreninnenseite aufgetragenen Leuchtstoff abhängt. Dieser Belag hat die Aufgabe, die durch Gasentladung mit quecksilberhaltigem Gas erzeugte Ultraviolettstrahlung in sichtbares Licht zu verwandeln. Zum Zünden einer Leuchtstoffröhre reicht die Netzspannung von 230 V nicht aus. Daher muß beim Einschalten der Starter kurzzeitig eine höhere Zündspannung mit Hilfe einer Drosselspule erzeugen. Beim Anschalten der Röhre erwärmt vorerst eine Glimmentladung einen Bimetallstreifen. Dieser verformt sich dadurch und schließt den Stromkreis über die Drosselspule. Damit wird aber die

Schaltschema einer Leuchtstoffröhre

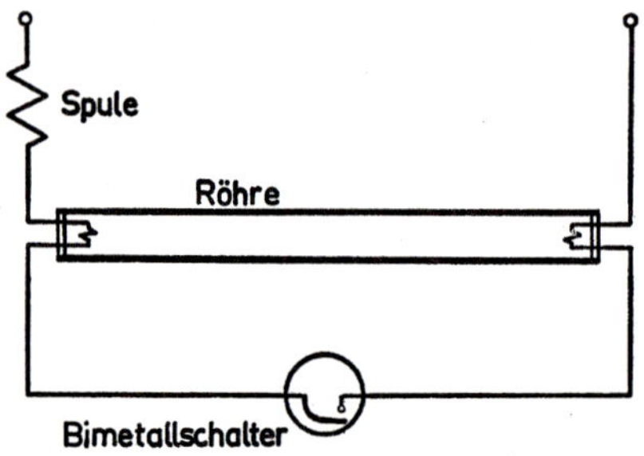

Glimmlampe kurzgeschlossen und erlischt, der Bimetallstreifen öffnet daher wieder. Das führt aber in der Drossel zum Zusammenbrechen des Magnetfeldes und durch Induktion zur Erzeugung der Zündspannung. Bei gleicher Nennleistung haben Leuchtstoffröhren gegenüber Glühbirnen eine drei- bis viermal größere Lichtausbeute. Die Lebensdauer ist mit 3500 bis 7500 Stunden der von Glühbirnen erheblich überlegen. Häufiges Ein- und Ausschalten beeinträchtigt allerdings die Lebensdauer stark. Ab etwa 500 Stunden jährlicher Einschaltzeit lohnen sich die höheren Anschaffungskosten für Leuchtstoffröhren.
Zur Allgemeinbeleuchtung von Räumen gibt es Erfahrungswerte für die dazu notwendige elektrische Leistung. In Wohnungen geht man immer mehr dazu über, anstelle eines Beleuchtungskörpers in der Raummitte mehrere kleinere anzuordnen.

Richtwerte für Allgemeinbeleuchtung	Glühbirnen (W/m^2)	Leuchtstoffröhren (W/m^2)
Küche, Wohnräume	15 bis 22	6 bis 8
sonstige Räume	7 bis 11	3 bis 4
Ställe	4 bis 7	3 bis 4
Werkstätten, Milchkammer	7 bis 11	3 bis 4

3.5 Elektromotoren

Zwischen Dauermagneten wirken Anziehungs- und Abstoßungskräfte. Dieselben Kräfte wirken auch zwischen Magnetfeldern, die von stromdurchflossenen Leitern (Spulen) erzeugt werden. Jeder stromführende Leiter erzeugt nämlich ein Magnetfeld. Bewegliche Leiter werden dorthin gedrängt, wo das Magnetfeld am schwächsten ist (= Motorprinzip).

❑ Gleichstrommotoren

sind ebenso aufgebaut wie die auf Seite 24 beschriebenen Gleichstromgeneratoren. Sie besitzen den typischen Lamellenkollektor, der die Stromrichtung im Rotor ständig umpolt, so daß eine Drehbewegung einsetzen kann. Die Wicklungen des Rotors und des Ständers können wie beim Gleichstromgenerator entweder in Serie (= Reihenschlußmotor) oder parallel zueinander geschaltet sein (= Nebenschlußmotor). Reihenschlußmaschinen zeigen ein besonders kräftiges Anlaufdrehmoment. Sie werden daher beispielsweise bei Kraftfahrzeugen als Startermotor benutzt.

Universalmotor

Gleichstrom-Nebenschlußmotor (Bosch)

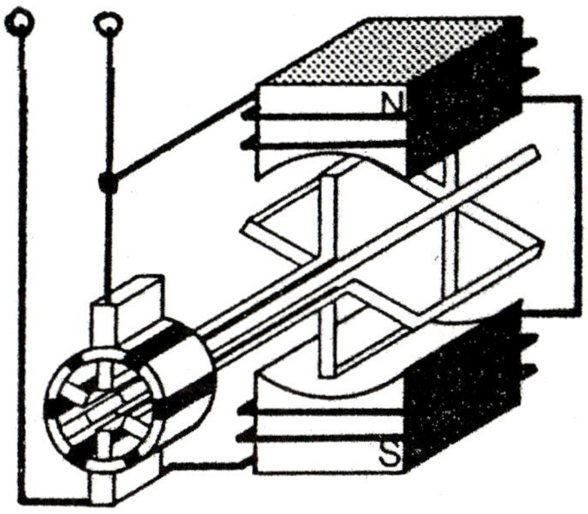

Wenn der Ständermagnet ein Elektromagnet ist, so läuft ein derartiger Gleichstrommotor auch bei Wechselspannung. Mit einem Wechsel der Stromrichtung werden dann nämlich beide Magnetfelder gleichzeitig umgepolt, so daß die Kraftwirkung erhalten bleibt. Solche **Universalmotoren** finden bei vielen kleinen Elektrogeräten, besonders im Haushalt und bei Elektro-Kleinwerkzeugen, Anwendung (z. B. Staubsauger, Küchenmixer, Bohrmaschinen, Winkelschleifer). Ein Nachteil liegt im Verschleiß der Kollektorkohlen. Gleichstrom- und Universalmotoren lassen sich sehr leicht in der Drehzahl regeln.

❑ Wechselstrommotoren

Für größere Leistungen sind bei Wechselstrom Kondensatormotoren (Wechselstrom-Induktionsmotoren) geeignet. Bei diesen „bürstenlosen" Motoren fehlt ein Kollektor und damit eine Verschleißquelle. Die Ständerwicklung erzeugt wie beim Universalmotor ein magnetisches Wechselfeld. Dessen Feldlinien schneiden die in sich kurzgeschlossene Wicklung des Läufers („Kurzschlußläufer"!) und induzieren einen starken Strom. Dieser baut im Läufer ein Magnetfeld auf, das in Wechselwirkung mit dem Ständerfeld steht. Zum Anlaufen brauchen solche Wechselstrom-Induktionsmotoren eine Hilfswicklung im Ständer. Sie ist gegenüber der Hauptwicklung um 90 Winkelgrade versetzt angeordnet und liegt in Reihe mit einem kräftigen Kondensator. Kondensatoren bewirken eine Phasenverschiebung, so daß in der Hilfswicklung der Höchstwert des Magnetfeldes später als in der Hauptwicklung entsteht. Im Ständer bildet sich damit ein umlaufendes Magnetfeld, das den Läufer mitdreht. Typische Anwendung finden diese Motoren bei Waschmaschinen, Geschirrspülern, Kompressoren, Obstpressen.

❑ Drehstrommotoren

besitzen durchwegs einen Ständer mit drei um 120 Winkelgrade versetzten Wicklungen. Diese können in Stern- oder Dreieckschaltung ans Netz geschlossen sein. Auf diese Weise entsteht ohne Hilfswicklung infolge der Phasenverschiebung der Drehströme ein umlaufendes Magnetfeld („Drehfeld"). Der Läufer eines Drehstrommotors ist meist als Kurzschlußläufer ausgebildet. An-

Drehstrom-Kurzschlußläufermotor; 1 Läufer mit Kurzschlußringen, 2 Ständerwicklung, 3 Gehäuse mit Kühlrippen, 4 Lüfterrad

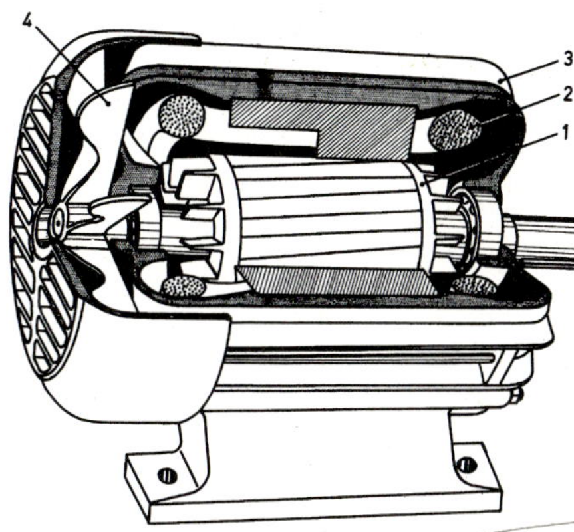

Klemmbrett eines Drehstrommotors

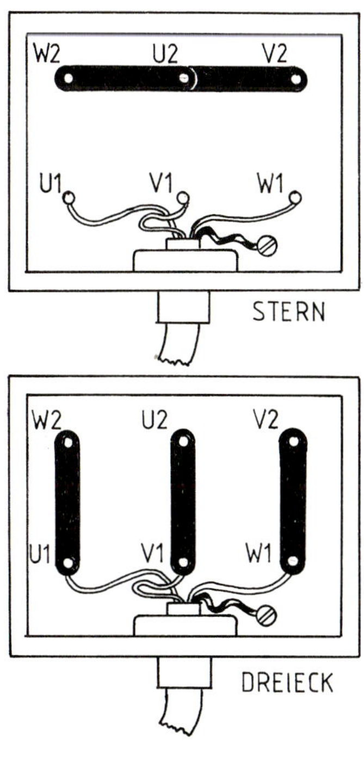

stelle einer echten Wicklung besitzt er oft nur Aluminiumstäbe, deren Enden mit Kurzschlußringen verbunden sind. Die Läuferstäbe werden meist direkt in Bohrungen des Eisenkerns eingegossen. Ähnlich wie beim Kondensatormotor entsteht im Kurzschlußläufer ein Induktionsstrom und deshalb ein Magnetfeld. Nach dem Motorprinzip hat das eine Drehkraft im Läufer zur Folge. Die Läuferdrehzahl bleibt aber stets kleiner als die Drehfelddrehzahl. Bei gleicher Drehzahl schneiden die Feldlinien des Ständerdrehfeldes nämlich nicht mehr die Läuferstäbe, die Induktion kommt zum Erliegen. Aus diesem Grund ist die Drehzahl von Drehstrom-Kurzschlußläufermotoren normalerweise um 3 bis 6% geringer als die Drehfelddrehzahl (= Synchrondrehzahl). Je nach der Zahl der Ständerwicklungspaare liegt damit die Drehzahl ebenso wie bei Kondensatormotoren etwas unter 3000 U/min, 1500 U/min, 1000 U/min oder 750 U/min. Typisch ist eine Drehzahl von 1430 U/min. Zum Ändern der Laufrichtung braucht man lediglich zwei der drei Phasenanschlüsse miteinander zu vertauschen. Auf diese Weise kehrt sich nämlich auch die Drehfeldrichtung um.

Typenschild eines Drehstrommotors. Dieser Motor kann auch in Dreieckschaltung an 400 V angeschlossen werden. Bei 7,4 kW abgegebener Nennleistung beträgt die Stromaufnahme 14,7 A. Bei 50 Hz Netzfrequenz läuft der Motor mit 2900 U/min. Der Leistungsfaktor beträgt 0,9. Es ist Dauerbetrieb (= DB) möglich.

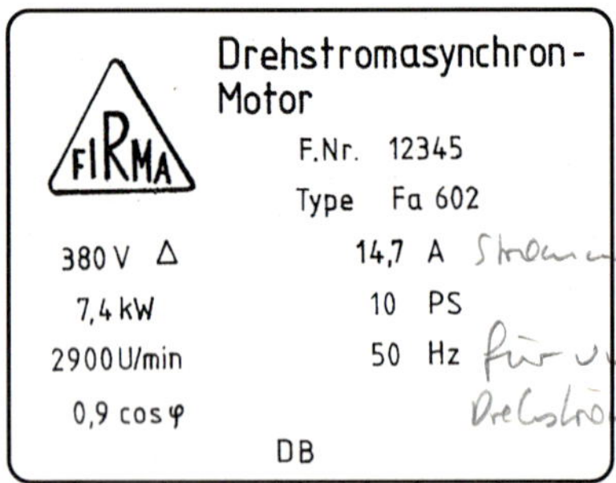

Zur Verringerung der Stromaufnahme beim Anschalten werden Drehstrommotoren meist mit einer Anlaßvorrichtung ausgerüstet. Das jeweilige Elektrizitätsversorgungsunternehmen kann solche Maßnahmen ab einer bestimmten Motornennleistung vorschreiben. Bei kleineren Motoren genügt oft eine besondere Formgebung der Läuferstäbe (Stromverdrängungsläufer). Eine typische Lösung ist jedoch der Stern-Dreieckanlasser. In Sternstellung erhält eine Ständerwicklung nur 230 V anstelle der 400 V bei der Dreieckschaltung. Natürlich ist auch die mögliche Leistung bei Sternstellung nur etwa ein Drittel jener in Dreieckstellung. Hat der Motor etwa eine gleichbleibende Drehzahl erreicht, so schaltet man in Dreieckschaltung durch.
Drehstrommotoren sollen direkt nicht mit Schmelzsicherungen, sondern durch einen Motorschutzschalter abgesichert werden. Auf diese Weise wird ein Durchbrennen der Wicklungen, etwa beim Ausfall einer Phase oder bei längerdauernder Überlastung, vermieden. Für die Landwirtschaft sind oberflächenbelüftete Drehstrommotoren in geschlossener Bauart vorgeschrieben. Die Wälzlager solcher Motoren sind meist durch eine Dauerschmierpackung wartungsfrei.

3.6 Schutzmaßnahmen

Die Zahl der Elektrounfälle oder Brände durch schadhafte elektrische Einrichtungen ist in der Landwirtschaft höher als in anderen Wirtschaftszweigen. Entsprechende Schutzeinrichtungen sind daher besonders wichtig.

Richtig angeschlossener Schutzkontaktstecker; 1 Neutralleiter (blau), 2 Phasenleiter, 3 Schutzleiter (gelb/grün), 4 Zugentlastungsschelle. Bei einem eventuellen Reißen der Anschlußdrähte bleibt der in weiter Schleife eingeklemmte Schutzleiter am längsten intakt!

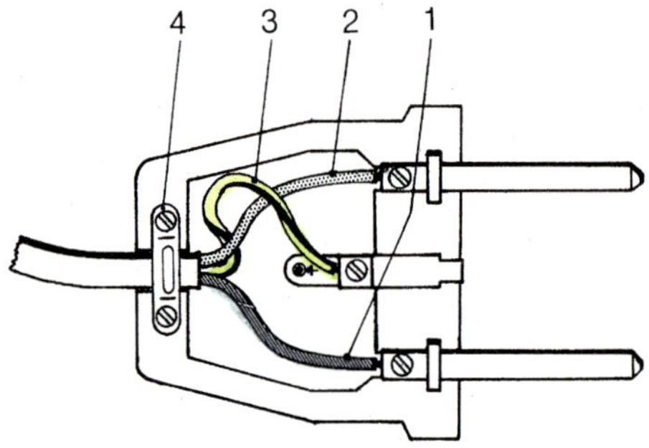

❑ Leitungs- und Geräteschutz

Die einfachste Möglichkeit, um Leitungen vor Überlastung und damit vor Brand zu schützen, bilden die **Schmelzsicherungen.** Sie werden stets in den Phasenleitern eingebaut, niemals im Neutralleiter. Ein in Quarzsand eingebettetes Drähtchen der Sicherungspatrone schmilzt bei Überlastung und trennt so die Verbindung zum Netz. Sicherungspatronen sind für Nennströme von 6 A (grün), 10 A (rot), 16 A (grau) und 25 A (blau) erhältlich. Das Kennplättchen am Ende des Schmelzdrahtes zeigt eine intakte Sicherung an. Die Farbe des Kennplättchens ist je nach Nennstrom unterschiedlich. Die Endzapfen der Sicherungspatronen sind ebenfalls je nach Nennstrom unterschiedlich stark. Auf diese Weise wird das Einschrauben einer zu starken Sicherung durch eine Paßschraube verhindert. Anstelle der normalen („flinken") Sicherungen werden zur Absicherung von Schaltkreisen mit Motoren oder Schweißgeräten träge Sicherungspatronen (Schneckensymbol an der Rückseite) benutzt. Wer Sicherungen flickt, betrügt sich selbst. Im Schadensfall bleiben dann Versicherungen leistungsfrei!

Schraubsicherung

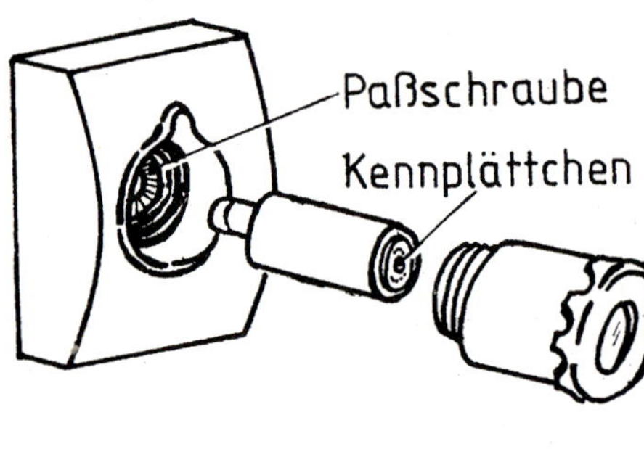

In der Landwirtschaft ist bei Neuerrichtung von Wirtschaftsgebäuden anstelle der Schmelzsicherungen bis 25 A die Verwendung von **Leitungsschutzschaltern**

(„Sicherungsautomaten“) Vorschrift. Leitungsschutzschalter besitzen zwei Abschaltorgane. Eine Magnetspule zieht bei hohen Überströmen einen Eisenanker an und unterbricht damit die Stromzufuhr. Bei längerdauernden, aber geringeren Überströmen spricht noch zusätzlich ein

Leitungs- und Motorschutzschalter

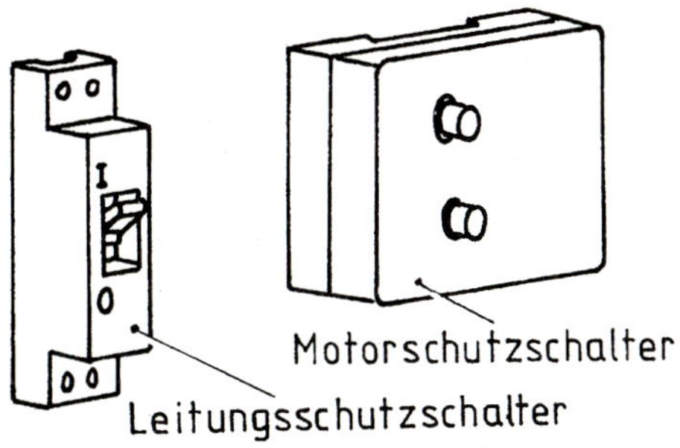

Bimetallauslöser an. Nach jeder Auslösung können Leitungsschutzschalter durch händisches Einschalten wieder betriebsbereit gemacht werden. Motorschutzschalter haben im Gegensatz dazu nur eine thermische Auslösung mittels Bimetallschalters. Damit sprechen sie bei den kurzzeitigen Überströmen während des Einschaltens eines Motors nicht an. Ein Motorschutzschalter muß immer auf die Nennstromstärke des zu schützenden Motors eingestellt werden! Nicht unter ständiger Aufsicht laufende Elektromotoren müssen nach den Österreichischen Vorschriften für die Elektrotechnik (ÖVE) mit einem Motorschutzschalter ausgerüstet sein.

Magnetische und thermische Auslösung eines Leitungsschutzschalters (STEWEAG)

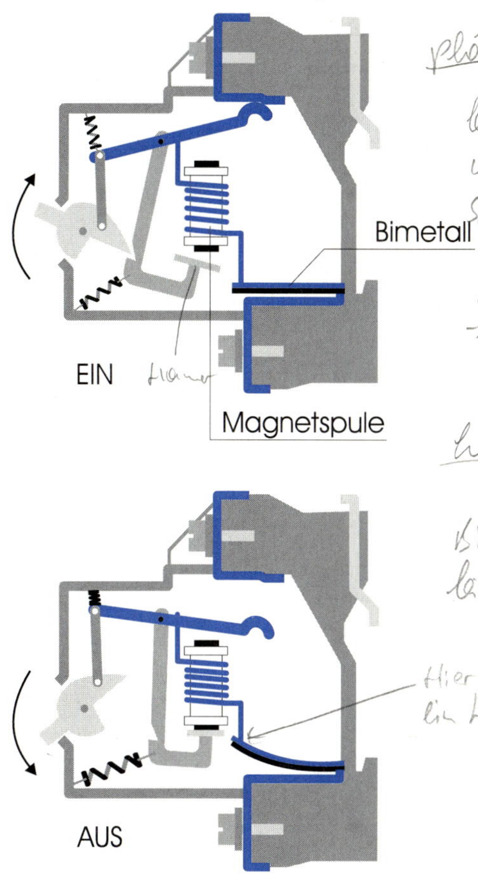

❑ Unfallschutz

Elektrische Ströme ab etwa 50 Milliampere (= 0,05 A) können bei einer Einwirkungszeit von über 1/10 Sekunde bereits zum Tod eines Menschen führen. Bei einem Körperwiderstand von 1300 Ω entspricht dieser Schwelle eine Spannung von etwa 50 V. Bei Nutztieren wird die Gefahrenschwelle mit 24 V angenommen.

Beachtenswert ist, daß bei beweglichen Elektrogeräten auch im abgeschalteten Zustand Unfallgefahr besteht! Der Schalter unterbricht nämlich in der Regel nur eine Leitung. Bei Festinstallationen muß daher der Schalter stets in der spannungsführenden Leitung („Phase“) liegen. Durch Schockwirkung sind oft auch sonst ungefährliche Ströme der Auslöser für Unfälle (Sturz!).

Erste Hilfe bei Elektrounfällen:

- Gefährdete Personen so rasch als möglich aus dem Stromkreis befreien, ohne sich selbst dabei in Gefahr zu bringen (z. B. Abschalten).
- Durch Mund-zu-Mund-Beatmung und äußere Herzmassage einem Herzstillstand vorbeugen. Arzt verständigen!

Die österreichische Vorschrift ÖVE-EN 1 und das zuständige Elektrizitätsversorgungsunternehmen schreiben zusätzliche Schutzmaßnahmen vor, die über die übliche Betriebsisolierung hinausgehen:

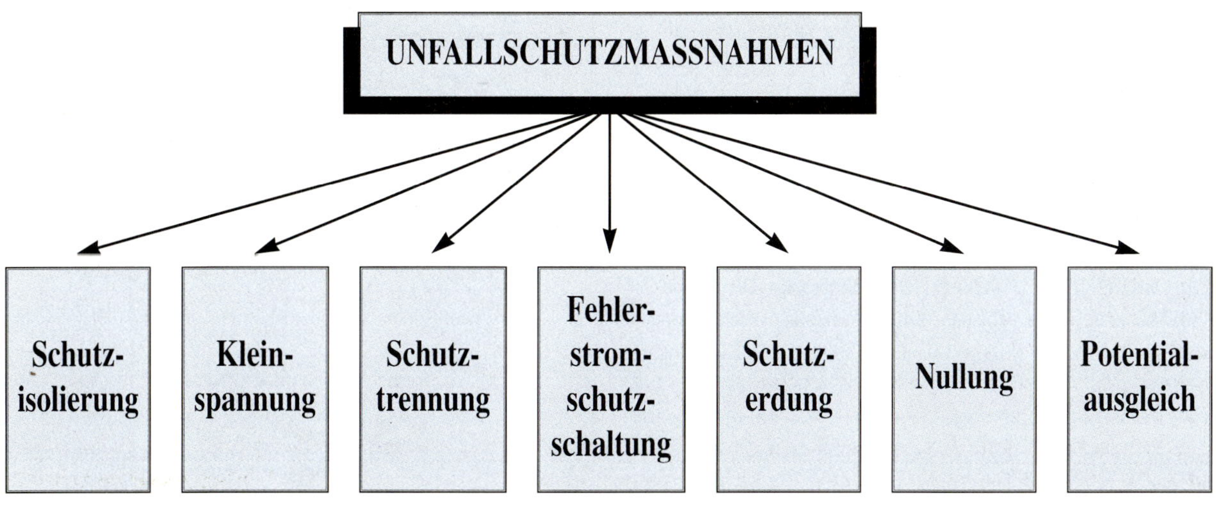

❑ Schutzmaßnahmen ohne Schutzleiter

Bei Haushaltsgeräten und Elektrowerkzeugen wird häufig die **Schutzisolierung** benutzt. Das ist eine zusätzlich zur normalen Betriebsisolierung vorhandene Isolierung. Damit wird auch im Falle einer defekten Betriebsisolierung eine gefährliche Betriebsspannung an leitenden Teilen vermieden. Schutzisolierte Geräte sind durch das Symbol ⧈ am Typenschild gekennzeichnet. Als Stecker dienen die flachen „Eurostecker" ohne Schutzkontakt.

Die **Schutzkleinspannung** verhindert eine Gefährdung durch eine Spannung von nur 42 oder 24 V. Diese Spannung wird meist durch Transformatoren erzeugt. Elektrospielzeug, Viehputzgeräte oder Faßleuchten werden mit Kleinspannung betrieben. Es müssen spezielle Steckverbindungen anstelle üblicher Netzstecker verwendet werden. Primär- und Sekundärseite des Trafos müssen besonderen Vorschriften entsprechen, es darf z. B. keine leitende Verbindung gegeben sein. Eine Erdung ist unzulässig.

Schutzisolierung (links) und Schutztrennung (rechts)

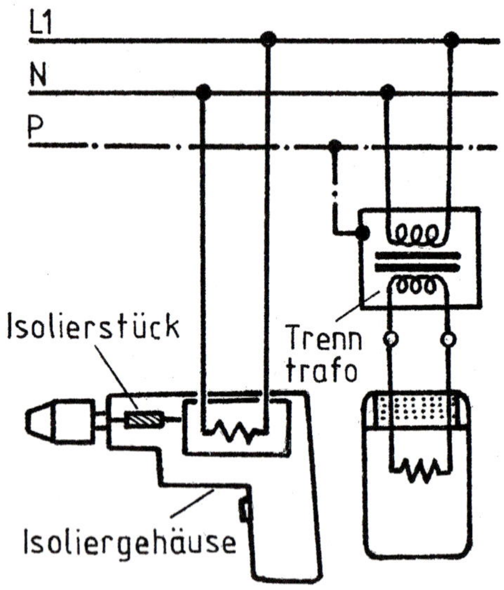

Auch bei der **Schutztrennung** wird zwischen Netz und Gerät ein Transformator geschaltet. Dieser vermindert allerdings die Spannung nicht. Die Sekundärseite des Trafos ist jedoch ebenso wie die angeschlossenen Geräte nicht geerdet. Bei jeder normalen Netzsteckdose ist demgegenüber ein Anschluß über den Neutralleiter geerdet. Es gibt daher bei der Schutztrennung keine gefährliche Berührungsspannung gegen Erde. Nur bei gleichzeitiger Berührung beider Leiter besteht Unfallgefahr. In der Regel darf nur ein Gerät an einem Trenntrafo angeschlossen werden. Ein typisches Beispiel dafür sind die Steckdosen für Rasierapparate in den Badezimmern.

❑ Schutzmaßnahmen mit Schutzleiter

Bei **Nullung (= TN-Netz)** und **Schutzerdung (=TT-Netz)** werden alle einer Berührung zugänglichen leitenden Teile von Elektrogeräten mit einem (gelb/grünen!) Schutzleiter verbunden. Bei beweglichen Geräten sind die bekannten Schutzkontaktstecker und entsprechende Dosen mit Schutzleiter („Schukostecker") erforderlich. Im Falle der Schutzerdung führt dieser Schutzleiter direkt beim Hausanschluß zu einer Erdung, bei der Nullung jedoch indirekt über den Neutralleiter. Dieser ist beim nächsten Netztransformator geerdet und außerdem mit

Bei Nullung und Schutzerdung werden Fehlerspannungen über den Schutzleiter gegen Erde abgeleitet. Die Sicherung schaltet ab.

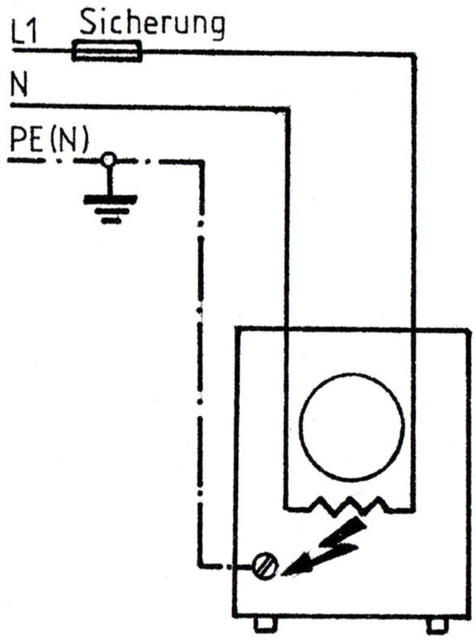

dem Sternpunkt des Generators verbunden. Die Wirkung ist in beiden Fällen gleich:

Bei einem Geräteschaden fließt ein starker Fehlerstrom über den Schutzleiter gegen Erde. Der ebenso starke Strom im Phasenleiter bringt darauf eine Sicherung zum Durchbrennen, so daß am Gerät keine Spannung mehr auftritt. Der Schutzleiter darf niemals abgesichert sein. Bei der in der Landwirtschaft geforderten Fehlerspannung von 24 V reicht erfahrungsgemäß die Schutzerdung kaum aus, wohl aber die Nullung. Die Schutzerdung hat deshalb eher nur mehr historische Bedeutung.

Bei der Nullung kann es allerdings zu einer Verschleppung von Fehlerspannungen anderer Anschlüsse kommen, so daß Tiere gefährdet werden könnten. Deshalb wird durch die ÖVE-Vorschriften bei Neuerrichtung elektrischer Anlagen in Ställen ein Potentialausgleich vorge-

Fehlerstromschutzschalter (FI-Schutzschalter)

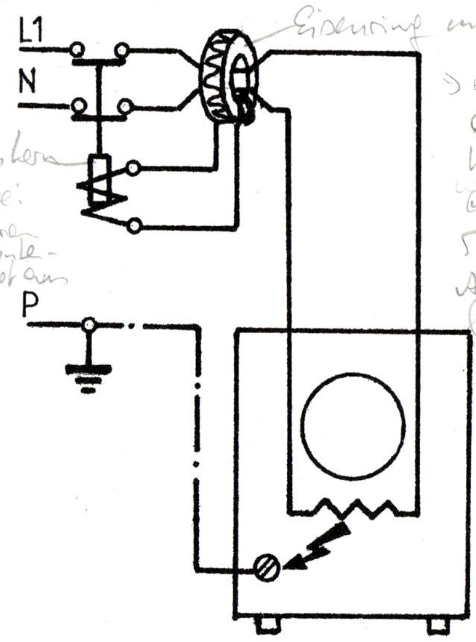

Eisenring mit Spule
→ alle 3 Leiter gehen durch, heben sich gegenseitig auf. Bei Fehlerstrom fehlt die Aufhebung → bleibt Strom übrig

schrieben. Auch eine wirksame Nullung führt erst ab etwa 35 A Kurzschlußstrom gegen Erde zum schnellen Abschalten. **Fehlerstromschutzschalter (FI-Schutzschalter)** haben daher die Aufgabe, auch geringe Fehlerströme zu erkennen und darauf allpolig abzuschalten. Dazu besitzen Fehlerstromschutzschalter einen Transformator, über dessen Eisenkern alle zu- und abführenden Leitungen mit wenigen Windungen gelegt sind. Bei fehlerfreier Anlage hebt sich entsprechend der gleichen Stromstärke in der Hin- und Rückleitung das Magnetfeld der

Hausanschlußschema nach den neuen Vorschriften für die Landwirtschaft. Beim TN-Netz kann der erste Fehlerstromschutzschalter entfallen.

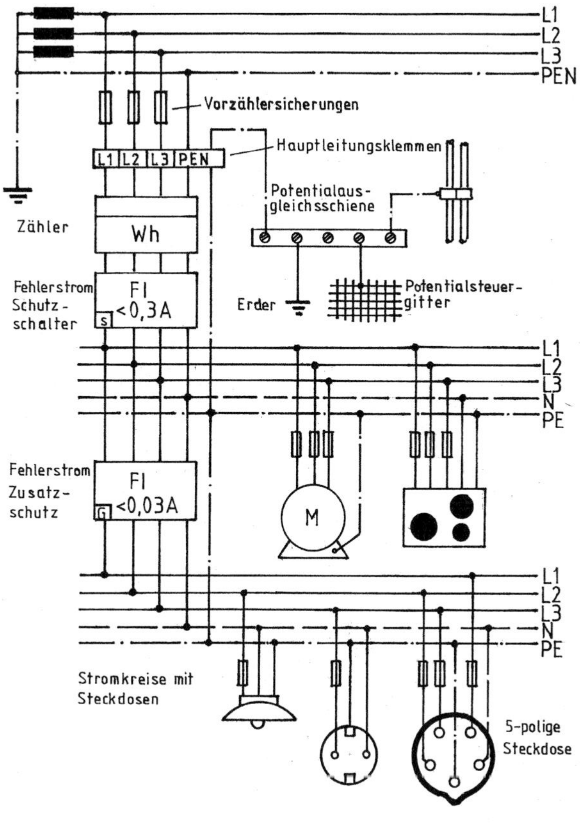

beiden Stränge auf. Im Fehlerfalle bleibt allerdings ein magnetisches Wechselfeld, das in einer Auslösespule zum Abschalten führt. Die Wirkung sollte monatlich durch das Auslösen des Prüftasters kontrolliert werden. Eine Netzüberlastung kann ein Fehlerstromschutzschalter allerdings nicht erkennen. Typische Fehlerstromschutzschalter reagieren bereits bei Fehlerströmen von 30 bis 50 mA. Gewitter führen daher nicht selten zu einem Abschalten. Fehlerstromschutzschalter schützen auch vor Brand.

Seit Jänner 1994 ist bei Erneuerung von Elektroinstallationen in landwirtschaftlichen Gebäuden eine Nullung mit „Zusatzschutz“ oder die Fehlerstromschutzschaltung mit Zusatzschutz erforderlich. Als Zusatzschutz gilt ein selektiver Fehlerstromschutzschalter (Auslösestrom maximal 30 mA) im Stromkreis von Verbrauchern mit Steckdosen. Ein eventuell vorgeschalteter Fehlerstromschutzschalter muß bei mindestens 0,3 A Fehlerstrom auslösen. Fehlerstromschutzschalter ersetzen außerdem den allpoligen Ausschalter, der für landwirtschaftliche Gebäude vorgeschrieben wird.

Eine weitere wichtige Forderung ist bei landwirtschaftlichen Gebäuden ein wirksamer **Potentialausgleich.** Alle leitenden Bauteile (z. B. Aufstallungsrahmen, Wasserleitung, Schiebetore, Entmistungsanlage) sind dazu durch einen Schutzleiter mit mindestens 10 mm² Querschnitt zu verbinden. Isolierstücke in Rohrleitungen (z. B. Vakuumleitung von Melkanlagen), die in einen Stall führen, müssen leitend überbrückt werden. Wenn allerdings wegen des Fehlens leitender Baukörper kein Potentialausgleich hergestellt werden kann, so sind solche Isolierstücke Vorschrift.

Bei Neuerrichtung von Rinderständen ist im Standbelag ein Potentialsteuergitter einzubauen (außer bei isolierendem Standbelag). Dazu wird einfach ein Baustahlgitter mit maximal 5 cm Maschenweite in 3 bis 5 cm Tiefe im Standbelag einbetoniert. Dieses ist gleichfalls mit dem Schutzleiter zu verbinden.

Als Steckvorrichtung für Drehstromverbraucher sind nur mehr fünfpolige Steckdosen aus Isolierstoff zulässig. Diese sind so anzuschließen, daß die Phasenfolge bei Blick auf die Steckdose dem Uhrzeigersinn entspricht.

4. Energievorkommen

4.1 Begrenzte Energievorkommen

Darunter verstehen wir Energievorräte in Lagerstätten, deren Abbau nur begrenzt möglich ist, da sich diese Vorräte nicht erneuern und somit einmal erschöpft sein werden. Dazu gehören Kohle, Erdöl, Erdgas und die Kernenergie.
Kohle ist ein Gestein, das vor langer Zeit aus Holz oder anderen pflanzlichen Stoffen unter Luftabschluß entstanden ist. Bei diesem Inkohlungsprozeß wurde Kohlenstoff angereichert.

Braunkohle mit ca. 60 bis 70% C, Alter 40 bis 50 Millionen Jahre, Steinkohle mit ca. 70 bis 90% C, Alter 250 Millionen Jahre, sind die wichtigsten Kohlevorkommen. Schwieriger Abbau, aufwendiger Transport, kostspielige Umwandlungsverfahren und wenig umweltfreundliche Verbrennung führten zu einem Rückgang des Kohleverbrauches.

Erdöl hat sich in vorgeschichtlicher Zeit hauptsächlich aus tierischen Substanzen gebildet und besteht aus ca. 500 verschiedenen Kohlenwasserstoffverbindungen. Durch Raffination von Erdöl (Rohöl) werden Gas, Benzin, Dieselöl, Schmieröl, Heizöl sowie verschiedene Grundstoffe für die chemische Industrie (Petrochemie) gewonnen.

❑ Treibstoffe

Die für die Land- und Forstwirtschaft wichtigen Treibstoffe und Schmiermittel sollen etwas genauer behandelt werden.

Treibstoffe für den Antrieb von Kraftfahrzeugmotoren bestehen aus Kohlenstoff-Wasserstoff-Verbindungen. Sie werden meist aus Erdöl, seltener aus Kohle gewonnen.
Zur Herstellung von Treibstoffen, aber auch von Schmiermitteln aus Rohöl dient die fraktionierte Destillation. Das Verfahren beruht auf dem unterschiedlichen Siedebereich der in den Rohölen enthaltenen Kohlenwasserstoffe.

Erdölraffination

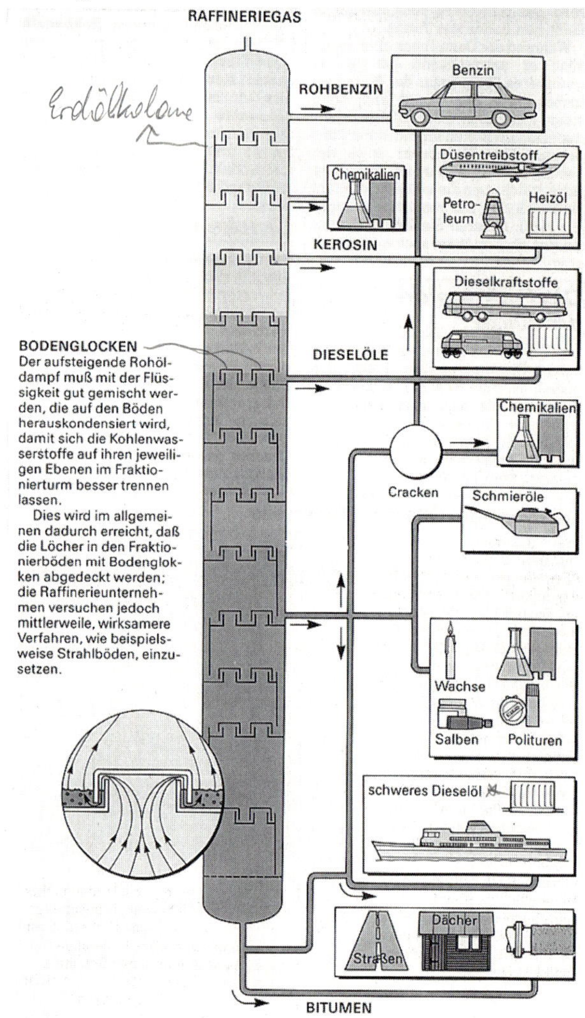

* muß vorgewärmt werden (~100°)

Begrenzte Energievorkommen (EVN)

Kohle

Erdöl

Erdgas

DIESEL: Luft wird ganz stark komprimiert, wird sehr heiß, Diesel wird mittels Einspritzpumpe in feinsten Tröpfchen unter hohem Druck (alter Motor 100 bar, neu bis 1000 bar) eingespritzt + explodiert. Daher kann ein Diesel nicht klopfen (anders mit Benzin, denn das entzündet zu früh.)

Die Ausbeute an Benzin direkt aus der Destillationskolonne ist mit ca. 20% gering. Sie kann aber verdoppelt werden, wenn langkettige Verbindungen des Erdöls unter Einwirkung von Druck, Temperatur und Reaktionshilfsstoffen (Katalysatoren) in kürzere gespalten werden. Dieser Vorgang heißt Cracken.

Durch Destillation und Cracken werden neben Benzin, Petroleum und Dieselöl noch Schweröle (Schmieröle, Heizöle und verschiedene Asphalte) gewonnen.

Benzin hat einen Flammpunkt unter 21° C, guten Siedeverlauf (40 bis 200° C), hohe Selbstzündtemperatur (550° C) und damit Klopffestigkeit (Selbstentzündungsbeständigkeit). Im Ottomotor sind Treibstoffe erwünscht, die bei der Verbrennung nicht zum „Kraftstoffklopfen" führen. Man versteht darunter eine vorzeitige Verbrennung, die im Motor zu einer Überbelastung der Triebwerksteile, aber auch zu starker Erwärmung und Minderleistung führen kann. Die Ursache sind zu zündwillige Treibstoffe.

Das Maß für die Klopffestigkeit ist die Research-Oktanzahl (ROZ). (Research – sprich risörtsch = Untersuchung). Unverbleites Normalbenzin hat eine Oktanzahl von ROZ 91, Superbenzin unverbleit ROZ 95 und Superbenzin (max. 0,15 g Blei/l) ROZ 98. Seit November 1993 ist verbleites Benzin in Österreich verboten.

Dieselöl muß der ÖNORM C 1104 entsprechen. Es hat einen Flammpunkt zwischen 55 und 100° C, der Siedebereich liegt zwischen 200 und 300° C. Dieselöl soll möglichst zündwillig sein. Das Maß für die Zündwilligkeit ist die Cetanzahl, sie liegt zwischen 50 und 60 (mindestens 48).

Kälteverhalten

Dieselöl ist je nach der Jahreszeit als Sommer- und Winterdieselöl zu haben. Der Unterschied liegt im Stockpunkt, also jener Temperatur, bei der sich Paraffinabscheidungen bemerkbar machen. Die Sommerqualität wird vom 1. 4. bis 30. 9. angeboten, eine Winterqualität mit einem Stockpunkt von –15° C vom 1. 10. bis 30. 11. und vom 1. 3. bis 30. 3. Eine zweite Winterqualität mit einem Stockpunkt von – 22° C ist vom 1. 12. bis 28. 2. an den Tankstellen erhältlich. Zusätze von Petroleum oder Benzin (nicht mehr als 10%) verhindern die Paraffinabscheidung.

Bei der **Lagerung** von Dieselöl in Fässern ist eine leichte Schrägstellung nützlich. Schwere Verunreinigungen und Wasser setzen sich an der tiefsten Stelle ab. Sie können vom Saugrohr der Füllpumpe nicht erreicht werden. Da es sich bei Benzin und Dieselöl um leicht brennbare Stoffe handelt, bestehen besondere Bauvorschriften für alle Räume, in denen Benzin und Dieselöl gelagert werden. In den Bundesländern gibt es unterschiedliche Landesbauordnungen. Deshalb sind auch die Vorschriften betreffend Lagerung von Dieselöl und Benzin bezüglich der Unterbringung, der erlaubten Lagermengen bzw. Behälter sehr verschieden.

Neben den Treibstoffen aus Erdöl haben auch solche aus Pflanzenöl, speziell Rapsöl, an Bedeutung gewonnen. Reines Rapsöl oder höhere Beimengungen davon zu Dieselöl führten zur Verkokung an den Einspritzdüsen, Ventilen und Kolbenringen. Durch Umesterung von Rapsöl zu **Rapsmethylester (RME**, Biodiesel, Ökodiesel) erhält man einen Treibstoff, dessen Eigenschaften denen von Dieselöl weitgehend entsprechen.

Herstellung von Rapsölmethylester

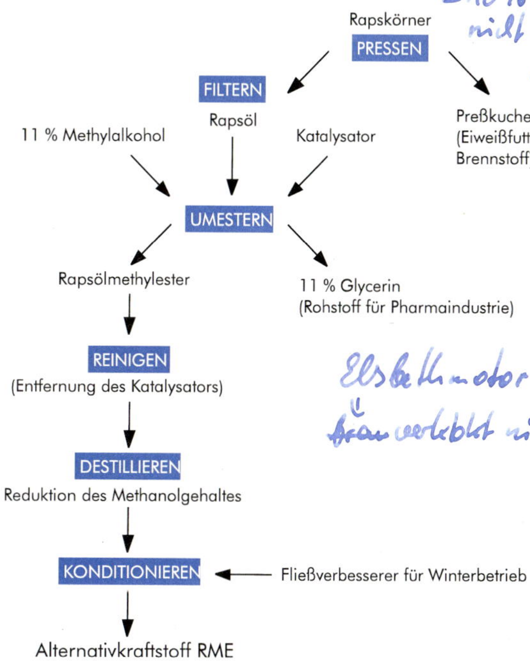

Vergleich Dieselöl – Rapsmethylester

	Dieselkraftstoff		RME
	Sommer	Winter	
Dichte bei 20° C	0,84–0,86	0,82–0,84	0,88–0,89
Heizwert (MJ/kg)	42,5	42,5	37,2
Viskosität bei 20° C	5–8	3–5	7
Cetananzahl	< 48	< 48	48–53
Filtrierbarkeitsgrenze (°C)	+ 5	– 22	– 20
Schwefelanteil (%)	maximal 0,15		0,002
Flammpunkt (°C)	über 55		über 55
Leistung (%)	gleiche Einstellung		– 7%
Verbrauch (%)	gleiche Belastung		+ 7%

Ökologische Vorteile von RME: zu 99% biologisch abbaubar (innerhalb von 21 Tagen), Wassergefährdungsklasse 0, kein Schwefel, positive Energiebilanz (1 : 3), zu 75% geschlossener CO_2-Kreislauf.

❑ Schmiermittel

Sie werden in **flüssiger** (Schmieröle), **halbfester** (Schmierfette) oder in **fester** (Talkum, Graphit) Form verwendet. Sie haben verschiedene Aufgaben zu erfüllen: Reibung vermindern, abdichten, kühlen, vor Rost schützen, reinhalten. Schmiermittel werden aus Mineralölen, also aus Erdölprodukten, hergestellt. Wegen ihres guten Viskositäts-Temperaturverhaltens setzen sich synthetische Schmiermittel und solche aus Pflanzenölen immer mehr durch.

Schmieröle

Das Grundöl wird mit verschiedenen Additiven versehen (legiert). Additive sind synthetische Wirkstoffe, die dem Schmieröl ganz bestimmte Eigenschaften verleihen: Alterungsschutz, Schmutzträger (Inschwebehaltung), Korrosionsschutz, Hochdruckzusätze, Viskositätsverbesserer, Stockpunktverbesserer, Schaumdämpfer und Verminderung der Reibkraft.

Bezeichnung und Einteilung der Schmieröle

Schmieröl	Verwendung		
	Motoröl		Getriebeöl
	Grenzpump-temperatur*)	SAE-Klassen	SAE-Klassen
Winteröl	– 35° C – 30° C – 25° C – 20° C – 15° C – 10° C	0 W 5 W 10 W 15 W 20 W 25 W	70 W 75 W 80 W 85 W
Sommeröl		20 30 40 50	90 140 250
Mehr-bereichsöl	z. B.	10 W–30 10 W–40 15 W–40	80 W– 90 85 W–140
Zweitaktöl		50	
STOU **) -Öl	z. B.	10 W–30 10 W–40	80 W

*) Grenzpumptemperatur: Jene Temperatur, bei der das Öl von der Ölpumpe noch angesaugt wird.

**) STOU (Super Tractor Oil Universal)-Universalöl für landwirtschaftliche Zugmaschinen und Geräte.

Bei den Schmierölen ist die **Zähflüssigkeit (Viskosität)** von großer Bedeutung. Sie wird international in **SAE-Klassen** angegeben (SAE: Society of Automotive Engineers). Die SAE-Klassen sagen nichts über die Qualität der Öle aus, sie geben nur ein bestimmtes Temperaturverhalten an. Die SAE-Zahl wird durch die Ausflußzeit aus einem genormten Gefäß ermittelt. Die Viskositätsklassifikation für Motoröle umfaßt sechs „Winterklassen" – Index „W" – und vier „Sommerklassen". Winteröle erleichtern aufgrund ihrer niedrigen Viskosität den Kaltstart bei tiefen Temperaturen und sorgen für rasche Vollschmierung. Sommeröle mit ihrer hohen Viskosität garantieren eine sichere Motorschmierung bei hohen Betriebstemperaturen.

Einbereichsöle erfüllen die Kriterien nur für Winteröle oder nur für Sommeröle. Sie sind nur in einem bestimmten Temperaturbereich einsetzbar. **Mehrbereichsöle** können durch Verwendung von Viskositätsverbesserern die Anforderungen von mehreren Viskositätsklassen abdecken.

Bei Motorölen soll der Flammpunkt möglichst bei hohen, der Stockpunkt aber bei tiefen Temperaturen liegen. Um den starken Beanspruchungen bei Dieselmotoren gerecht zu werden, hat die Erdölindustrie Schwerbetriebsöle, sogenannte HD-Öle, entwickelt (HD: heavy duty – sprich häwi djuti – schwerer Betrieb). Die Zusätze (Additive) in diesen HD-Ölen ermöglichen den Einsatz speziell für Dieselmotoren, sind aber auch für Ottomotoren geeignet.

Viskositätsvergleich: Ein Getriebeöl der Viskosität SAE 75 W entspricht der eines Motoröles von SAE 10 W.

Automatiköl ATF (Automatic Transmissions Fluids): Spezialöl für Automatikgetriebe. Das ATF-Öl muß den Anforderungen eines Hydrauliköles und Getriebeöles entsprechen, gute Reibcharakteristik aufweisen, niedrige Viskosität und ein gutes Viskositäts-Temperatur-Verhalten haben.

❑ Qualitätsangaben von Motorölen

● API-Klassifikation (API – American Petroleum Institute): Alle mit S beginnenden Klassen (SA, SB, SC, SD, SE, SF, SG) kennzeichnen Öle für Ottomotoren, welche hauptsächlich über Tankstellen vertrieben werden (S = Service). Der Vorbuchstabe C (CA, CB, CC, CD, CE) kennzeichnet Öle für Otto- und Dieselmotoren (Ausnahmen CD, CE – Saug- und Turbodieselmotoren), die dem industriellen Verbraucherkreis (C = Commercial) vorbehalten sein sollen.

● **MIL-Klassifikation**

Militärbehörden stehen vor dem Problem, für sämtliche Verbrennungsmotoren möglichst mit nur einem Motoröl auszukommen. Deshalb haben Motorhersteller und die Mineralölindustrie mit den US-Militärbehörden sogenannte MIL-Spezifikationen entwickelt. Ihr Einsatz erfolgt sowohl bei Otto- als auch bei Dieselmotoren.

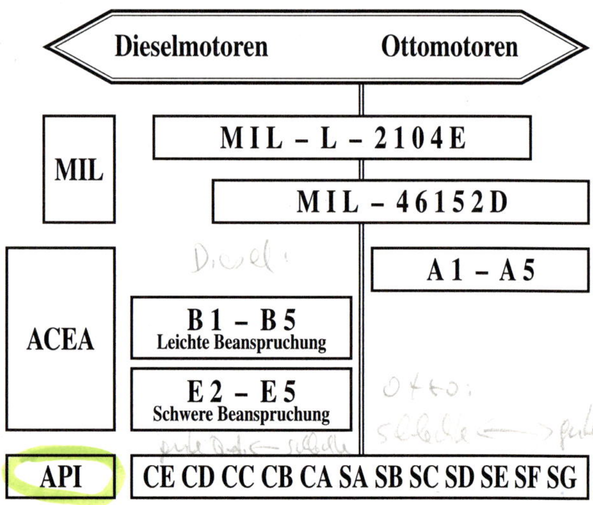

● ACEA-Klassifikation

Für Motorentests an europäischen Motoren wurde die **ACEA**-Klassifikation entwickelt (ACEA – Assoziation des Constructeurs Europeéns d'Automobiles – Vereinigung der europäischen Automobilhersteller).

ACEA beinhaltet 3 Qualitätsklassen: A1–A5 für Benzinmotoren (A1 nur selten; A2 in den meisten Bezinmotoren, normale Ölwechselzeiten; A3 für längere Ölwechselzeiten; A4 ist reserviert für Benzindirekteinspritzmotoren; A5 für hochbeanspruchte Benzinmotoren). B1–B5 für leicht beanspruchte Dieselmotoren in PKW und Lieferwagen (B1 nur selten; B2 in vielen PKW u. Lieferwagen, normale Ölwechselzeiten; B3 für hohe Beanspruchung u. lange Ölwechselzeiten; B4: wie B3 für Direkteinspritzung; B5: Spezialöl für B4). E2–E5 für schwer beanspruchte Dieselmotoren u. Turbodieselmotoren (E2 für Saug- u. Turbodieselmotoren, normale Ölwechselzeiten; E3 wie E2 mit langen Ölwechselzeiten; E4 wie E3 mit sehr langen Ölwechselzeiten; E5: Spezialöl für E4).

● Zweitaktmotoröle

enthalten Zusätze, die einerseits eine gute Mischbarkeit mit Benzin erreichen, anderseits aber korrosionshemmend wirken und die Abscheidung von Verbrennungsrückständen an der Zündkerze unterbinden.

● Getriebeöle

sind dickflüssiger als Motoröle. Sie haben an den Zahnflanken von Zahnrädern hohem Druck standzuhalten. Bei spiralverzahnten Kegelradgetrieben kann ein Kegelrad exzentrisch (außerhalb des Mittelpunktes liegend) gelagert sein. An den Zahnflanken dieser Hypoidgetriebe treten nicht nur Wälz-, sondern auch Gleitkräfte auf, die eine besondere Schmierung mit Hypoidölen verlangen.

Spezialöle für die Landwirtschaft: Die unterschiedlichen Anforderungen für Motor, nasse Bremsen, Hydraulik, Achsantriebe, Planetengetriebe, Zapfwellen- und Schaltgetriebe haben zur Entwicklung von Universalölen geführt. Mehrbereichsöle, z. B. SAE 10 W–40, sind Öle für den ganzjährigen Betrieb von Otto- und Dieselmotoren, mit und ohne Turboaufladung. SAE 85 W–140 (80 W–90) sind Mehrbereichsöle für alle Getriebearten.

Schmierfette

Die Schmierfette werden noch oft aus Mineralölen, Seifen und verschiedenen Zusätzen hergestellt. Mehrzweckfette auf Rapsölbasis gewinnen zunehmend an Bedeutung: Sie sind umweltschonend, weil biologisch abbaubar, sind wasserfest, ihr Korrosionsschutz ist gut, und sie sind für Temperaturbereiche von – 25° C bis + 120° C einsetzbar (gutes Viskositäts-Temperatur-Verhalten).

Als Verseifungsmittel wird z. B. Lithiumhydroxid verwendet, es entsteht ein Lithiumfett. Daneben gibt es noch Kalk- und Natronfette. Verdickungsmittel, wie Metallseifen, Bentonite, Hectorite, kolloide Kieselsäure oder synthetische Öle, können die Eigenschaften der Schmierfette wesentlich verändern.

Abschmierfette (verbesserte Kalkfette) sind wasser-, aber nicht hitzefest. Sie werden für die Schmierung von Fahrgestellen verwendet (Chassisfette).

Wälzlagerfette (Natronfette) sind hitze-, aber nicht wasserfest, sie werden auch als Heißlagerfette bezeichnet.

Mehrzweckfette (Lithiumfette) sind sowohl hitze- als auch wasserfest. Für alle Schmierstellen einsetzbar.

Spezialfette sind nur für bestimmte Schmierstellen geeignet (Polfette, Kettenfette, Wasserpumpenfette, Lichtmaschinenfette).

❑ Schmiervorrichtungen

- Offene Schmierstellen mit Bohrungen zur Lagerstelle
- Einfache Ölnippel mit Verschlüssen
- Ölbäder für Getriebe und Ketten
- Fettfüllungen für Lager und Getriebe (dürfen nur bis zu einem Drittel bzw. der Hälfte des Raumes gefüllt werden)
- Schmiernippel für Fettschmierung: Rundkopfnippel für Stoßfettpressen, Hydrauliknippel für Hebelfettpressen
- Schmiervasen: Durch Drehen des Schraubdeckels wird das Fett zur Schmierstelle gepreßt
- Druckschmiersysteme

Schmiernippelformen: Rundkopf-, Hydraulik- und Flachkopfnippel

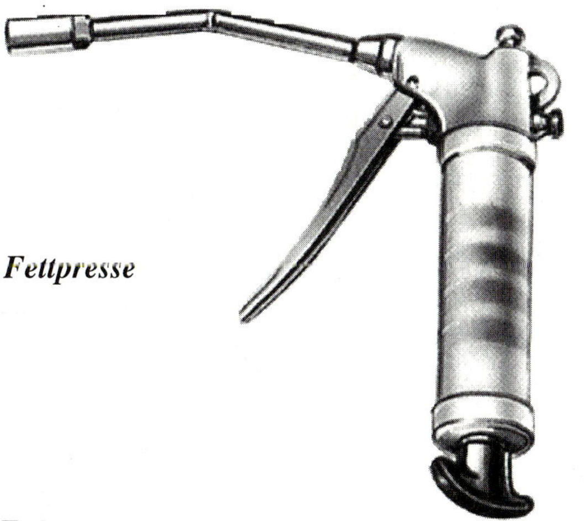

Fettpresse

❑ Erdgas

Erdgas entstand auf ähnliche Weise wie Erdöl. Es besteht aus gasförmigen Kohlenwasserstoffverbindungen. Es dient zur Erzeugung von Kunststoffen und Treibstoffen und wird als Heizmaterial verwendet.

Erdgas wird entweder als reines Erdölgas in den Erdöllagerstätten oder als Nebenprodukt bei der Destillation von Rohöl gewonnen. Propan- und Butangas lassen sich durch Komprimieren leicht verflüssigen; der Transport und die Lagerung in Tanks oder Gasbehältern (Flaschengas) ist leicht durchführbar.

❑ Kernenergie

Die Kernenergie wurde im 20. Jahrhundert (1938) entwickelt. Dabei wurde entdeckt, daß bei Spaltung bestimmter Atomkerne große Mengen an Energie (Strahlungs- und Wärmeenergie) frei werden.

Es gibt zwei Arten von Kernprozessen: die **Kernspaltung** von schweren Atomen, z. B. Uran 235, und die **Kernverschmelzung** (Kernfusion) von leichten Atomkernen, z. B. Wasserstoff. Die Kernspaltung kommt in Kernkraftwerken bei der Erzeugung von elektrischem Strom und bei der Herstellung von Atombomben praktisch zur Anwendung, die Kernfusion bei der Herstellung der Wasserstoffbombe.

❑ Kernspaltung

Elektrisch ungeladene Neutronen treffen auf schwere Atomkerne auf und spalten sie in zwei leichtere Kerne, wobei wieder Neutronen frei werden, die wieder Kerne spalten usw. Es entsteht eine Kettenreaktion. In Bruchteilen von Sekunden kommt es zu einer Explosion; Anwendung bei Kernwaffen. Will man die Kernenergie für friedliche Zwecke nutzen, muß die Kettenreaktion so gesteuert werden, daß von den bei jedem Spaltungsprozeß freigesetzten Neutronen nur jeweils ein Neutron einen neuen Spaltungsprozeß auslöst – technische Nutzung der Kernenergie in den Kernreaktoren.

Die Energieübertragung erfolgt so, daß die beim Spaltprozeß frei werdende Wärmeenergie ein Kühlmittel (Gas) erhitzt. In einem Wärmeaustauscher wird die Wärme auf Wasser übertragen, das dabei in Wasserdampf übergeht und die Turbinen des Kraftwerkes antreibt. Die mit den Dampfturbinen gekoppelten Generatoren erzeugen elektrischen Strom. Die bei der Kernspaltung entstehenden Spaltprodukte sind stark radioaktiv. Ein Teil dieser Substanzen kann zur radioaktiven Bestrahlung verschiedener Materialien oder zur Herstellung von radioaktiven Präparaten verwendet werden (Medizin, Forschung usw.).

❑ Kernfusion

Zwei leichte Kerne verschmelzen unter Freisetzung von Energie zu einem schweren Kern. Um eine Kettenreaktion zu erhalten, sind Temperaturen um 20 Millionen Grad C erforderlich! Die Anwendung beschränkt sich derzeit auf militärische Zwecke in Form der Wasserstoffbombe (sie wird durch eine Atombombe gezündet). Die technische Nutzung scheitert noch an der Erzeugung und längeren Aufrechterhaltung der hohen Temperaturen von ca. 20 Millionen Grad C.

4.2 Erneuerbare Energievorkommen

Wasser

Sonne

Biomasse

Wind

Darunter verstehen wir Energieströme, die sich immer wieder erneuern. Dazu gehören Wasserkraft, Sonnenenergie, Windenergie, geothermische Energie, Wärmepumpen und Biomasse.
Wasserkraft dient vorwiegend zur Erzeugung von elektrischem Strom in Kraftwerken (Lauf- und Speicherkraftwerke).
Sonnenenergie ist elektromagnetische Strahlung, die in andere Energieformen umgewandelt werden muß: **Solarkollektoren** nehmen Sonnenenergie in Absorberplatten (schwarze Flächen zur Aufnahme von Wärmestrahlen) auf und geben sie an Wasser oder andere Wärmeträger weiter. Solarzellen sind in der Lage, Sonnenenergie direkt in elektrischen Strom umzuwandeln. **Solarabsorber** nutzen die Sonnenenergie und die Luftwärme: Solarkollektoren werden mit Wärmepumpen kombiniert.

❑ Solarkollektoren

werden für die solarthermische Nutzung im Niedertemperaturbereich für die Beheizung von Häusern, Schwimmbädern und zur Warmwasserbereitung eingesetzt. Der Wirkungsgrad liegt im Winter bei ca. 15%, im Sommer bei 55%.
Auf dem Dach eines Einfamilienhauses ist die jährlich einstrahlende Sonnenenergie ca. fünfmal größer als der

Energiebedarf: Bei ca. 2000 Sonnenscheinstunden liefert die Sonne jährlich ca. 1000 kWh pro m². Ein Problem besteht darin, daß der Zeitpunkt der größten Sonneneinstrahlung (Sommer) mit dem des größten Energiebedarfes (Winter) schwer zu vereinbaren ist.

Solarkollektor (Hinteregger)

Das im Kollektor erwärmte Wasser wird beim Einkreissystem direkt der Verwendung zugeführt. Beim Zweikreissystem dient ein Wärmeträger zur Erwärmung des in einem Sekundärkreis geführten Brauchwassers. Die elektronische Steuerung der Umwälzpumpe funktioniert so, daß eine Umwälzung des Wärmeträgers nur dann erfolgt, wenn die Kollektorausgangstemperatur höher ist als die Speichertemperatur. Für sonnenarme Perioden oder für die Wintermonate ist eine Kombination mit einer Zusatzheizung erforderlich.

Solare Warmwasserbereitungsanlage in Verbindung mit einer bestehenden Warmwasserbereitungsanlage

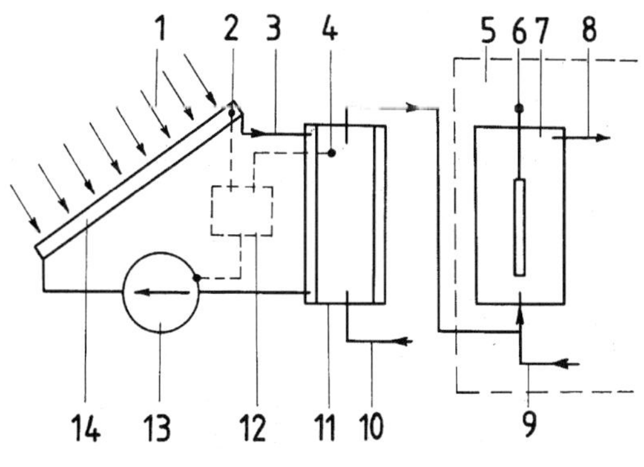

1 Sonneneinstrahlung
2 Fühler für Kollektorausgangstemperatur
3 Warmwasser
4 Fühler für Speichertemperatur
5 bestehende Warmwasserbereitungsanlage
6 elektrische Heizspirale
7 Warmwasserspeicher
8 Warmwasser
9, 10 Kaltwasser
11 Speicher
12 elektronische Regelung für Umwälzpumpe
13 Umwälzpumpe
14 Kollektor

❑ Solarzellen

können die eingestrahlte Sonnenenergie direkt in elektrische Energie umwandeln: Wenn auf Photozellen, das sind Halbleiter aus Silicium oder Cadmiumsulfid, Sonnenlicht fällt, entsteht zwischen zwei angebrachten Kontakten eine elektrische Spannung (Photovoltaik). Solargeneratoren arbeiten mit einem Wirkungsgrad von 16% (monokristalline Zellen) bis 5% (amorphe Zellen). Der niedrige Wirkungsgrad und die hohen Anschaffungskosten lassen einen Einsatz nur unter ganz besonderen Bedingungen zu.

❑ Windenergie

> Windenergie wird in der Schiffahrt genützt; in Windmühlen dient sie zum Antrieb von Pumpen, Mühlen usw., die Windturbinen erzeugen elektrischen Strom.

Windturbinen

1 zweiflügelige
2 dreiflügelige
3 amerikanische Windturbine
4 Windmühle
5 Savonius-Rotor

Die Windenergie steht wie die Sonnenenergie praktisch kostenlos zur Verfügung. Die durch Windkraftanlagen erzeugte Energie ist relativ klein. Der Durchmesser der Windflügel stellt eine Begrenzung dar. Außerdem ist das Windangebot starken Schwankungen unterworfen. Die sich daraus ergebende unterschiedliche Spannung und Frequenz stellt weitere Probleme dar. Der Anteil der aus Windenergie erzeugten elektrischen Energie wird deshalb in Zukunft eher bescheiden sein. Die Nutzleistung einer Windturbine steigt mit der dritten Potenz der Windgeschwindigkeit:

$$P = 0{,}6 \cdot \eta \cdot A \cdot v^3 \text{ (Watt)}$$

0,6 .... konstanter Wirkungsgrad der Luft
η .... Rotorwirkungsgrad
A............ Querschnittsfläche (m²)
v .... Windgeschwindigkeit (m/s)

Beispiel: Eine Windturbine für nur 2 kW Nutzleistung müßte z. B. bei $v = 6$ m/s, $\eta = 0{,}3$ eine Querschnittsfläche von $A = 51$ m² haben. Bei 10% Auslastung liefert diese Anlage: 2 kW · 0,1 · 24 h = 4,8 kWh/Tag.

❑ Geothermische Energie

Geothermische Energie wird in Form von Dampf oder Heißwasser Thermalquellen oder Geysiren entnommen und den Turbinen der Kraftwerke zugeführt.

Die Verwendung geothermischer Energie zur Erzeugung von Elektrizität wird bereits seit Jahren in Großkraftwerken durchgeführt. Das Auffinden der geeigneten Energiefelder, deren Größe und Ergiebigkeit, Druck- und Temperaturverhältnisse sowie die chemische Zusammensetzung des Wassers (Korrosionsgefahr) stellen noch große Probleme dar.

❑ Wärmepumpen

Wärmepumpen entziehen die in der Luft, im Wasser oder im Boden gespeicherte Wärme, bringen sie auf ein höheres Temperaturniveau und führen sie den Verbrauchern zu.

Schema einer Wärmepumpe (EVN)

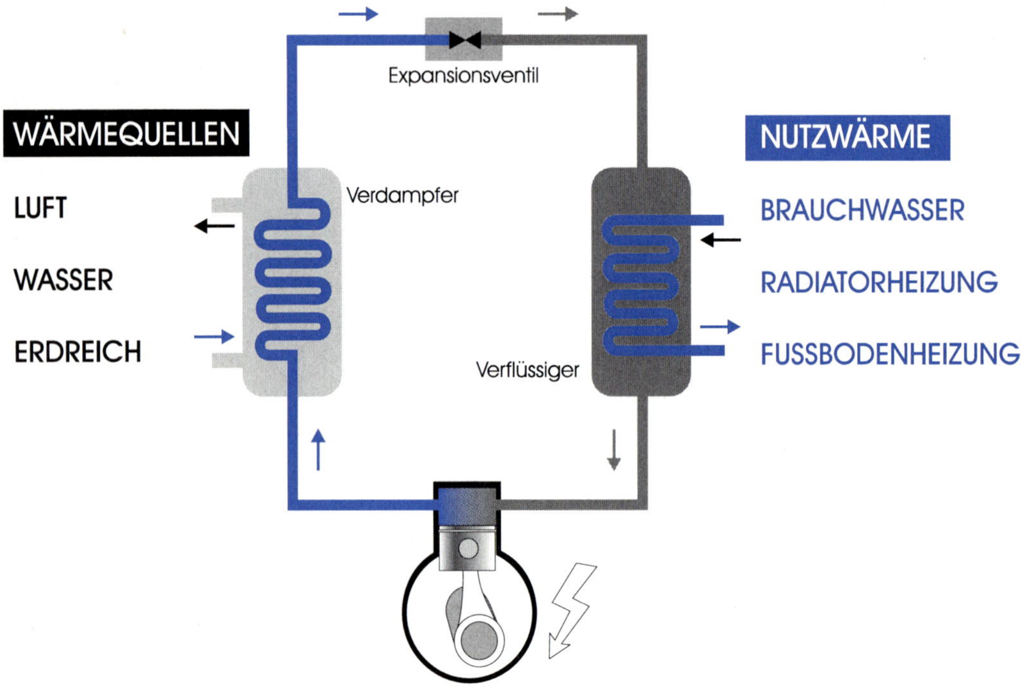

Der Energiebedarf für Wohnraumheizung und Warmwasserbereitung beträgt ca. 40% der Gesamtenergie. Zur Deckung dieses Energiebedarfes werden meist Kohle, Erdöl, Erdgas und elektrischer Strom eingesetzt, die imstande sind, Temperaturen von 800° C bis 1000° C abzugeben. Für Raumheizung und Warmwasserbereitung sind jedoch Temperaturen von 50° C bis 80° C nötig. Zur Erreichung dieser Niedrigtemperaturen eignet sich besonders der Einsatz von Wärmepumpen. Als Arbeitsmedium dient im Wärmepumpenprozeß ein „Kältemittel“ (Ammoniak, Fluor-Chlor-Kohlenwasserstoffe). Durch Energiezufuhr (Q_2) aus der Niedrigtemperaturwärmequelle wird es bei der Temperatur (T_2) in einem Verdampfer verdampft und nimmt Wärme auf. Durch Kompression (Verdichtung, Zufuhr von mechanischer Energie) wird das Arbeitsmedium auf ein höheres Temperaturniveau (T_1) gebracht und gibt die nun höhere Wärmemenge (Q_1) im Kondensator an einen Wärmeträger ab, wodurch es kondensiert. Anschließend erfolgt in einem Reduzierventil eine Expansion bei gleichzeitiger Temperaturabnahme, und das Arbeitsmedium gelangt wieder in den Verdampfer, wo unter Wärmeaufnahme der Prozeß von neuem beginnt. Die Wärmepumpe „pumpt“ also Wärmeenergie niedriger Temperatur auf ein höheres Temperaturniveau, wobei diese Wärmeenergie der Umgebung entzogen wird.

Aus 1 kW Antriebsenergie für den Kompressor erhält man am Kondensator also nicht nur diese Energie in Form von Wärme zurück, sondern gratis noch die Verdampfungswärme, die der Umgebung entzogen wird.

Die Leistungsziffer ε (sprich epsilon) gibt an, wieviel kWh Nutzenergie mit einer kWh Antriebsenergie gewonnen werden können. Der Wert hängt von der Differenz der absoluten Temperaturen zwischen Verdampfer und Kondensator ab. Wärmepumpen arbeiten also dann mit gutem Erfolg, wenn der Verdampfer Wärmequellen möglichst hoher Temperatur nutzen kann.

Wärmepumpe und Darstellung der Wärmerückgewinnung

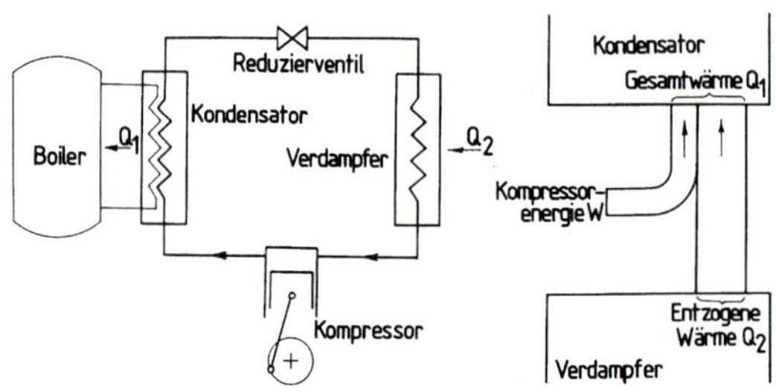

Betriebsarten von Wärmepumpen

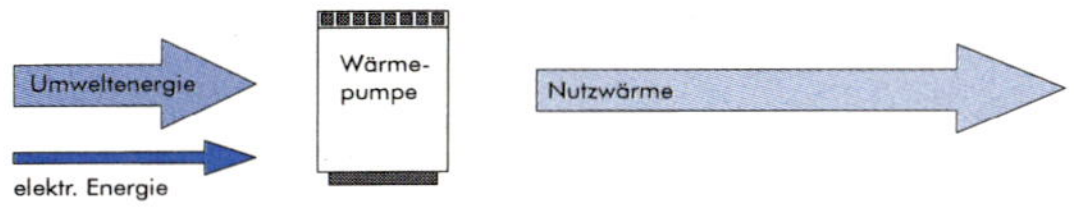

Monovalenter Betrieb
Die benötigte Nutzwärme für die Raumheizung und die Warmwasserbereitung wird ausschließlich durch die Wärmepumpe aufgebracht.

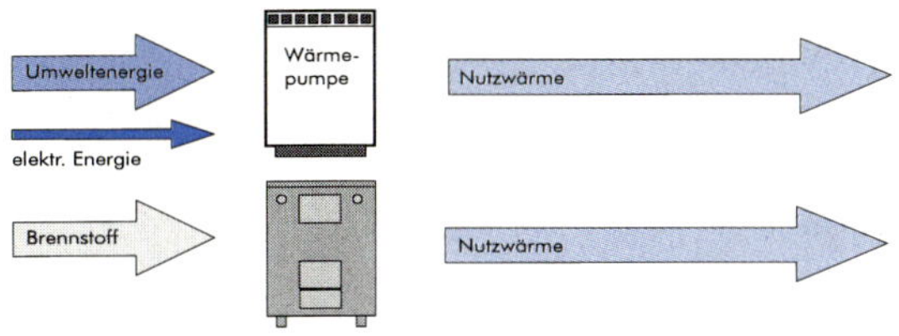

Bivalenter, alternativer Betrieb
Die Wärmepumpe übernimmt ca. 80 Prozent der Wärmeaufbringung, die restlichen 20 Prozent (an sehr kalten Tagen) übernimmt ein konventionelles Heizsystem (z.B. ein Gas-, Festbrennstoff- oder Ölkessel). Es ist entweder die Wärmepumpe oder die Kesselanlage in Betrieb.

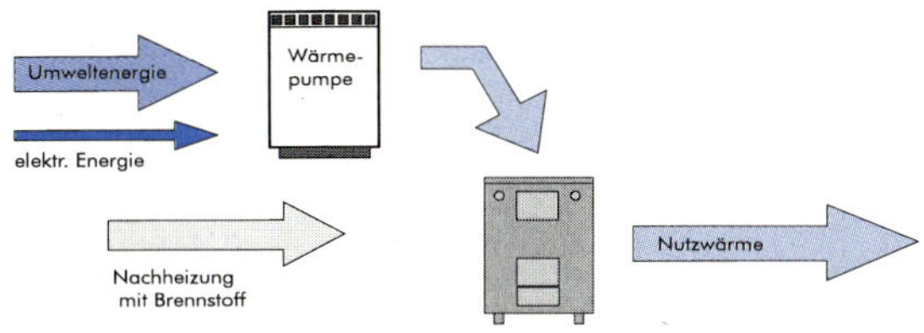

Bivalenter, paralleler Betrieb
Die Wärmepumpe und ein konventionelles Heizsystem arbeiten hintereinandergeschaltet. Bei höheren Temperaturen arbeitet nur die Wärmepumpe und bei tiefen Temperaturen wird die Kesselanlage zusätzlich in Betrieb genommen.

$$\eta = \varepsilon = \frac{Q_1}{W} = \frac{Q_1}{Q_1 - Q_2} = \frac{T_1}{T_1 - T_2}$$

$$\varepsilon = \frac{T_1}{T_1 - T_2}$$

Die Tabelle zeigt praktisch erreichbare Leistungsziffern:

Luft-WP	Erd-WP	Grund-wasser-WP	Milch-WP
2,5 (3,75)	3 (4,25)	3,5 (4,75)	3,8 (–)

Die ersten Zahlen gelten für Elektroantrieb, die Klammerwerte für Gas- oder Dieselmotorenantrieb.
Kraft-Wärme-Kopplung: Darunter verstehen wir Wärmepumpen, die durch Gas- oder Dieselmotoren betrieben werden. Hier wird neben der Umgebungstemperatur auch die Verlustwärme des Antriebsmotors (ca. 60% des zugeführten Treibstoffes) in Heizwärme umgewandelt.

❑ Biomasse

Biomasse aus Holz, Holzabfällen, Stroh und Biogas wird verstärkt für Heizzwecke, Warmwasserbereitung und zur Trocknung verwendet. Die Energiegewinnung aus Biomasse könnte einen wesentlichen Beitrag zur Deckung unseres Energiebedarfes darstellen und zur Verminderung von Energieimporten beitragen.

❑ Holz und Holzabfälle

In Österreich ist der Holzzuwachs erheblich größer als die Nutzung. Die Überproduktion von über 5 Millionen Festmetern, der Rindenanfall von ca. 10% und der Astholzanteil von ca. 17% können größtenteils noch zur Energiegewinnung genutzt werden. Die dafür vorgesehenen Holzkraftwerke würden nicht nur elektrischen Strom erzeugen. Durch Ausnutzung der Abwärme könnte Wärmeenergie gewonnen werden, auch die Asche könnte als Dünger Verwendung finden.
Wenn Holz als Energieträger im Haushalt verwendet wird, muß es entsprechend zerkleinert werden.
Für das händische Beschicken von Öfen muß das Holz gespalten werden. Zur Erleichterung der Spaltarbeit sind derzeit zwei Systeme von Holzspaltern in Anwendung:

- Kegelspalter für den Dreipunktanbau mit Zapfwellenantrieb bzw. stationäre Kegelspalter mit Antrieb von einem E-Motor oder Benzinmotor dürfen noch weiterverwendet, aber nicht mehr erzeugt werden.

Kegelspalter (Posch)

- Hydraulikspalter für den Dreipunktanbau mit hydraulischem Antrieb von der Zapfwelle aus oder stationär mit E-Motor und Ölpumpe.

Hydraulikspalter (Posch)

Für das **automatische Beschicken** von Verbrennungsanlagen sind Holzschnitzel von 5 bis 30 mm erforderlich. Holzschnitzel sind fließfähig, leicht zu transportieren und zu lagern und ergeben eine größere Holzausbeute. Für die Zerkleinerung von Holz stehen Anbauhacker zur Verfügung. Sie werden an die Dreipunkthydraulik des Traktors angebaut und von der Zapfwelle angetrieben. Die Anbauhacker werden nach dem verwendeten Hackorgan eingeteilt:

- Scheibenhacker
- Trommelhacker
- Schneckenhacker

Traktorhacker (Pöttinger)

Die Scheibenhacker unterscheiden sich von den anderen durch größeren Durchmesser des Hackorganes, große Schwungmasse, geringeren Leistungsbedarf und gewinkelten Kraft- und Materialfluß. An der Hackscheibe sind bis zu vier Hackmesser und die Wurfschaufeln angeordnet. Damit werden eine Förderhöhe bis 2,5 m und eine Wurfweite bis 10 m erreicht.

Trommelhacker bestehen aus einem walzenförmigen, Schneckenhacker aus einem spiralförmigen, waagrecht liegenden Hackorgan mit vier Messern, die neben dem Hacken auch die Förderung der Hackschnitzel übernehmen. Bei Wurfweiten über 3 m sind zusätzliche Gebläse erforderlich. Angetriebene, federbelastete Einzugswalzen ermöglichen auch die Zuführung von sperrigem Holz (nicht entastet). Damit können auch Holzstärken bis ca. 20 cm Durchmesser verarbeitet werden.

Der **Leistungsbedarf** liegt bei 3 kW pro cm Holzstärke. Die Hackschnitzelleistung beträgt 6 bis 20 m^3/h. Sie ist abhängig von der Holzart, der Holzstärke, der Schnitzellänge und der Beschickung. 7 Festmeter Holz, das sind ca. 10 bis 15 m^3 Holzschnitzel, entsprechen dem Heizwert von 1000 l Heizöl!

Wartungsarbeiten

- Überprüfung der Sicherheitseinrichtungen
- Messerkontrolle und Schärfen
- Wartung laut Betriebsanleitung

❑ Stroh

Das Energiepotential von 1 ha Getreidestroh (4000 kg/ha) ersetzt 1500 l Heizöl. Österreichs Getreideanbaufläche von ca. 800.000 ha liefert jährlich 3,2 Millionen Tonnen Stroh. Wenn davon nur 30%, das ist ca. 1 Million Tonnen, zur Energiegewinnung verwendet würden, könnte man ca. 330.000 t Heizöl im Wert von rund 1,5 Milliarden Schilling ersetzen.

Der Heizwert von Stroh beträgt 3,2 kWh/kg. Das heißt, 1 kg Heizöl entspricht 3 kg Stroh. Nachteilig wirkt sich das große Volumen von Stroh aus. Auch Lagerung, Transport und Brennstoffnachführung gestalten sich schwieriger als bei Heizöl.

Der Aschegehalt von Holz liegt bei 0,4%, der von Stroh bei 4%. Der Anteil flüchtiger brennbarer Substanz ist mit ca. 66% sehr hoch. Um trotzdem Stroh und Holz mit hohem Wirkungsgrad (über 60%) umweltfreundlich verbrennen zu können, sind spezielle Ofenkonstruktionen mit entsprechender Luft- und Rauchgasführung erforderlich.

Hackgutfeuerung (Hargassner)

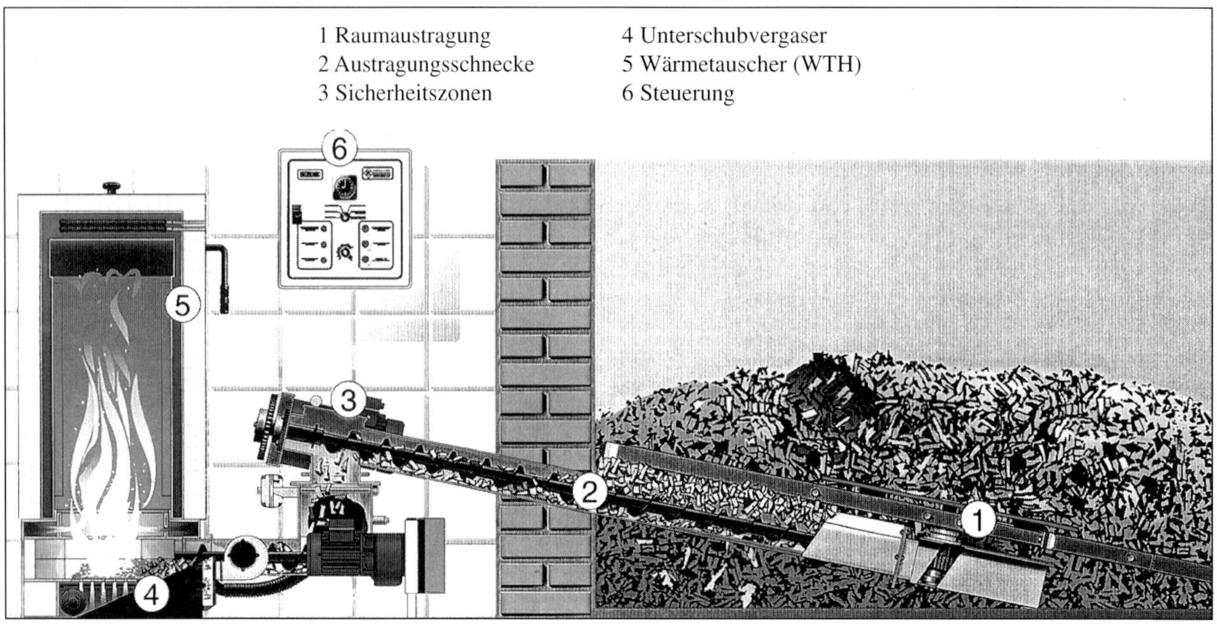

Gegenüberstellung von Ofenanlagen

Beschickung	absätzig	automatisch
Arbeitsaufwand	hoch (70 h/Jahr)	gering
Verwendung von:	Spaltholz Stroh (HD-Ballen, Großballen)	Holzschnitzel Stroh (Häcksel; HD-Ballen, Großballen mit Strohzerreißer)
Leistungsregulierung	bedingt möglich	genau einstellbar
Anlagengröße	20–200 kW	20–4000 kW
Brennkammer	Unterbrand	Durchbrand
Wirkungsgrad	70–85%	70–85%
Schadstoffgehalt im Rauchgas	ca. 200 mg/m³	meist über 300 mg/m³

Die Kosten sind abhängig von der Beschickung (absätzig oder automatisch), von der Einbindungsmöglichkeit in andere Heizsysteme und von der Anlagengröße. Sie betragen 700 bis 1500 S/kW Heizleistung.
Beim **Durchbrandkessel** wird die Brennkammer seitlich beschickt, beim Unterbrandkessel händisch von oben bzw. von unten mittels Unterschubfeuerung (automatische Beschickung). Durchbrandkessel müssen bei Stroh alle 3 bis 6 Stunden, bei Holz alle 10 Stunden nachgeheizt werden. Die Asche ist bei Stroh alle 2 bis 3 Tage, bei Holz nur alle 10 bis 14 Tage zu entfernen.

Unterbrand-Großballenkessel

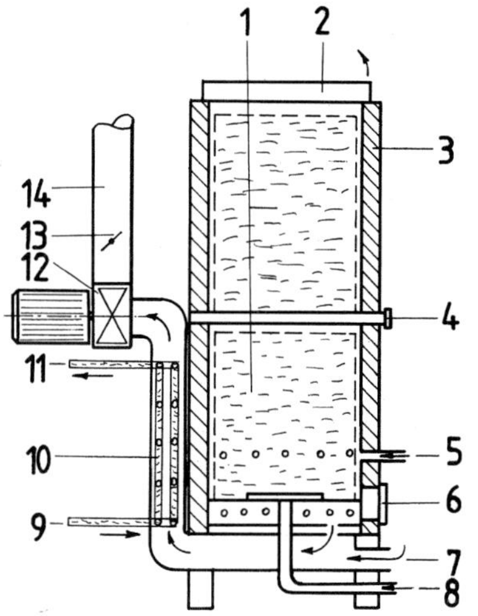

1 Großballen, 2 Feuerungstür, 3 Isolierung, 4 Schleusenschieber, 5 Verbrennungsluft, 6 Kontrolltür, 7 Luft für Nachverbrennung, 8 Luft für Primärverbrennung, 9 Rücklauf, 10 Wärmetauscher, 11 Vorlauf, 12 Abluftgebläse, 13 Zugdrossel, 14 Kamin

Durchbrandkessel mit Nachverbrennung

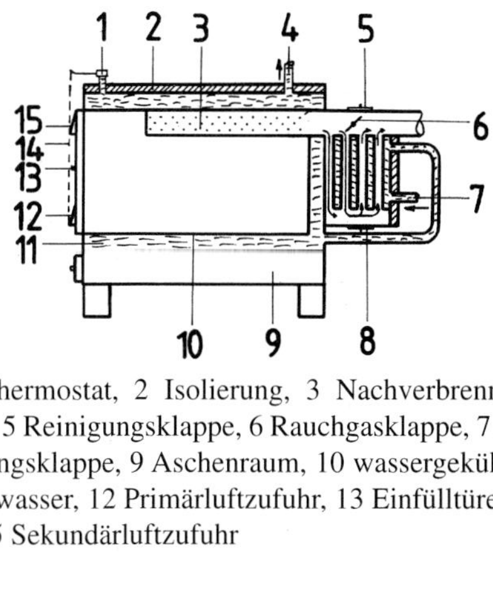

1 Kesselthermostat, 2 Isolierung, 3 Nachverbrennungsrohr, 4 Vorlauf, 5 Reinigungsklappe, 6 Rauchgasklappe, 7 Rücklauf, 8 Reinigungsklappe, 9 Aschenraum, 10 wassergekühlter Rost, 11 Kesselwasser, 12 Primärluftzufuhr, 13 Einfülltüre, 14 Steuerkette, 15 Sekundärluftzufuhr

❑ Biogas

Biogas entsteht bei der anaeroben Gärung (ohne Zufuhr von Sauerstoff) durch Abbau organischer Substanzen (Exkremente, pflanzliche Abfallstoffe).
Als Endprodukt des Gärprozesses entstehen:

- Biogas mit einem hohen Anteil an Methan, das als Brennstoff, aber auch als Treibstoff eingesetzt werden kann.
- Geruchsfreier Schlamm mit ausgezeichneter Düngerqualität (50% besser als Stallmist).

Gärverlauf: Am besten geeignet ist flüssiger Stallmist. Mittels Schwerkraft oder Pumpen gelangt der Flüssigmist in den Gärbehälter. Über ein Rührwerk wird der Mist ständig in Bewegung gehalten. Durch Mikroorganismen (Bakterien) erfolgt nun der Abbau der organischen Abfallstoffe in Biogas und geruchsfreien Schlamm. Biogas besteht aus ca. 40 % Kohlendioxyd (CO_2) und ca. 60% Methan (CH4).
Voraussetzung für die Tätigkeit der Bakterien und für einen **optimalen Faulprozeß** sind:

- Temperatur: 33° C bis 54° C. Um diese Temperaturen im Gärbehälter zu erreichen, müssen bis zu 30% des erzeugten Biogases für Heizzwecke verwendet werden.
- pH-Wert: 6,5 bis 7,5.
- Hemmstoffe: Folgende Stoffe können bei zu hoher Konzentration die Lebenstätigkeit der Bakterien hemmen: Schwermetalle und ihre Salze, Alkalimetalle, Ammoniak, Nitrat, Sulfid, Detergentien, organische Lösungsmittel, Antibiotika.
- Nährstoffe: Wichtig ist vor allem das Verhältnis Kohlenstoff zu Stickstoff: C/N = 10 bis 16. Aber auch Sauerstoff, Wasserstoff, Schwefel, Phosphor und Spurenelemente benötigen die Bakterien.
- Feststoffgehalt: Der Flüssigmist sollte aus ca. 10% Trockensubstanz und ca. 90% Wasser bestehen.

Für die Gewinnung von Biogas stehen folgende **Betriebssysteme** in Verwendung:

- Durchflußsystem
- Wechselbehältersystem
- Speichersystem

Beim **Durchflußsystem** wird das Substrat (Flüssigmist) dem Gärbehälter fortwährend zugeführt und gleichzeitig eine entsprechende Menge Faulschlamm abgezogen. Dadurch ergibt sich im Gärbehälter ein konstantes Füllvolumen und eine gleichbleibende Gasentwicklung. Dieses Betriebssystem ermöglicht die höchste Gasausbeute bei konstantem Gasstrom.

Kalkmilch wird mit S zu Gips

Biogasanlage nach Durchflußsystem

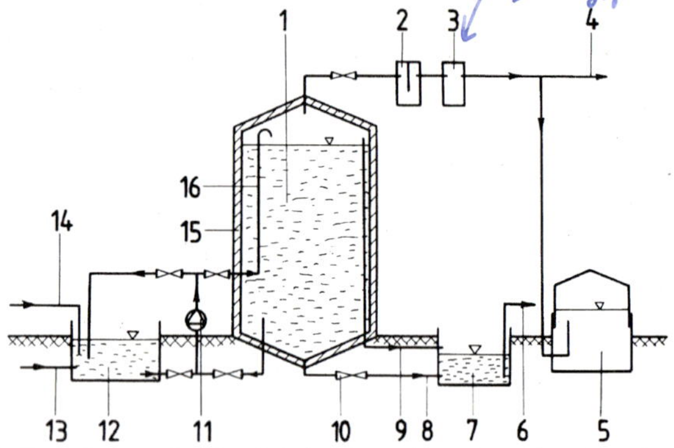

1 Gärbehälter, 2 Flüssigkeitsabscheider, 3 H_2S-Abscheider, 4 Gasverbrauch, 5 Gasspeicher, 6, 7 Schlammbehälter mit Entnahme, 8 Entleerung, 9 Überlauf, 10 Absperrschieber, 11 Pumpe, 12 Mischbecken, 13 Güllezulauf, 14 Wasser, 15 Isolation, 16 Füllrohr

Das **Wechselbehältersystem** ist durch den abwechselnden Betrieb von zwei gleichen Gärbehältern gekennzeichnet. Durch tägliche Zugabe von frischem Substrat werden die Behälter im Wechsel allmählich gefüllt und nach einer vorgegebenen Faulzeit (Verweilzeit) bis auf eine Restschlammenge (Impfschlamm) entleert. Der Gasspeicher muß immer so viel Gasvorrat haben, daß er das beim Entleeren eines Gärbehälters freiwerdende Behältervolumen ausfüllen und so das Eindringen von Luft verhindern kann.

Biogasanlage nach Wechselbehältersystem

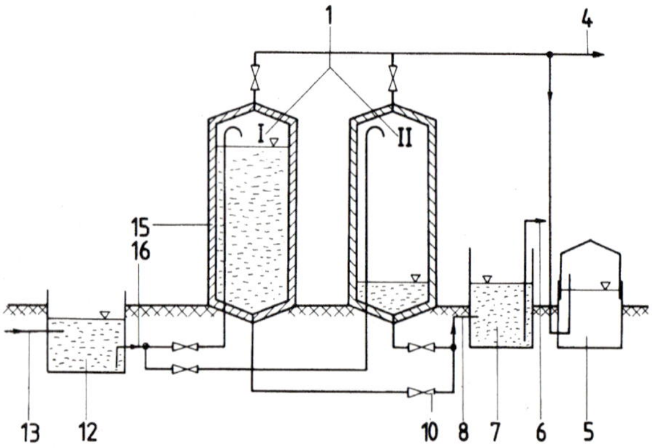

Das **Speichersystem** kommt mit nur einem Flüssigkeitsbehälter aus. Er dient als Gärbehälter und speichert den Faulschlamm bis zu dessen Ausbringung. Die Entleerung erfolgt bis auf eine Restschlammenge, die zur Impfung der neuen Füllung dient. Mit zunehmender Füllung des Behälters nimmt die Verweilzeit ständig ab, die Gasausbeute wird dadurch immer geringer.

Biogasanlage nach Speichersystem

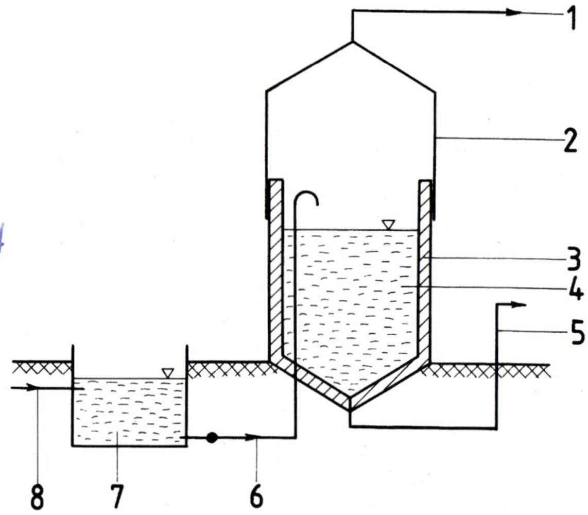

1 Gasverbauch, 2 Gasometerglocke, 3 Güllespeicher, 4 Gärschlamm, 5 Schlammabfuhr, 6 Güllezufuhr mit Pumpe, 7 Mischbecken, 8 Güllezulauf

Verfahrensmerkmale

- **Raumbelastung:** Die höchste Abbauleistung wird erzielt, wenn die dem Gärbehälter zugeführte organische Substanz der abgebauten Menge entspricht.
  Als Mittelwert gilt: 3 bis 5 kg/m³ und Tag.
- **Verweilzeit:** Sie hängt von der Reaktionsgeschwindigkeit des Faulgutes, vom angestrebten Ausfaulungsgrad und vom Behältervolumen ab.
  Mittelwert: 20 bis 30 Tage beim Durchflußsystem, sonst 20 bis 25% längere Faulzeit.
- **Mischintensität:** Durch intensives Mischen des Behälterinhaltes wird der Kontakt mit dem gesamten Substrat erreicht. Dadurch wird die Bildung von Schwimmdecken verhindert, es ergeben sich eine hohe Abbaugeschwindigkeit und ein homogener Massenfluß.
- **Anlagengröße** (m³): Tägliche Menge der Abfallstoffe (m³) mal 30 Tage Verweilzeit.

Der Gasertrag beträgt 0,7 m³ je GVE und Tag.

Der Heizwert von Biogas ist halb so groß wie jener von Dieselöl, 1 l Dieselöl entspricht daher 2 m³ Biogas.

Dieselmotoren müßten bei einer Umstellung auf Biogasbetrieb mit einer Zündanlage ausgestattet werden. Außerdem ist eine Änderung des Verdichtungsverhältnisses auf 1: 10 Voraussetzung.

Ein Viehbestand von 30 GVE reicht aus, um so viel Biogas zu erzeugen, daß damit der Bedarf für Heizung und Warmwasserbereitung einer 4- bis 5köpfigen Familie gedeckt werden kann.

Um den Energiemarkt weiter zu entlasten, könnte auch die pflanzliche Produktion (Zuckerrüben, Mais, Kartoffeln, Getreide usw.) zur Erzeugung von Biosprit (Alkohol) herangezogen werden. Alkohol kann dem herkömmlichen Treibstoff (Benzin) bis zu einem Anteil von ca. 15% beigegeben werden.

B WERKSTOFFKUNDE

Werkstoffe haben sehr unterschiedliche Eigenschaften: Ein Bohrer z. B. besteht aus hartem Werkzeugstahl, das Gehäuse einer Bohrmaschine aus isolierendem Kunststoff und ein Getriebeblock aus Gußeisen. Richtige Werkstoffauswahl und sachgemäße Bearbeitung setzen wichtige Kenntnisse über den Werkstoff voraus.

Werkstoffe

- **Metalle**
  - **Eisenmetalle**
    - **Stahl**: Baustahl, Werkzeugstahl, Sonderstahl
    - **Gußwerkstoffe**: Stahlguß, Grauguß, Temperguß
  - **Nichteisenmetalle**
    - **Schwermetalle**: Blei, Kupfer, Nickel, Zink, Zinn
    - **Leichtmetalle**: Aluminium, Beryllium, Magnesium, Titan
- **Nichtmetalle**
  - **Anorganische Werkstoffe**: Asbest, Glas, Keramik
  - **Organische Werkstoffe**
    - **Kunststoffe**: Gummi, Holz, Leder, Textilien

Verbundwerkstoffe

1. Herstellung und Eigenschaften von Eisenwerkstoffen

Roheisen

aus dem Hochofen enthält neben 3 bis 4% Kohlenstoff noch Mangan, Silicium, Schwefel und Phosphor. Stahlroheisen mit einem hohen Mangangehalt wird für die Herstellung von Stahl verwendet, Gießereiroheisen ist Ausgangspunkt für die Gußherstellung.

Hochofenanlage

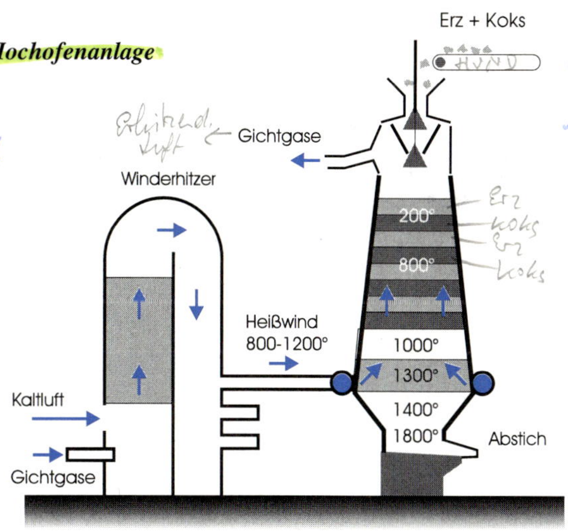

Gußeisen

entsteht nach einem Umschmelzen des Gießereiroheisens in einem Kupolofen oder Elektroofen. Als **Grauguß** (GG) wird es zur Herstellung von schweren und komplizierten Formteilen, z. B. Motor- und Getriebeblöcke, Lagerschalen, Gestelle, Ständer, Bremsscheiben usw., verwendet. Der Kohlenstoff ist in Form von Lamellengraphit vorhanden, die Bruchfläche ist grau und grobkörnig, der C-Gehalt beträgt 3 bis 4%, keine Späne beim Bohren oder Meißeln. Es ist spröde, schlag- und stoßempfindlich, nicht verformbar. Durch Zugabe von 1% Magnesium oder Cer entsteht **Sphäroguß** (Kugelgraphitguß – GGG). Er hat hohe Festigkeit, ist schlagunempfindlich und hitzebeständig. Sphäroguß wird für hochbeanspruchte Gußteile eingesetzt, z. B. Kurbel- und Nockenwellen, Zahnräder, Achsgehäuse usw. **Temperguß** (GT): Durch eine langandauernde Glühbehandlung, das Tempern, wird der Kohlenstoffgehalt auf ca. 2% reduziert. Weißer Temperguß (GTW) wird nur in der Randzone ca. 5 mm entkohlt. Beim schwarzen Temperguß (GTS) erfolgt keine Entkohlung. Temperguß ist zäher als Grauguß, läßt sich kalt biegen, er ist beschränkt schmiedbar. Temperguß wird für Schlüssel, Rohrverbindungen, Mähbalkenfinger, Schaltgabeln, Pleuelstangen usw. verwendet.

Stahlkocher

Roheisen wird in einem 30 bis 40 m hohen Schachtofen, dem Hochofen, erschmolzen. Der Hochofen wird abwechselnd mit einer Schicht Koks und einer Schicht aufbereitetem Erz beschickt. Im unteren Teil wird durch wassergekühlte Düsen Heißluft eingeblasen. Oben werden die noch brennbaren Gase (Gichtgas) abgeführt. An der tiefsten Stelle tritt durch das Abstichloch das Roheisen aus. Durch eine darüber liegende Öffnung kann man Schlacke ablassen. Hochofenschlacke dient zur Erzeugung von Zement, Schlackenwolle und anderen Baustoffen.

Gewinnung von Eisenschwamm durch Direktreduktion: Eisenreiche Erze werden durch Reduktionsgase bei ca. 1100° C zu Eisen reduziert. Die entstehenden porösen Eisenstücke nennt man Eisenschwamm. Der Eisengehalt liegt bei ca. 90%.

Direktreduktionsanlage

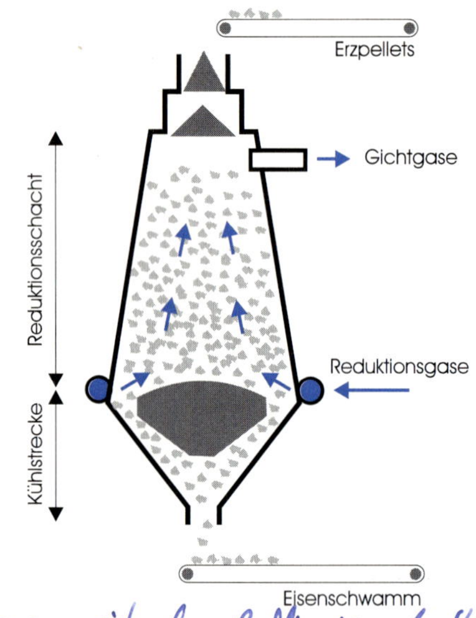

Gaserzeuger meist neben Raffinerien oder Stahlkocher

Stahl

O₂ für Stahlkocher.

> wird durch Umschmelzen von Stahlroheisen und Eisenschwamm gewonnen. Dabei müssen sowohl die Beimengungen, wie Mangan, Silicium, Phosphor und Schwefel, fast ganz beseitigt werden als auch der Kohlenstoffgehalt auf 0,1 bis 1,5% reduziert werden. Dieser Vorgang heißt Frischen. Die wichtigsten Frischverfahren sind das Sauerstoff-Blasverfahren und die Elektrostahl-Verfahren.

Sauerstoff-Blasverfahren: Sauerstoff wird auf oder durch die Schmelze aus flüssigem Roheisen geblasen. Nach dem in Österreich entwickelten LD-Verfahren wird weltweit der meiste Stahl erzeugt. Flüssiges Stahlroheisen und Schrott werden in einen Konverter (Kippofen) gegeben. Sauerstoff mit ca. 10 bar wird eingeblasen. Der beigegebene Kalk bildet eine Schlacke mit den festen Abbrandprodukten. Der Kohlenstoff und andere unerwünschte Eisenbestandteile verbrennen fast völlig. Mit dem sogenannten LD-AC-Verfahren wird speziell phosphorreiches Roheisen verarbeitet. Beim KALDO-Verfahren läßt sich der Schrottanteil auf 45% steigern. Beim OBM-Verfahren wird Sauerstoff von unten durch den Boden des Konverters geblasen. Kürzere Frischzeiten, höhere Schrottzusätze werden erreicht.

Stahlherstellung mit dem LD-Verfahren

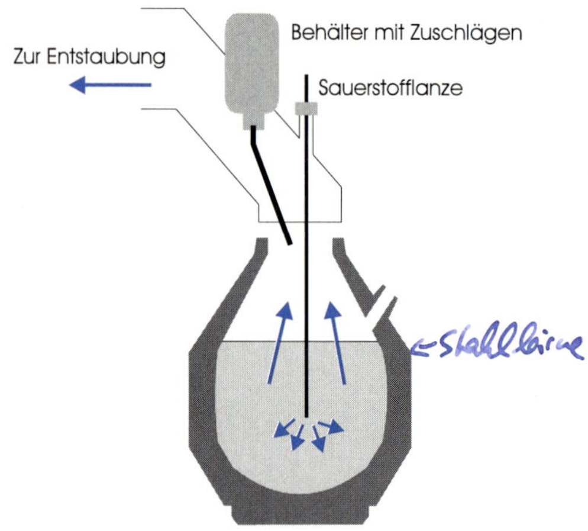

Das Thomas-, Bessemer- und Siemens-Martin-Verfahren wurden durch die Sauerstoff-Blasverfahren abgelöst. Sie sind wirtschaftlicher und arbeiten weniger umweltbelastend.

Beim Elektrostahl-Verfahren wird die zum Schmelzen erforderliche Wärme (3500° C) durch einen Lichtbogen erzeugt. Der Lichtbogenofen wird mit Schrott, Eisenschwamm und geringen Mengen Roheisen beschickt.

Handelsformen von Stahl

> Die Stahlwerke bringen den Stahl in genormter Form in den Handel: **Stabstähle** (Flach-, Rund-, Vierkant-, Sechskant-, Halbrund- und Bandstahl), **Formstähle** (Winkel-, U-, T-, I- und Z-Stahl), **Stahldraht, Stahlbleche** (Fein-, Mittel- und Grobbleche), **Stahlrohre.**

Handelsformen von Stahl

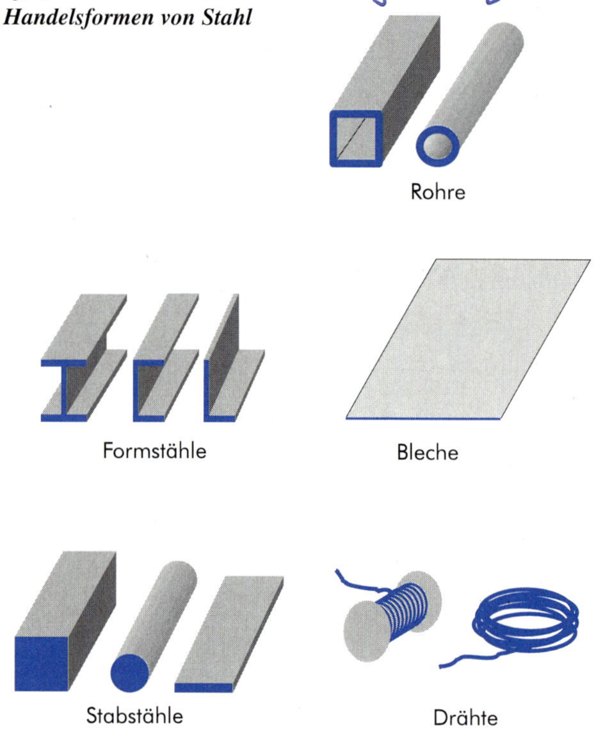

 LD = Linz-Donawitz.

Bleche: siehe auch Heft

Edelstahl ist nicht magnetisch

C macht spröde, aber hart!

Kohlenstoffgehalt der Eisenwerkstoffe

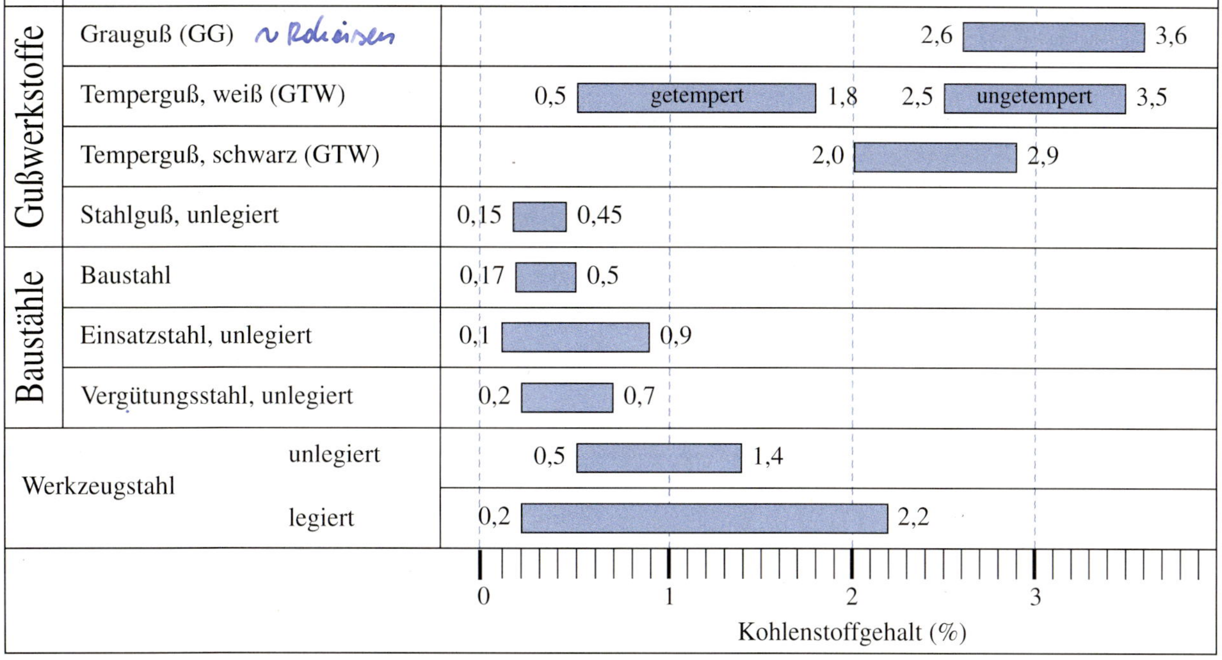

Merkmale von Baustahl und Werkzeugstahl

Bezeichnung	**Baustahl**	**Werkzeugstahl**
Kohlenstoffgehalt	0,1–0,5%	0,5–1,5%
Eigenschaften:		
Härte	gering	groß
Zähigkeit	groß	gering
Härtbarkeit	schlecht	gut
Schweißbarkeit	gut	schlecht
Bearbeitung	mit Bohrer, Feile, Säge, mit Meißel und Bohrer, spanbildend	mit Spezialwerkzeugen
Anwendungsbeispiele	Flach-, Rund-, Quadrat- und Profilstahl, Rohre	Hammer, Meißel, Feilen, Bohrer, Schlüssel

Werkzeugstähle werden oft zur Verbesserung einzelner Eigenschaften mit Fremdmetallen legiert. Besondere Bedeutung haben Chrom, Nickel, Mangan, Silicium, Wolfram und Vanadium.

Chrom	steigert Härte und Verschleißfestigkeit, aber auch die Korrosionsfestigkeit. Chromstahl wird für Wälzlager, Schneidwerkzeuge und rostbeständige Teile verwendet.
Nickel	fördert die Zähigkeit.
Mangan	verbessert die Härte und Verschleißfestigkeit.
Silicium	erhöht die Elastizität.
Wolfram	ergibt eine hohe Temperaturbeständigkeit, aber zugleich eine gute Schneidhaltigkeit (Bohrer!).
Vanadium	wird besonders mit Chrom zur Herstellung von Qualitätswerkzeugen verwendet. Vanadium verbessert die Härte.

Mi, 10.12.03

Besondere Bedeutung innerhalb der legierten Werkzeugstähle haben **Hartmetalle.** Dabei handelt es sich entweder um gegossene oder im Sinterverfahren durch Glühen von Metallpulver nahe der Schmelztemperatur hergestellte, äußerst verschleißfeste Werkstoffe. Als Legierungselemente kommen vor allem Wolfram, Chrom und Titan in Betracht. Hartmetalle werden zur Herstellung von Reifenspikes, Hufstollen, Mauerbohrern verwendet, also dann, wenn größte Härte Grundbedingung ist. Als Handelsname ist vielfach für Hartmetalle die Bezeichnung Widia (soll heißen: wie Diamant) üblich.
Eine Unterscheidung verschiedener Stahlsorten ist durch die Funkenprobe möglich: Während weicher Stahl beim Anschleifen an der Schleifscheibe geradlinige Funkenstrahlen mit wenig Verästelungen zeigt, so nimmt mit steigendem Kohlenstoffgehalt die Anzahl der Funkenbüschel („Stacheln") zu.

Die Funkenprobe

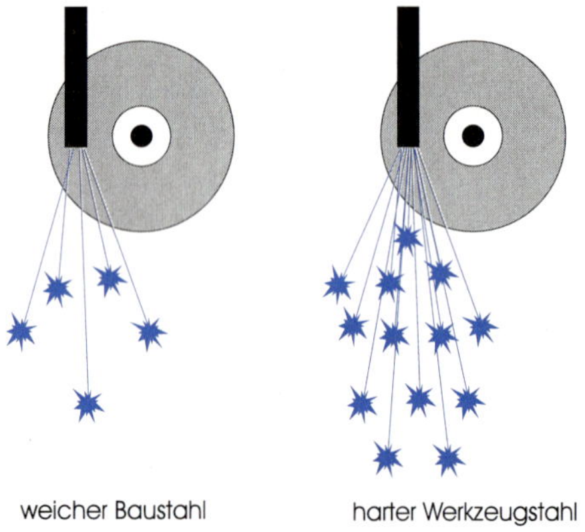

Härtbare Stähle: besser zu bearbeiten, da erst noch weich, dann gehärtet.

Anlassen: 300°, langsam abkühlen -> Oberfläche wird wieder elastischer.

z.B. wenn Bohrer geschliffen wird, nicht abgeschreckt -> wird weich. oder beim Bohren -> wird blau -> d.h., ist schon weich!

❑ Wärmebehandlung

> Durch Wärmebehandlung können das Werkstoffgefüge und dadurch auch die Eigenschaften von metallischen Werkstoffen, wie Härte, Festigkeit und Bearbeitbarkeit, verändert werden.

Härten wird durch Glühen bei ca. 800 bis 900° C (= kirschrote Glühfarbe) und nachfolgendes Abschrecken in Wasser, Öl oder Luft erreicht. Gehärteter Stahl ist spröde und nur durch Schleifen bearbeitbar. Es ist deshalb ein nachfolgendes Anwärmen auf ca. 300° C , das **Anlassen,** von Vorteil. Ein Wiedererwärmen auf 500 bis 600° C bezeichnet man als **Vergüten.** Damit wird eine gleichmäßige und gute Festigkeit erreicht (Pflugrahmen, Zahnräder u. dgl.).
Bei dem beschriebenen **Abschreckhärten** wird das ganze Werkstück in seinen Eigenschaften verändert. Das trifft aber bei den in der Serienproduktion üblichen **Oberflächenhärteverfahren** nur für die Außenschicht zu. Zu den Oberflächenhärteverfahren zählen das Einsatzhärten in kohlenstoffabgebenden Mitteln, das Flammenhärten, das Induktionshärten und das Nitrieren. Durch **Glühen** verliert gehärteter oder vergüteter Stahl seine Härte und ist damit wieder leicht bearbeitbar. Beim Nacharbeiten von abgenutzten Pflugscharen wird daher beispielsweise zuerst geglüht und dann nachgeschmiedet. Das in diesem Zustand weiche Material muß anschließend in Wasser gehärtet und angelassen werden. Die Anlaßtemperatur ist dann erreicht, wenn Öl, das man auf die Scharschneide gestrichen hat, über dem Schmiedefeuer entflammt.

Temperaturverlauf beim Härten

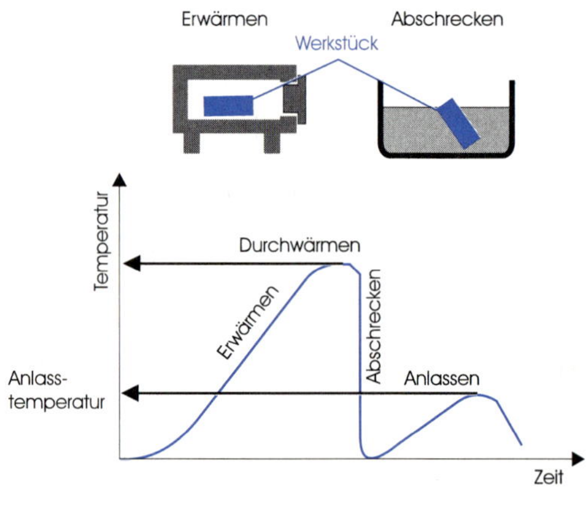

2. Nichteisenmetalle

In reiner Form sind sie weich, haben eine nur geringe Festigkeit, sind gut umformbar und besitzen gute elektrische Leitfähigkeit.

Merkmale von Nichteisenmetallen			
Bezeichnung	**Zusammensetzung**	**Schmelzpunkt (° C)**	**Anwendung**
Kupfer	rein	1080	elektr. Leitungen, Dichtungen, Rohre, Bleche
Aluminium	rein	660	elektr. Leitungen
Zinn	rein	232	Ziergegenstände, Lötmaterial, Weißblech
Zink	rein	419	Verzinkungen
Nickel	rein	1450	Legierungselement, Metallüberzug
Magnesium	rein	650	Legierungselement
Blei	rein	327	Behälter für Strahlenschutz

2.1 Legierungen von Nichteisenmetallen

Durch Legieren lassen sich die Werkstoffeigenschaften gezielt verändern. Dabei werden zwei oder mehrere Metalle in flüssigem Zustand gemischt. Härte und Festigkeit werden dabei erhöht, während Dehnbarkeit, elektrische Leitfähigkeit und Schmelzpunkt vermindert werden.

Bezeichnung	**Zusammensetzung**	**Anwendung**
Messing Tombak	Kupfer + Zink	Armaturen, Pflanzenschutzgeräte, Pumpenteile, Gehäuse
Bronze	Kupfer + Zinn	Lagerbüchsen, Schneckenräder
Rotguß	Kupfer + Zinn + Zink	Gleitlager
Aluminiumbronze	Kupfer + Aluminium	Gleitlager
Bleibronze	Kupfer + Blei	Gleitlager von Kurbelwellenlagern
Neusilber Alpaka	Kupfer + Nickel	Heizwiderstände, Bestecke, Instrumente, Münzmetalle
Elektron Silumin Duraluminium Aludur	Aluminiumlegierung mit Kupfer, Magnesium, Mangan oder Silicium	Kolben, Gehäuse, Behälter, Auto- und Flugzeugbau, Folien

2.2 Korrosion und Korrosionsschutz

Die metallischen Werkstoffe werden durch äußere Einflüsse (Sauerstoff, Wasser, Luftfeuchtigkeit, Säuren, Laugen, Freiluftatmosphäre mit Industrieverschmutzung) angegriffen und zerstört. Dies geschieht meist durch elektrochemische Reaktion des Metalls mit seiner Umgebung: Eine elektrisch leitende Wasserschicht (Elektrolyt) reagiert mit dem Eisen zu FEO (OH) – Rost.
Rost bei Stahl ist porös, besitzt keine Festigkeit und schreitet ständig voran. Bei Aluminium und Kupfer aber ist diese Schicht dicht und fest und wirkt so korrosionsschützend. Korrosionsbeständig sind neben Aluminium und Kupfer noch Kupferlegierungen, Messing, Zink und nichtrostender Stahl. Nicht korrosionsbeständig ist unlegierter Stahl (Baustahl).
Für Metalle gilt: Glatte, polierte Oberflächen haben geringere Angriffsflächen als rauhe und sind deshalb korrosionsbeständiger.

Korrosionsschutz

- **Tauchen** der Werkstücke in ein heißes Salzbad (Brünieren) oder in eine heiße Metallphosphatlösung (Phosphatieren). Schutz von Maschinenteilen, die nicht im Freien eingesetzt werden.
- **Korrosionsschutzanstriche** für Maschinengehäuse,

Korrosionsarten

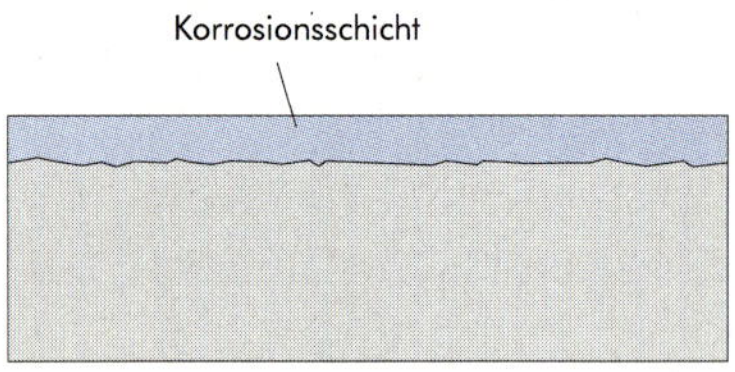

Flächenkorrosion

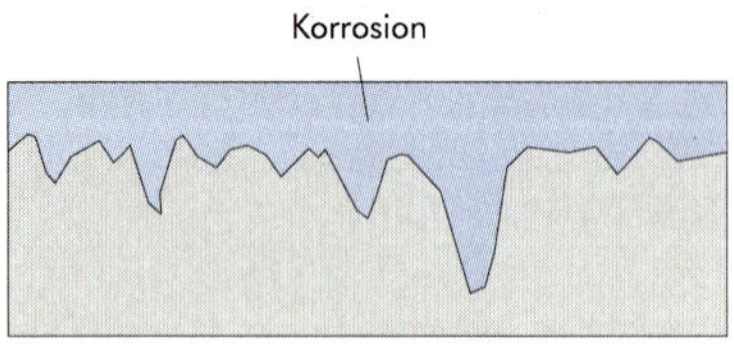

Lochkorrosion

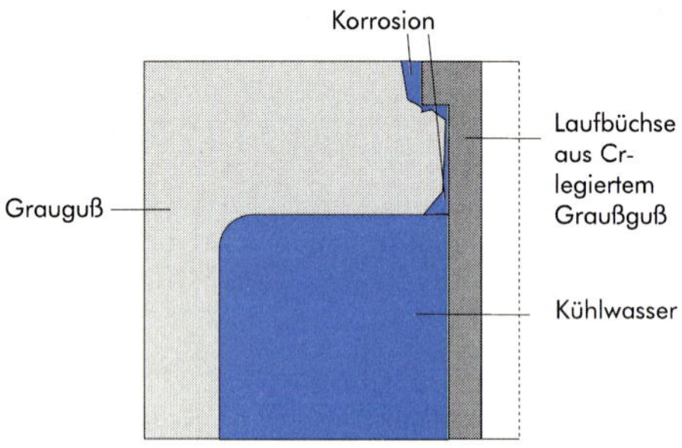

Kontaktkorrosion

Stahlträger, Bleche, Rohre usw., die auch äußeren **Klimaeinflüssen** ausgesetzt werden.

Vorbehandlung: Oberfläche muß fettfrei, frei von Schmutz und Rost sein. Verrostete Teile werden mechanisch durch Abbürsten mit Drahtbürste, Schleifmaschine, Topfbürste, Schmirgelpapier u. dgl. entrostet. Vollständiges Entrosten wird durch Sandstrahlen erreicht. Chemisches Entrosten erfolgt durch säurehaltige Mittel (z. B. verdünnte Salzsäure). Entfettet wird durch Tauchen in oder Streichen mittels Waschlösungen.

Schutzanstriche erhält man durch Streichen, Spritzen oder Tauchen. Ein wirksamer Schutz besteht immer aus einem Grundanstrich und einem Deckanstrich. Bei Karosserieblechen z. B. besteht der Schutz aus bis zu sechs Schichten. Aufeinander abgestimmte Kunstharzlacke eignen sich gut dazu.

Einölen (z.B. mit Dieselöl)

Lacke: immer Kunststoffe, vorher flüssig, w.d. dann ausgehärtet

Korrosionsschutzanstrich

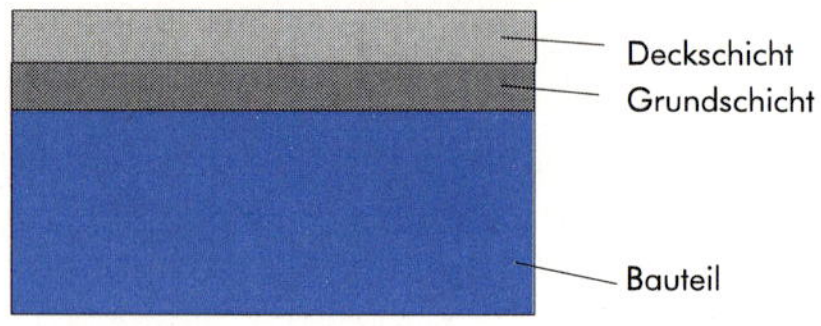

Einfacher Schutzanstrich

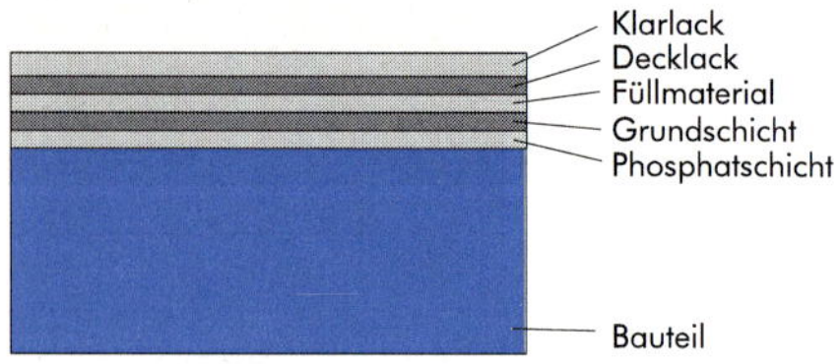

Korrosionsschutzsystem

Vor dem Grundanstrich kann ein Rostumwandler aufgestrichen oder aufgespritzt werden, auch dünnflüssige, wässerige Rostbindungsmittel sind wirkungsvoll. Für kurzfristigen Rostschutz können verschiedene Rostschutzöle aufgetragen werden: wassermischbare, die gleichzeitig mit der Reinigung (Waschen) aufgetragen werden, schützen bis ca. 3 Monate, ölfilmbildende (Schutz bis ca. 6 Monate) und fettfilmbildende (Schutz bis ca. 1,5 Jahre). Rostschutzöle können aufgespritzt oder mit Pinsel aufgetragen werden. Wachsfilmbildende Rostschutzöle werden aufgestrichen und halten bis zu 2 Jahre.

- **Metallische Überzüge,** wie Feuerverzinken oder galvanische Metallüberzüge, in gewerblichen Betrieben bewirken einen Dauerschutz.

Galvanisierung: Überzug von Stahl mit einem Nichteisenmetall.

Becken mit Lösung (Leitlösung)
Zinkplatten drin
→ Gleichstrom drauf →
Bauteil anod → e⁻ wandern
von Zink auf d. Bauteil.

3. Holz

Naturholz ist wegen seiner unterschiedlichen Eigenschaften, wie Härte, Zähigkeit, Elastizität, Gewicht sowie leichte Bearbeitbarkeit, unentbehrlich als Bau- und Möbelholz. Auch als Brennstoff hat Holz wieder zunehmende Bedeutung erlangt. Als Werkstoff für Maschinen und Geräte hat Naturholz keine große Bedeutung mehr. Durch Einwirkung von Feuchtigkeit „arbeitet" das Holz, es verzieht sich oder reißt.

Verarbeitungshinweise: Beim Schneiden und Verarbeiten von Brettern ist zu beachten, daß sich die Splintseite stärker zusammenzieht als der Kern. Die Kernseite ist härter und wertvoller. Sie sollte so verarbeitet werden, daß sie der größeren Beanspruchung entspricht: bei Fußböden nach oben, bei Türen und Fenstern nach außen. Beim Nageln immer zur Splintseite hin nageln, beim Verleimen von zwei Brettern die Splintseiten aufeinanderlegen.

Jahresringe beim Holz

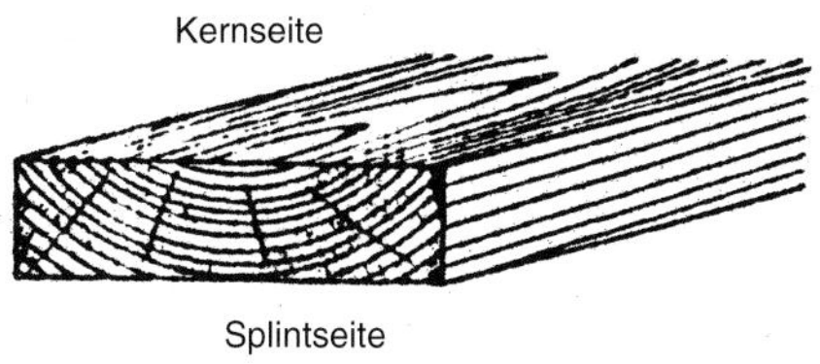

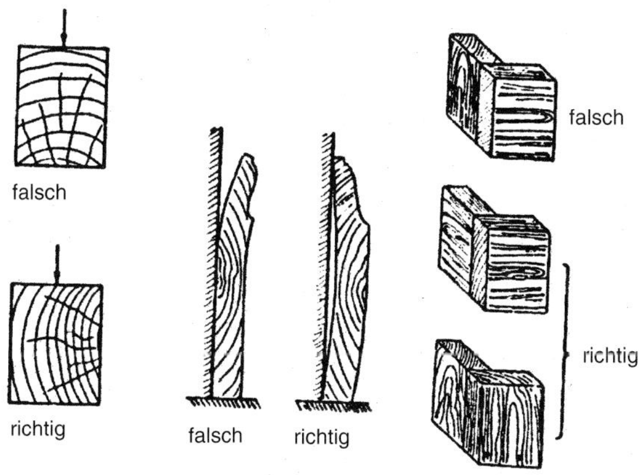

Künstliche Holzwerkstoffe verformen sich nicht so stark wie Naturhölzer. Sperrholz, Tischlerplatten, Spanplatten sowie Weich- und Hartfaserplatten werden vorwiegend in der Möbel- und Baustoffindustrie verwendet.

3.1 Bearbeitung des Holzes

Die im Sägewerk geschnittenen Pfosten, Bretter und Balken müssen weiterverarbeitet werden.

Anreißen der Länge und Breite mit Meterstab, Winkel oder Streichmaß.

Einspannen in eine Hobelbank oder einen Schraubstock (Backen mit dünnen Holzstücken auslegen, damit keine Druckstellen im Holz zurückbleiben).

Absägen so, daß die Rißlinie oder Bleistiftmarkierung auf dem zu verarbeitenden Holzstück bleibt. Ersten Schnitt rückwärts führen, um das Springen der Säge zu verhindern. Die Sägehaltung ist fest, es wird ein langer Sägeschnitt geführt, damit eine gute Geradeausführung möglich ist. Bei Winkelschnitten von schmalen Brettern oder Leisten sollte eine Gehrungslade verwendet werden. Werkstücke können damit auf auf 45 oder 90 Grad genau abgesägt werden.

Holzverarbeitung

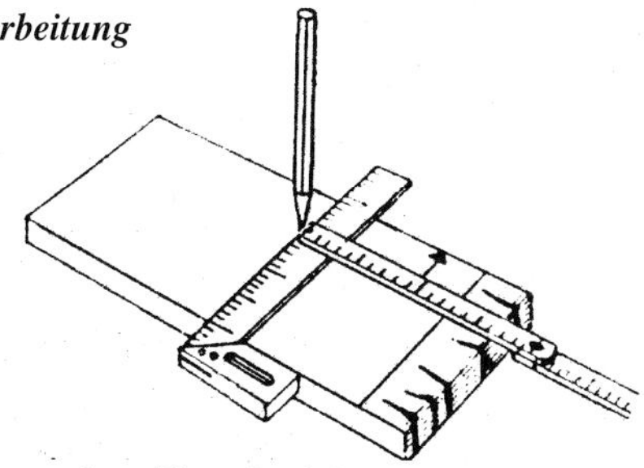

Anreißen der Länge
mit dem Meterstock und Anschlagwinkel

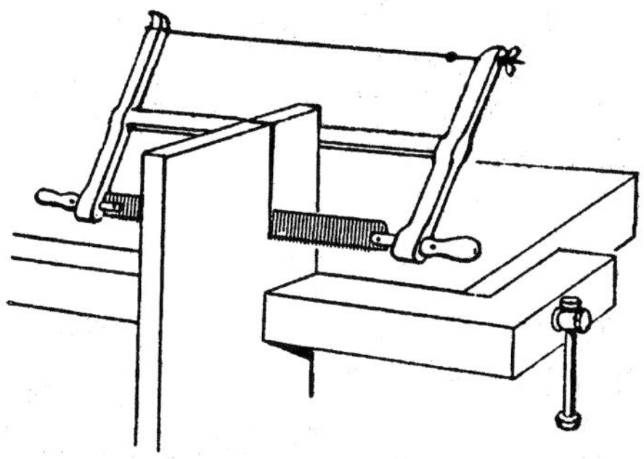

Richtiges Einspannen beim Sägen

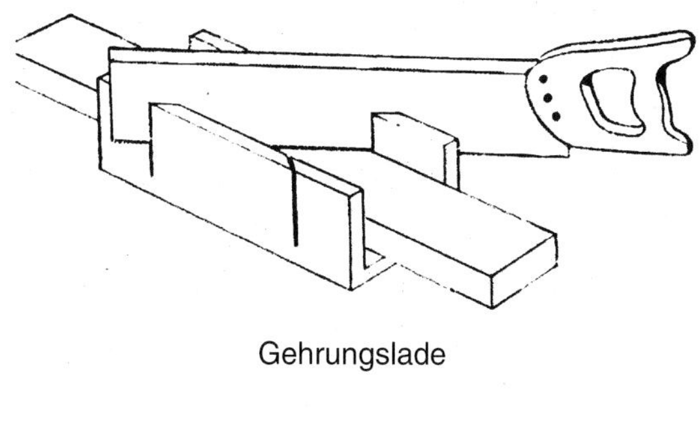

Gehrungslade

Hobeln des Holzes: Mit dem Schropphobel wird das eingespannte Holz grob, mit dem Schlichthobel fein bearbeitet. Mit Glaspapier kann Holz fein und glatt geschliffen werden. Hirnholzflächen werden quer zu den Kanten bestoßen.

Holzarten, Eigenschaften und Verwendung

Holzart		Eigenschaften	Verwendung	
Holz als Naturprodukt	**Laubhölzer:** Eiche	schwer, hart, dauerhaft	Bau- und Tischlerholz	
	Esche	schwer, zäh, elastisch	Wagenbau, Federn, Stiele	
	Buche	schwer, fest, zäh, verträgt keine Feuchtigkeit	Brennholz, Möbel, Werkzeuge	
	Ahorn	hart, elastisch	Tischplatten, Möbel, zum Drechseln	
	Bongossi-Holz	sehr hart, elastisch feuchtigkeitsbeständig	Spaltenböden	
	Linde	weich, zäh, elastisch	Platten, Schnitzarbeiten	
	Birke	weich, zäh, verträgt keine Feuchtigkeit	Drechsel- und Schnitzarbeiten, Furnier, Sperrholz, Möbel	
	Nadelhölzer: Fichte	leicht, mittelhart, harzreich	Bau- und Tischlerholz	
	Tanne	leicht, zäh, biegsam	Bau- und Tischlerholz	
	Kiefer	leicht, harzreich, dauerhaft	Bau- und Grubenholz, Pfähle	
	Lärche	leicht, fest, dauerhaft	Bau- und Tischlerholz	
Künstliche Holzwerkstoffe	Sperrholz	kreuzweise aufeinandergeleimte Holzfurniere	Möbel- und Baustoffindustrie	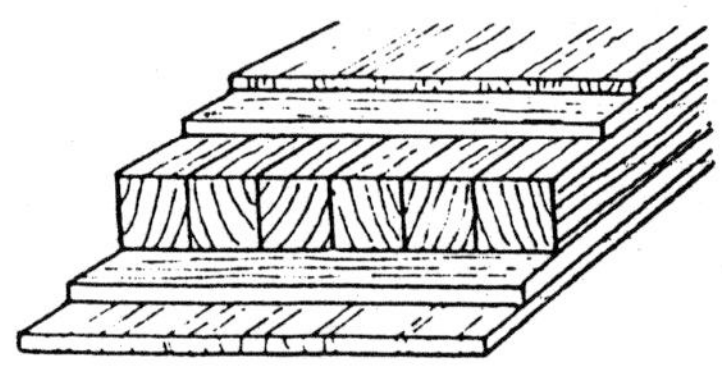
	Tischlerplatten (Paneelplatten)	ähnlich wie Sperrholz, aber in größerer Stärke, als Mittellage verleimte Stäbe		
	Spanplatten	verleimte und gepreßte Holzspäne, zum Teil furniert oder beschichtet		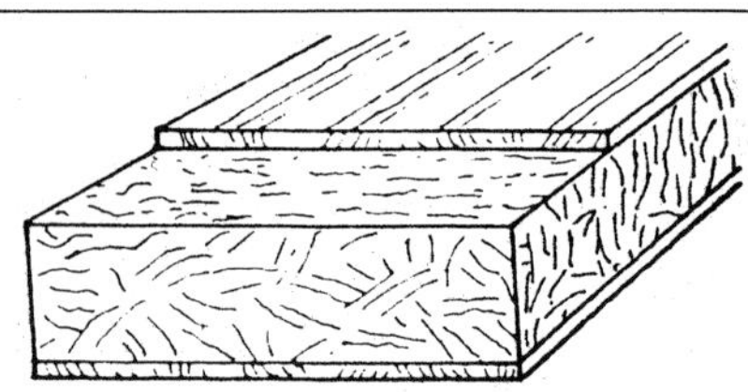
	Holzfaserplatten	gemahlene, verleimte und gepreßte Holzabfälle (Dämm- oder Isolierplatten)		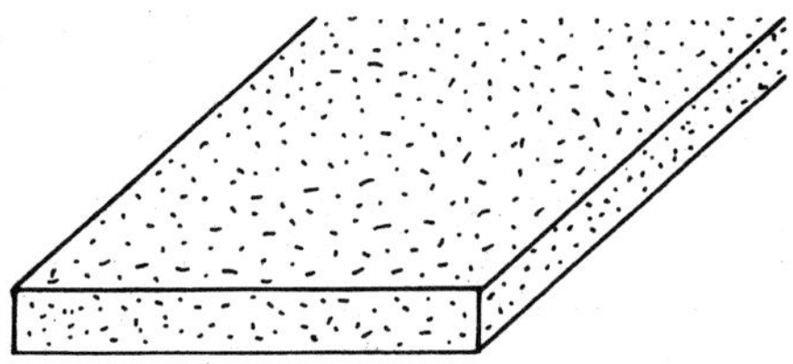

3.2 Holzverbindungen

Nagelverbindungen: Nägel haben durch ihre Keilform eine Spaltwirkung. Bei dünnen Brettern oder Leisten sollte die Nagelspitze deshalb abgezwickt oder geplättet werden. Auch Vorbohren mit einem Spiralbohrer ist möglich. Nägel mit Stauchköpfen können mittels Dorns versenkt werden. Anschließend werden die Löcher verkittet.

Bei **Schraubenverbindungen** wird das Oberbrett mit der Schaftstärke der Schraube und das Unterholz mit dem Kerndurchmesser der Schraube vorgebohrt.

Schraubenformen: Holzschrauben mit Linsensenkkopf, Rundkopf, Senkkopf, Sechskant-Holzschrauben, Schloßschrauben mit Mutter (Torbandschrauben), Schnellbauschrauben; Spanplattenschrauben haben eine zylindrische Gewindeform, werden meist mit Senkkopf verwendet.

Verleimen von Holz: Kaltleim wird mit Pinsel, Spachtel oder Leimroller gleichmäßig aufgetragen. Bei Hirnholzkanten und Gehrungen werden beide Seiten, sonst wird meist nur eine Seite mit Leim bestrichen. Mit Schraubzwingen werden die Teile zusammengepreßt. Sie sollen einige Stunden fest eingespannt bleiben. Kontaktkleber werden auf beide Seiten aufgetragen. So lange warten, bis sie angetrocknet sind (10 bis 15 Minuten), dann kräftig zusammenpressen. Der Preßdruck und nicht die Preßzeit entscheidet über die Haltbarkeit.

Holzverbindungen

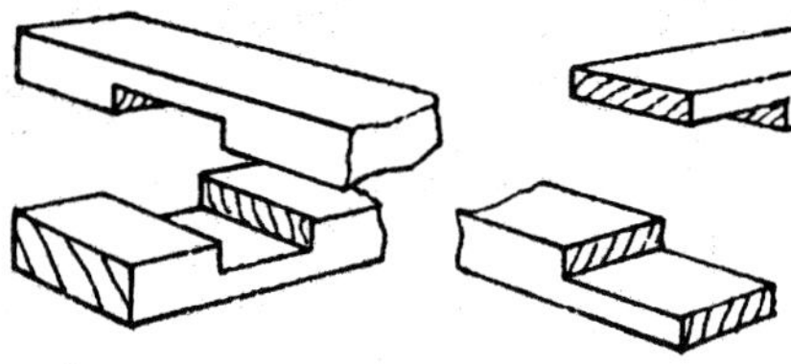

Überplatten bei Kreuzverbindungen

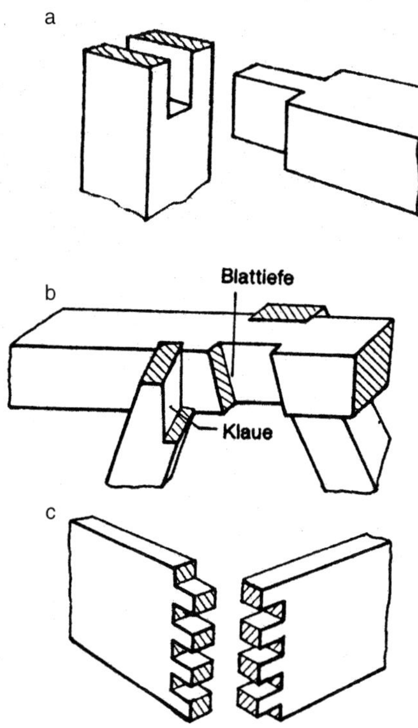

Eckverbindung durch Schlitz und Zapfen (a), Elnplatten (b) und durch Fingerzinken (c)

Holzschrauben

Holzschrauben Rundkopf

Linsensenkkopf-Holzschrauben

Senkkopf-Holzschrauben

Holzschraube, Senkkopf

Sechskant-Holzschrauben

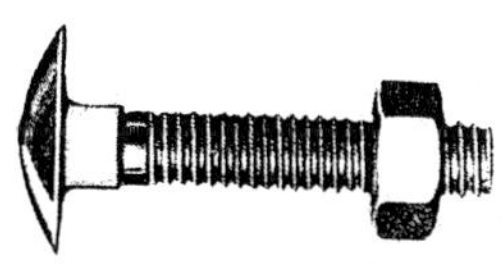

Schloßschrauben mit Muttern

Spanplattenschrauben, Senkkopf

Schnellbauschrauben/ Spezial-Nadelspitze

3.3 Holzschutz

Holz muß vor Feuchtigkeit, tierischen und pflanzlichen Schädlingen geschützt werden. Tierische Schädlinge sind der Hausbock und der Klopfkäfer, pflanzliche Schädlinge sind Pilze, die z. B. das Verblauen der Kiefer und die Holzfäule hervorrufen, sowie der Hausschwamm.

Holzschutz

Baulicher Holzschutz — Chemischer Holzschutz

Baulicher Holzschutz ist echter „biologischer" Holzschutz ohne chemische Hilfsmittel.

Folgende bauliche Maßnahmen sollten ergriffen werden:

- Verhinderung aufsteigender Feuchtigkeit (Horizontalisolierung, Vermeidung von Erdkontakt)
- Vermeidung von Spritz- und Kondenswasser (z. B. Dampfbremse, Wärmedämmung)
- Wetterschutz (rasches Ableiten von Regenwasser)

Chemischer Holzschutz ist die Behandlung des Holzes mit meist flüssigen Anstrichmitteln, die Wirkstoffe enthalten, welche die Entstehung von Pilzen, Insekten oder Feuer verhindern bzw. verzögern.

a) **Oberflächen- oder Randschutz:** Aufbringung der Mittel durch Streichen, Spritzen oder Tauchen ergibt eine Schutzschicht von ca. 1 mm. Anwendung bei verbauten Hölzern, Zäunen u. dgl.

b) **Vollschutz:** Einbringen der Schutzmittel durch Tränkung oder Kesseldruckimprägnierung bis zum Kern. Die Anwendung erfolgt für auf Dauer zu schützende Holzteile, wie Balkone, Masten, Schwellen, Pergola usw.

Beim Schutz vor Insekten wird zwischen vorbeugenden (lv) und bekämpfenden (lb) Mitteln unterschieden.

❑ Holzschutzmittel

a) **Ölige Holzschutzmittel:** Ihr Wirkstoff wird in einem organischen Lösungsmittel (z. B. Testbenzin) gelöst. Sie schützen nur trockenes Holz (Holzfeuchtigkeit unter 30%).

b) **Wasserlösliche Holzschutzmittel:** Es sind Salze, die in Wasser gelöst werden. Fixierende Mittel sind für die Anwendung im Freien, nichtfixierende Mittel für den Einsatz unter Dach geeignet.

Holzschutz-Lasuren sind ölige Schutzmittel mit Pigmenten für die Farbgebung und als UV-Schutz.

Wäßrige Lasuren werden im Freien verwendet. Ihr Vorteil liegt in der einfachen Geräteereinigung, sie geben keine schädlichen und brennbaren Lösungsmitteldämpfe ab und trocknen rasch. Wegen ihrer geringen Eindringtiefe sollte vor ihrer Anwendung eine Grundierung durchgeführt werden.

Wachslasuren enthalten keine bioziden Wirkstoffe, sie sind für Innenräume geeignet. Sie schützen die Holzoberfläche vor Verschmutzung und sind wasserabweisend. Sie müssen öfters mit Wachslasuren nachbehandelt werden.

> Holzschutzmittel enthalten Wirkstoffe, die das Wachstum von Pilzen oder Insekten verhindern. Es sollten nur solche verwendet werden, die den Prüfnormen des Prüfausschusses für Holzschutzmittel, 1045 Wien, Wiedner Hauptstraße 63, entsprechen. Die Herstellerrichtlinien sollten genauestens eingehalten werden.

Gütezeichen bei Kesseldruckimprägnierung: KD3 (Zäune, Balkone), KD4 (Palisaden, Pergolen u. ä.).

❑ Holzanstrich

> Die Anstrichfarben werden meist nach ihrem Bindemittel eingeteilt: Kalk-, Leim-, Kunstharzlack, Dispersions- und Ölfarben (Leinöl). Zum besseren Verstreichen der Mal- und Anstrichfarben werden Verdünnungsmittel verwendet: Terpentin oder Terpentinersatz (Testbenzin) für Öl- und Kunstharzlackfarben oder spezielle Kunstharzverdünnungen (Herstellervorschriften sollen genau beachtet werden).

Vorbereitung des Anstriches

- **Imprägnieren:** Holz soll gegen Pilz- und Insektenbefall imprägniert werden, wenn es im Freien oder in feuchten Räumen verwendet wird. Harzige Stellen (Harzgallen) sollen entfernt und ausgekittet werden.
- **Schleifen der Oberfläche:** Rauhe Oberflächen durch Holzfasern, feine Rillen oder Staubkörner müssen geglättet werden. Dabei werden auch Poren geöffnet, der Anstrich kann sich darin verankern. Nach jedem Anstrich abschleifen mit Schleifpapier oder Schleifmaschine, immer in Streichrichtung, also in Faserrichtung des Holzes.
- **Spachteln:** Zum Ausgleichen von gröberen Unebenheiten, Löchern, Rissen oder für sehr glatte Oberflächen muß gespachtelt werden. Die Spachtelmasse soll möglichst dünn und gleichmäßig aufgetragen, Unebenheiten müssen anschließend abgeschliffen werden. Vor dem Anbringen eines neuen Anstriches sollen alte, noch gut erhaltene Anstriche mit Schleifpapier oder Anlaugmittel aufgerauht werden. Alte Anstriche können auch durch Abbeizen ganz entfernt werden. Abbeizmittel werden mit einem Pinsel aufgetragen. Nach ca. 5 Minuten wird mit einer Spachtel der gelöste Anstrich abgeschoben.

Anstrich

> Man unterscheidet Grundanstrich, Zwischenanstrich und Deckanstrich. Für die einzelnen Anstriche werden auch spezielle Lacke, z. B. Grundlack oder Decklack, angeboten. Wichtig: Für die einzelnen Schichten sollen nur Produkte einer Firma verwendet und Ölfarben nicht mit Kunstharzfarben überstrichen werden.

Pinsel und ihre Aufbewahrung

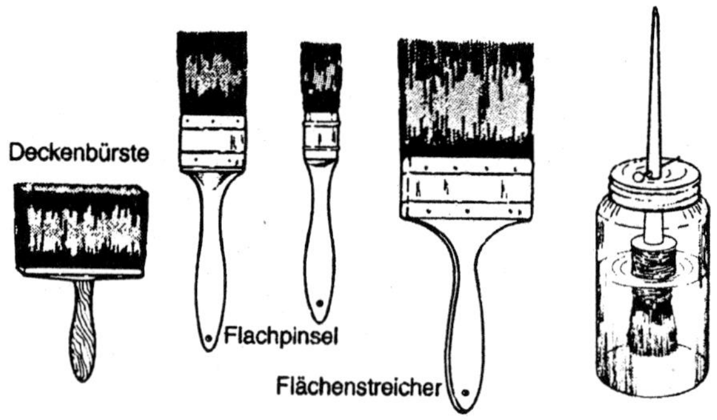

Spritzpistolen (Fließbecher, Saugbecher)

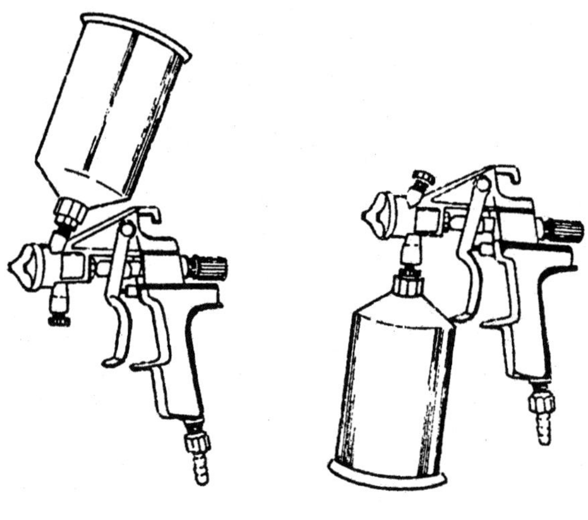

Vorgangsweise: Größere Flächen in Teilabschnitte unterteilen, Farbstreifen auftragen, gleichmäßig verteilen (verschlichten), Pinselbreite um Pinselbreite durchziehen, nicht zu fest andrücken. Große Flächen werden mit Farbroller oder Spritzpistole behandelt.

Pinselreinigung: Auf Papier oder Holz den Pinsel ausstreichen, in Lösungsmittel (Nitroverdünnung oder Terpentinersatz) waschen, mit Papier gut ausdrücken. Soll nach einigen Stunden weitergestrichen werden, Pinsel in einem Glas mit Wasser oder im Lösungsmittel aufbewahren. Bei Spritzpistolen soll der Farbbecher entleert, mit Lösungsmittel gefüllt und kurz gespritzt werden. Düse, Leitungen usw. werden damit am besten gereinigt.

4. Kunststoffe

Kunststoffe werden auch als Polyplaste bezeichnet. Sie bestehen aus Riesenmolekülen und sind in der Regel während der Verarbeitung in der Wärme plastisch verformbar. Sie sind korrosionsfest, säurebeständig, wärmedämmend, haben ein geringes Gewicht und sind leicht zu bearbeiten. Nachteilig wirken sich folgende Eigenschaften aus: geringe Wärmebeständigkeit, geringe Festigkeit, sind zum Teil unbeständig gegen Lösungsmittel und brennbar. Auch die Entsorgung bereitet Probleme: Kunststoffe verrotten nicht, sind nur z. T. wiederverwertbar (Recycling), beim Verbrennen entstehen oft giftige Dämpfe.

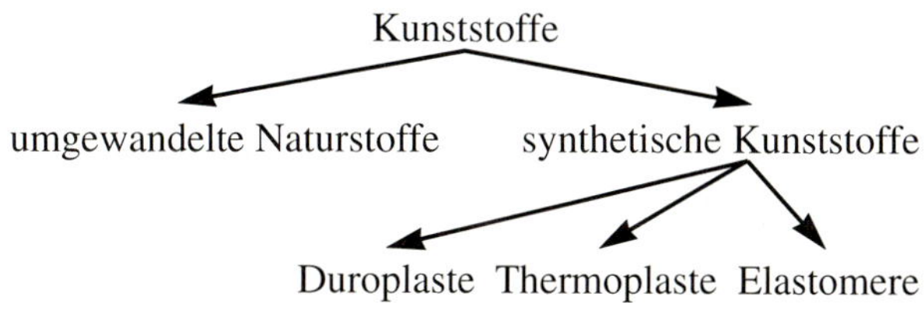

Umgewandelte Naturstoffe zählen zu den ältesten Vertretern der Kunststoffe. Ausgangsmaterial für die Herstellung ist immer ein organisches Naturprodukt, wie **Zellulose** oder **Kasein,** das von Haus aus durch Riesenmoleküle aufgebaut wird.

Stellt man aus Zellulose ungeleimtes Papier her und behandelt dieses in einer Zinkchloridlösung, so erhält man **Vulkanfiber.** Es ist ein pergamentartiges Produkt, das anschließend auf einer beheizten Stahltrommel verfilzt und gepreßt wird. Wegen der Verformbarkeit und Zähigkeit dient Vulkanfiber als Werkstoff für Bremsbeläge, Dichtungen und Koffer.

Zellulose dient auch der Erzeugung von **Zelluloid** und **Zellophan.** Im ersten Fall behandelt man Zellulose mit Nitriersäure, wodurch Nitrozellulose entsteht. Diese wird in Alkohol und Kampfer gelöst und schließlich ausgewalzt. In heißem Wasser wird Zelluloid leicht verformbar. Es ist besonders leicht entflammbar und dient zur Herstellung vieler Gebrauchsgegenstände. Zellophan wird durch Behandeln von Zellulose mit Natronlauge und Schwefelkohlenstoff erzeugt. In Form von Folien dient es vor allem Verpackungszwecken.

Aus dem Kasein des Käsereitopfens stellt man mit Formaldehyd **Galalith** (Kunsthorn) her. Dieses Material wird für Knöpfe und Kleinteile verwendet, die aber im Wasser quellen.

Synthetische Kunststoffe werden aus Erdöl, Erdgas, Kohle, Luft und Salz erzeugt. Nach ihrem Verhalten in der Wärme lassen sich zwei Hauptgruppen unterscheiden:

Duroplaste sind härtbare Kunststoffe. Sie sind vorerst bei Wärmeeinwirkung flüssig oder plastisch. Nach dem Aushärten bei ca. 150 bis 200° C oder nach einem Härterzusatz kann auch durch Erwärmen der plastische Zustand nicht wieder herbeigeführt werden. Alle Duroplaste sind klebbar, aber nicht schweißbar.

Thermoplaste sind nichthärtbare Kunststoffe. In der Wärme sind sie plastisch verformbar (meist ab 80 bis 135° C), beim Abkühlen werden sie wieder fest. Der plastische Zustand kann durch Erwärmen immer wieder herbeigeführt werden. Thermoplaste sind daher weniger temperaturbeständig. Sie sind mit wenigen Ausnahmen klebbar und schweißbar.

Elastomere: Lassen sich durch Krafteinwirkung um mehrere hundert Prozent elastisch verformen und nehmen dann wieder ihre ursprüngliche Form an. Sie sind nicht warm umformbar und nicht schweißbar.

Kunstmarmor → in d. Renaissance erster Kunststoff: Nagertopfen mit den Erden ... ist warm

Bakelit = Milch mit Formaldehyd ausgefällt, wird in Formen gepresst.

alle aus Eiweißen prod. Kunststoffe weichen + quellen in H_2O wenn länger einwirkt.

Duroplaste sind nicht durch Wärme wiederverformbar.

Thermoplaste (Plastomere)				
Werkstoff nach DIN 7728 T1	**Handelsname**	**Chemische Beständigkeit**	**Eigenschaften**	**Verwendung**
CA Celluloseacetat CAB, CP	Cellidor, Cellit, Cellan, Trolit	Benzin, Benzol, Trichlorethylen	hart, zäh, glasklar, einfärbbar, hohe Wasseraufnahme, geruch- und geschmackfrei, schalldämmend	bis 80° C, Brillengestelle, Folien, Gerätegehäuse, Werkzeuggriffe
PA Polyamide	Durethan, Rilsan, Ultramid, Vestamid, Nylon, Perlon	Alkohol, Kraftstoffe, Öle, schwache Laugen, Säuren, Salze	hart, sehr zäh, teilkristallin, abriebfest, gleitfähig, schall-, schwingungsdämpfend, maßbeständig	bis 100° C formbest., kurzzeitig bis 150° C, Druckschläuche, Feinwerktechnik, Lager, Fasern, Zahnräder
PC Polycarbonat	Makrolon, Makrofol, Lexan	Alkohol, Benzin, Öl, schwache Säuren	hart, steif, schlagfest, formstabil, glasklar, glänzend, elektr. Isolierung	bis 135° C, schlagzäh bis – 100° C, Gehäuse, Schalter, Stecker, Filme, Lacke
PE Polyethylen	Hostalen, Lupolen, Vestolen, Trolen	Laugen, Lösungsmittel, Säuren, keine Wasseraufnahme, witterungsbeständig	weich, flexibel (LDPE) bis steif, unzerbrechlich (HDPE), teilkristallin, durchscheinend bis milchig, geruchfrei	bis 80° C (LDPE), bis 100° C (HDPE), Behälter, Dichtungen, Hohlkörper, Folien, Isoliermaterial, Rohre
PJ Polyimide	Kapton, Vespel	fast alle Lösungsmittel (außer Laugen)	abriebfest, formbeständig, sehr gute Gleit- und elektrische Eigenschaften, geringste Gasdurchlässigkeit, strahlenbeständig	bis 280° C dauernd, bis 480° C kurzzeitig, bis – 240° C kältebeständig, Formgebung durch Sintern, Dichtungen, Lager
PMMA Polymethylmethacrylat	Degulan, Plexiglas, Resarit	schwache Laugen, Säuren, Benzin, witterungsbeständig	hart, spröde, splittert nicht, alterungsbeständig, transparent	bis 90° C, Modelle, Leuchten, Sicherheitsverglasungen, Zeichengeräte
POM Polyoxymethylen	Delrin, Hostaform, Ultraform	fast alle Lösungsmittel	hart, zäh, teilkristallin, maßbeständig, geringe Wasseraufnahme	bis 150° C, Armaturen, Beschläge, Lager, Zahnräder
PP Polypropylen	Hostalen PP, Luparen, Novolen, Vestolen P	ähnlich PE	hart, unzerbrechlich, formstabil, teilkristallin, geruch- und geschmackfrei	bis 130° C, versprödet unter 0° C, Batteriekästen, Geräteteile, Waschmaschinenteile
PS Polystyrol	Hostyron, Trolitul, Vestyron	Alkohol, Laugen, Öl, Säuren, Wasser	hart, spröde, steif, glasklar, glänzend, einfärbbar, geruch- und geschmackfrei	bis 80° C, Isolierfolien, Spielwaren, Verpackungen, Zeichengeräte

Thermoplaste (Plastomere)

Werkstoff nach DIN 7728 T1	Handelsname	Chemische Beständigkeit	Eigenschaften	Verwendung
SB Styrol-Butadien (PS schlagfest)	Hostyren, Polystyrol 400, Vestyron 500	wie PS	schlagfest, schwer zerbrechlich, Versprödung durch Licht, Wärme, sonst wie PS	bis 70° C, Behälter, Elektroinstallation, Geräte- und Tiefziehteile
SAN Styrol-Acrylnitril	Luran, Vestoran	ätherische Öle, sonst wie PS	sehr schlagzäh, steif, stabil, temperatur- und wechselbeständig	bis 95° C, Batteriekästen, Gerätegehäuse, Spielwaren
ABS Acrylnitril-Butadien-Styrol	Novodur, Terluran, Vestodur	besser als PS	alterungsbeständig, sonst wie SAN	bis 95° C, Armaturen, Batteriekästen, Schutzhelme
EPS Expandierbares PS	Styropor, Vestypor	wie SB	geringe Dichte, gute Schall- und Wärmedämmung	Platten für Wärme- und Schallschutz, Schwimmkörper, Verpackungen
PVC hart Polyvinylchlorid	Hostalit, Trosiplast, Vestolit, Vinnol, Vinoflex	Alkohol, Laugen, Säuren, Mineralöl	abriebfest, hornartig, zäh	bis 60° C, Rohre, Fittings, Folien, Hohlkörper, Batteriekästen
PVC weich Polyvinylchlorid	Acella, Mipolam, Skay, Vestolit	etwas geringer als PVC hart	abriebfest, gummi- bis lederartig, keine Wasseraufnahme	bis 80° C, Bekleidung, Bodenbelag, Folien, elektrische Isolierungen
PTFE Polytetrafluorethylen	Hostaflon, Teflon	beste Beständigkeit	hart, zäh, teilkristallin, keine Wasseraufnahme, sehr gute Gleit- und elektrische Eigenschaften, nicht benetzbar	bis 250° C, kältebeständig bis – 90° C, Formgebung durch Sintern, Beschichtungen, Dichtungen, Isolierfolien, Lager

17.12.03

Kunststoff ist billig, industriell leicht massenweise zu verarbeiten in jede beliebige Form zu gießen.
daher der große Erfolg.

Duroplaste (Duromere)

Werkstoff nach DIN 7728 T1	**Handelsname**	**Chemische Beständigkeit**	**Eigenschaften**	**Verwendung**
EP Epoxyd(-Harz)	Araldit, Epikote, Epoxin, Lekutherm, Uhu-plus	Alkohol, schwache Laugen, Säuren, Lösungsmittel, geringe Wasseraufnahme, witterungsbeständig	hart, zäh, schwer zerbrechlich, glasklar bis gelblich, gute Haft- und elektrische Eigenschaften, geruch- und geschmackfrei	bis 130° C, Gieß-, Laminier-, Kleb- und Lackharz, elektrische Isolierungen, Schalter, Geräte
PF Phenol-Formaldehyd	Alberite, Bakelite, Corephan, Luphen, Supraplast	schwache Laugen, Säuren, Lösungsmittel, Wasser	hart, spröde, gelbbraun, einfärbbar, gute elektrische Isolierung	bis 100° C, Schalter, Gehäuse, Kupplungs-, Bremsbeläge, Lager, Hartpapier, Schichtpreßholz, Gieß-, Kleb- und Laminierharz
PUR Polyurethan bei Verbrennung: DIOXIN	Bayflex, Contilan, Desmocoll, Lycra, Moltopren, Ultramid, Vulkollan	schwache Laugen, Säuren, Lösungsmittel, Öl, Treibstoffe	hart, zäh (Duroplast) bis weich, elastisch (Elastomer), abriebfest, gelblich, gute Haftfähigkeit, alterungsbeständig	Kupplungsbeläge, Lager, Laufrollen, Riemen, Zahnräder, Lack- und Klebharz, Schaumformteile Fensterrahmen
UF Harnstoff-Form. (-Harz) MF Melamin-Form.	Hornitex, Kaurit, Pollopas, Resamin, Resopal, Urecoll	Lösungsmittel, Öl	hart, schlagfest, glasklar, lichtecht, geruch- und geschmackfrei	MF bis 130° C, UF bis 90° C, Holzleim, Haushalts- und Küchengeräte, Möbelschichtstoffe
UP Ungesättigter Polyester	Aldenol, Laminac, Leguval, Palatal, Vestopal, Diolen, Trevira	schwache Laugen, Säuren, Lösungsmittel, witterungsbeständig	je nach Füllstoff hart, zäh bis weich elastisch, glasklar, glänzend, einfärbbar, gute Haft- und elektrische Eigenschaften	bis 120° C, Fasern, Textilien, Gieß-, Laminier-, Kleb- und Lackharz, Kunstharzbeton

Elastomere

Polybutadien (Buna)		öl- und lichtbeständig	gummielastisch, schwingungs- und schalldämmend, abriebfest	Fahrzeugreifen, Luftschläuche, Schutzklappen, Gummifedern, Dichtungen
Gummi		alterungsunbeständig		Weichgummi: Schläuche, Dichtungen, Keilriemen, Membranen. Hartgummi: Batteriekästen
Siliconkautschuk		beständig gegen Alterung und Öl		Dichtungen, elektrische Kabel

Thermoplaste – Wärmeverhalten

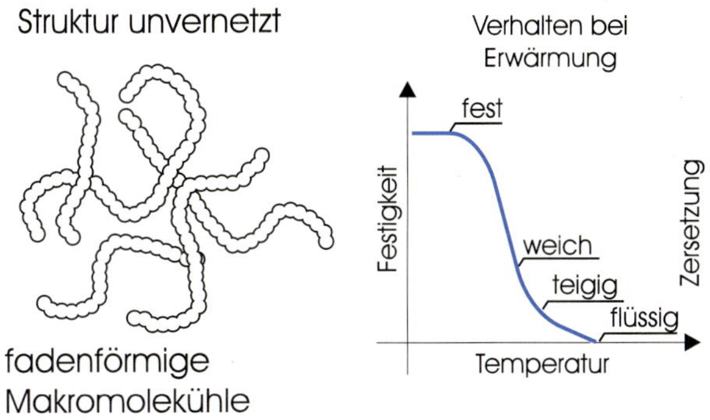

Duroplaste – Wärmeverhalten

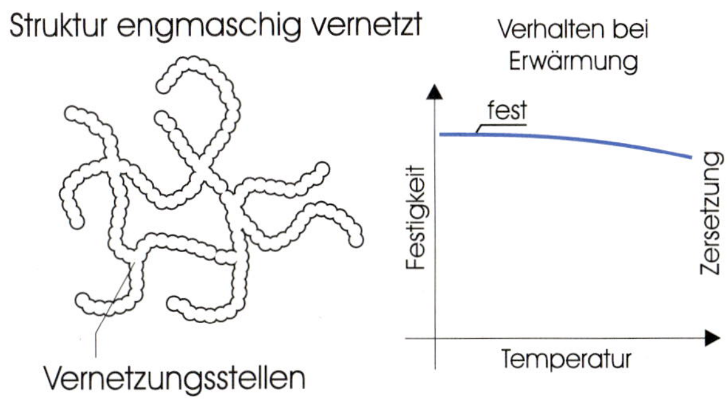

Elastomere – Wärmeverhalten

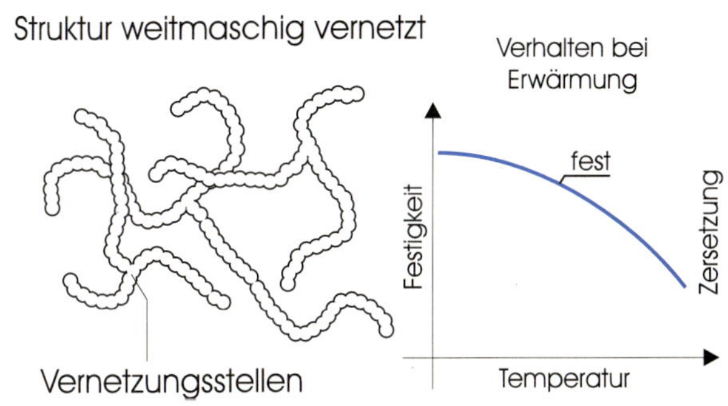

Verbundwerkstoffe sehr oft verwendet.

Sie bestehen aus mehreren Einzelstoffen, die zu einem neuen Werkstoff verbunden sind. Im Verbundwerkstoff werden die gewünschten Eigenschaften mehrerer Einzelwerkstoffe vereinigt (z. B. Festigkeit, Härte, Elastizität, Verschleißfestigkeit, Korrosionsbeständigkeit usw.), die unerwünschten werden ausgeschaltet oder überdeckt. Die Einzelmoleküle liegen unverändert vor. Dazu gehören z. B. glasfaserverstärkte Kunststoffe, Hartmetalle und Schleifscheiben.

Legierungen gehören nicht zu den Verbundwerkstoffen. Durch das Verschmelzen sind die Legierungselemente so fein, daß sie praktisch nicht mehr erkennbar sind.
Verbundwerkstoffe bestehen aus dem Verstärkungsmittel (z. B. Glasfaser) und der Bindung oder Matrix (Epoxid- oder Polyesterharz, Weichkeramik oder Metallbindung).

Einteilung und Verwendung von Verbundwerkstoffen

Faserverstärkte Verbundwerkstoffe: Sie bestehen aus Glasfasern oder Kohlenstoffasern, die in Kunstharz gebunden sind. Glasfaserverstärkte Verbundwerkstoffe (GFK) werden für Sportgeräte (Skier, Boote, Maste, Tennisschläger), im Flugzeug- und Maschinenbau, für Karosserieteile, für Behälter und Silos verwendet. Kohlenstofffaserverstärkte Verbundwerkstoffe (CFK) werden für Spezialanfertigungen eingesetzt (z. B. bei Rennfahrzeugen).
Teilchenverstärkte Verbundwerkstoffe: Füllstoffe, wie Gesteins- oder Holzmehl, Papier- oder Holzschnitzel, Textilfasern, werden mit Kunstharzen gebunden. Verwendung für Hebel, Griffe, Isolierkörper. Schleifscheiben bestehen aus Korund, Siliciumcarbid oder Diamantsplittern; das Bindemittel kann aus Kunststoff, Keramik oder Metall sein. Hartmetalle bestehen aus Carbid in einer metallischen Bindung (Kobalt oder Nickel). Sie werden für Bohrer, Spikes, Schneidmesser oder andere Verschleißteile verwendet.
Schichtverbundwerkstoffe: Schichtpreßholz, Hartpapier oder Hartgewebe sind Holzfurniere, Papier oder Gewebebahnen, die in Kunstharz getränkt und gepreßt sind. Schichtpreßholz wird in der Möbelindustrie, Hartpapier als Isoliermaterial und Hartgewebe für Lagerschalen und Zahnräder verwendet. Bimetalle sind zwei dünne, verschiedenartige Blechstreifen, die aufeinandergewalzt und dabei verschweißt werden. Sie finden Verwendung als Thermometer und temperaturabhängige Schaltautomaten.

5. Maschinenelemente

Bei allen Maschinen und Apparaten findet sich eine große Anzahl gleicher Bauteile. Aus Gründen einer rationellen Fertigung werden gebräuchliche Größen, Abmessungen, Werkstoffe, Anschlußmaße und Toleranzen in Normen (ÖNORM und DIN-NORM) zusammengefaßt.

Maschinenelemente

- **Verbindungselemente**
  - Lösbare Verbindungen
    - Schrauben
    - Muttern
    - Schraubensicherungen
    - Keile und Federn
    - Bolzen und Stifte
  - Unlösbare Verbindungen
    - Nieten
    - Löten
    - Kleben
    - Schweißen
- **Bewegungselemente**
  - Achsen und Wellen
  - Lager
  - Kupplungen
  - Getriebe
  - Riemen- und Kettentriebe

5.1. Verbindungselemente

Sie verbinden zwei oder mehrere Bauteile lösbar oder unlösbar miteinander.

a) Lösbare Verbindungen

Schrauben und Muttern dienen zur festen Verbindung von Maschinenteilen (Befestigungsschrauben) sowie zur Umwandlung einer Drehbewegung in eine Längsbewegung (Bewegungsschrauben), wie z. B. Gewindespindeln von Pressen, Drehbänken usw.

Schraubenverbindungen entstehen durch Verschraubung eines Außengewindes mit einem Innengewinde.

Wichtige Gewindearten

Gewinde	Flankenwinkel	Maßangabe	Beispiel
Metrisches ISO-Gewinde	60°	Gewindeaußen-Ø in mm	M 8
Whitworth-Rohrgewinde	55°	Gewindeaußen-Ø in Zoll	R ½

Zur handwerklichen Herstellung von Außengewinden werden Schneideisen mit Schneideisenhalter verwendet. Innengewinde werden mit einem Satz von drei Gewindebohrern (Vor-, Mittel- und Fertigschneider), die in ein Windeisen gespannt werden, geschnitten. Für Innengewinde wird zuerst ein Kernloch gebohrt. Der Durch-

Metrisches ISO-Gewinde Regelgewinde nach DIN 13 T 1

Gewinde-Nenn-Ø	Steigung	Flanken-Ø	Kern-Ø		Gewindetiefe		Kernloch Ø
			Bolzen	Mutter	Bolzen	Mutter	
$d = D$	P	$d_2 = D_2$	d_3	D_1	h_3	H_1	
M1	0,25	0,838	0,693	0,729	0,153	0,135	0,75
M1,2	0,25	1,038	0,893	0,929	0,153	0,135	0,95
M1,6	0,35	1,373	1,170	1,221	0,215	0,189	1,25
M2	0,4	1,740	1,509	1,567	0,245	0,217	1,6
M2,5	0,45	2,208	1,948	2,013	0,276	0,244	2,05
M3	0,5	2,675	2,387	2,459	0,307	0,271	2,5
M4	0,7	3.545	3,141	3,242	0,429	0,379	3,3
M5	0,8	4,480	4,019	4,134	0,491	0,433	4,2
M6	1	5,350	4,773	4,917	0,613	0,541	5
M8	1,25	7,188	6,466	6,647	0,767	0.677	6,8
M10	1,5	9,026	8,160	8,376	0,920	0,812	8,5
M12	1,75	10,863	9,853	10,106	1,074	0,947	10,2
M16	2	14,701	13,546	13,835	1,227	1,083	14
M20	2,5	18,376	16,933	17,294	1,534	1,353	17,5
M24	3	22,051	20,319	20,752	1,840	1,624	21
M30	3,5	22,727	25.706	26,211	2,147	2,894	26,5
M36	4	33,402	31,093	31,670	2,454	2,165	32
M42	4,5	39,077	36,479	37,129	2,760	2,436	37,5
M48	5	44,752	41,866	42,587	3,067	2,706	43
M56	5,5	52,428	49,252	50,046	3,374	2,977	50,5
M64	6	60,103	56,639	57,505	3,681	3,248	58

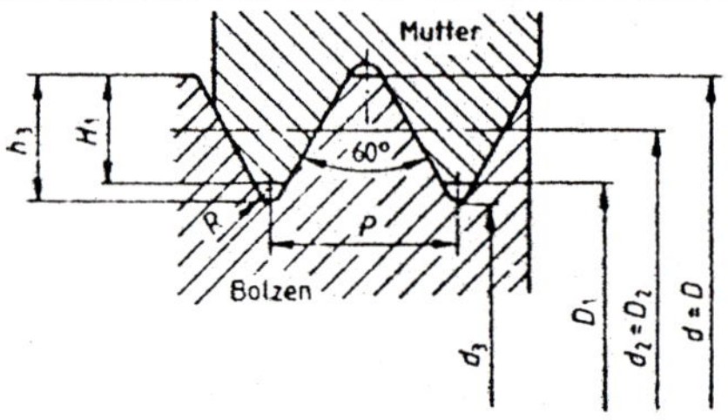

Nenndurchmesser $d = D$
Steigung P
Flankenwinkel $60°$
Flankendurchmesser $d_2 = D_2 = d - 0{,}6495 \cdot P$

Kerndurchmesser: Bolzen $d_3 = d - 1{,}2269 \cdot P$
Mutter $D_1 = d - 1{,}0825 \cdot P$
Gewindetiefe: Bolzen $h_3 = 0{,}6134 \cdot P$
Mutter $H_1 = 0{,}5413 \cdot P$

Gewindebohren

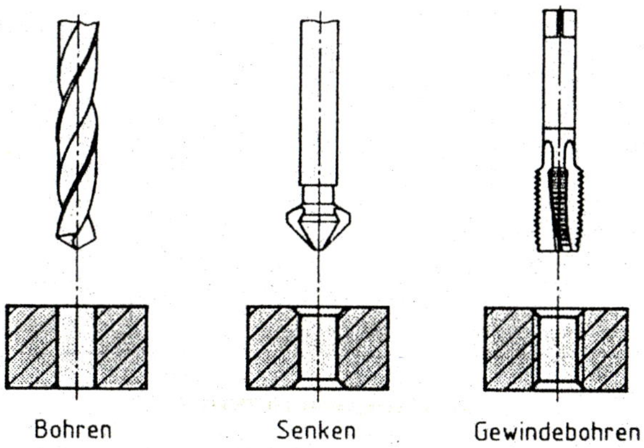

messer des Kernlochbohrers soll ca. 85% des Gewindeinnendurchmessers betragen. Maschinengewindebohrer schneiden in einem Arbeitsgang ein fertiges Gewinde.

Gewindeschneidewerkzeuge

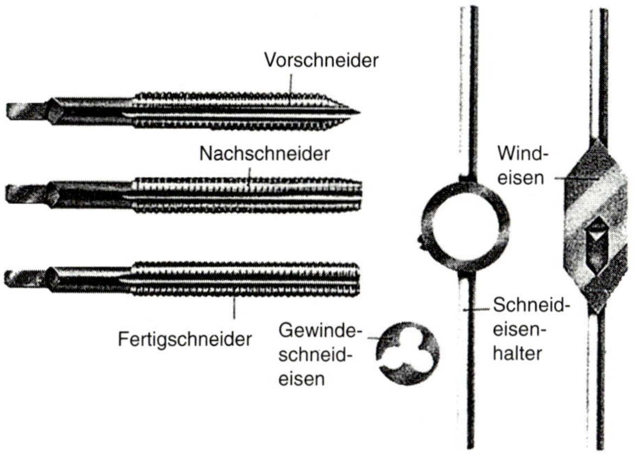

Schraubenbezeichnung für Sechskantschrauben DIN 931 – z. B.: Metrisches Gewinde, Gewindenenndurchmesser = 8 mm, Länge = 50 mm, Festigkeitsklasse = 8.8. Sechskantschraube DIN 931 – M8 x 50 – 8.8

Festigkeitsklassen							
3.6	4.6	5.6	6.8	8.8	9.8	10.9	12.9

Die Festigkeitsklasse wird durch zwei Zahlen, z. B. 8.8 (acht Punkt acht), angegeben. Zur Berechnung der Mindestzugfestigkeit in N/mm² wird die erste Zahl mit 100 multipliziert. Die Mindeststreckgrenze in N/mm² wird durch Multiplizieren der ersten Zahl mit dem 10fachen Wert der zweiten Zahl errechnet.

Beispiel: 8.8

Mindestzugfestigkeit = 100.8 N/mm² = 800 N/mm²

Mindeststreckgrenze = 8.10.8 N/mm = 640 N/mm²

Kennzeichnung der Festigkeitsklassen bei Schrauben

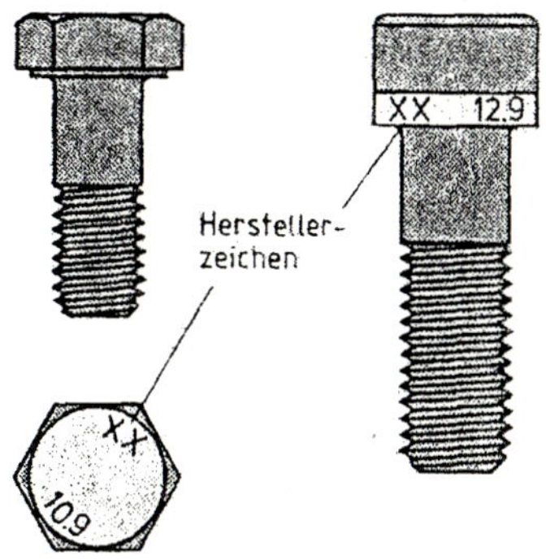

Schrauben und Muttern aus Stahl sind mit Festigkeitsklassen und Herstellerzeichen am Kopf bzw. auf der Mutter gekennzeichnet.

Übersicht über Schraubenarten

Bild	Benennung	DIN	Bild	Benennung	DIN	Bild	Benennung	DIN
	Sechskant-schraube	931 933 960 961	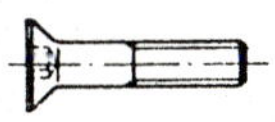	Senkschraube mit Innensechskant	7991	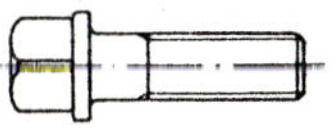	Vierkant-schraube	478 479 480
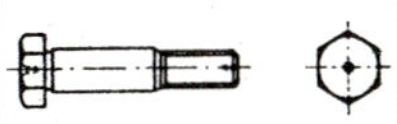	Sechskant-Paßschraube	609	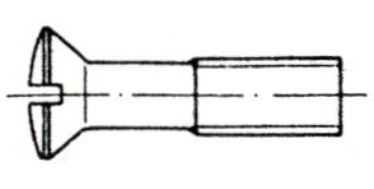	Linsensenk-schraube mit Schlitz	964	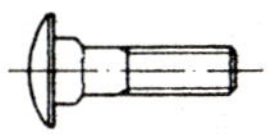	Flachrund-schraube mit Vierkant (Torbandschraube)	603
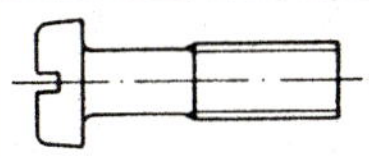	Zylinder-schraube mit Schlitz	84		Linsensenk-schraube mit Kreuzschlitz	966	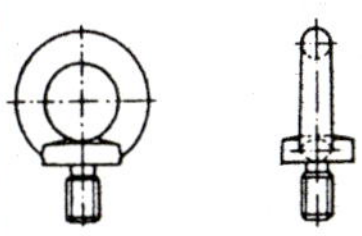	Ringschraube	580
	Gewindestift	417 438 551 553 913 914 915 916		Stiftschraube	835 938 939		Blechschraube	7971 7972 7973 7981 7982 7983
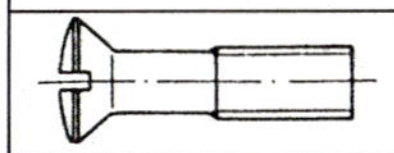	Senkschraube mit Schlitz	963	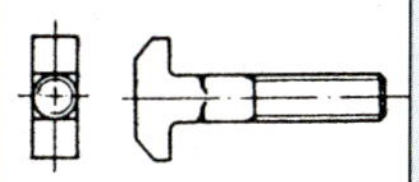	Hammer-schraube mit Vierkant	186			
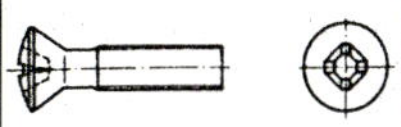	Senkschraube mit Kreuzschlitz	965	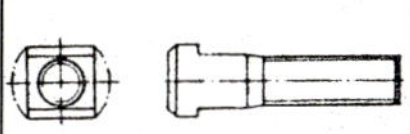	T-Nuten-schraube	787	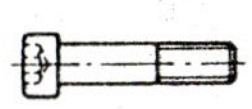	Zylinderschrau-be mit Innen-sechskant	912 7984

↳ Inbus

Verwendung

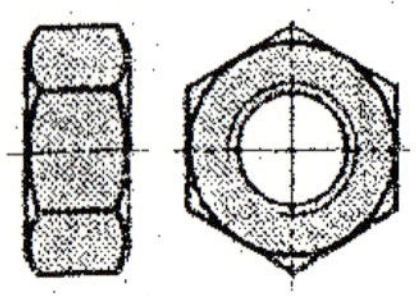

Sechskantmutter

In Verbindung mit Sechskantschrauben, Schlitzschrauben und Stiftschrauben

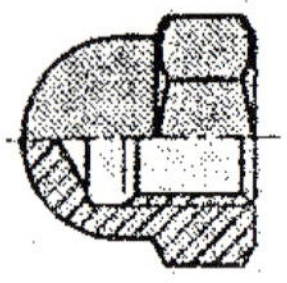

Hutmutter

Verhindern das Beschädigen des Gewindeendes; schützen vor Verletzung durch scharfe Schraubenenden; schließen die Verschraubung nach außen dicht ab

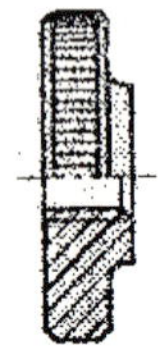

Rändelmutter

Wenn die Schraubenverbindung oft von Hand gelöst werden muß, z. B. bei Vorrichtungen

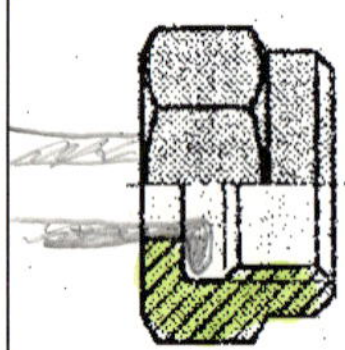

Überwurfmutter

Für Rohrschraubungen

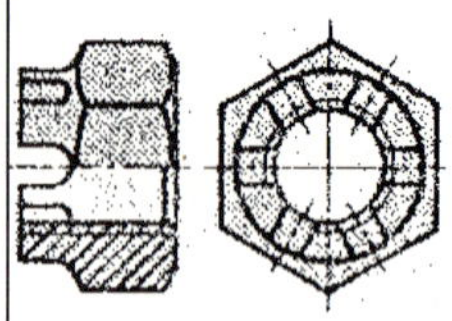

Kronenmutter

Wenn die Schraubenverbindung mit Splinten gesichert werden soll.

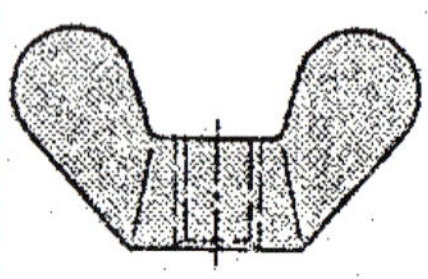

Flügelmutter

Wenn die Schraubenverbindung oft gelöst werden muß, z. B. bei Vorrichtungen

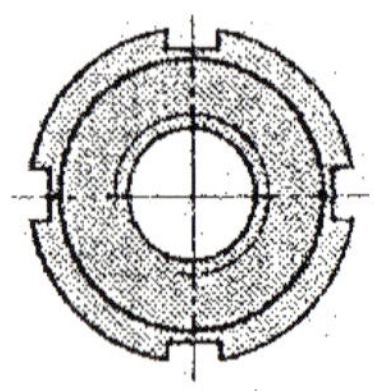

Nutmutter

Zum Ein- und Nachstellen des axialen Spiels und zum Befestigen von Wälzlagern auf Wellen

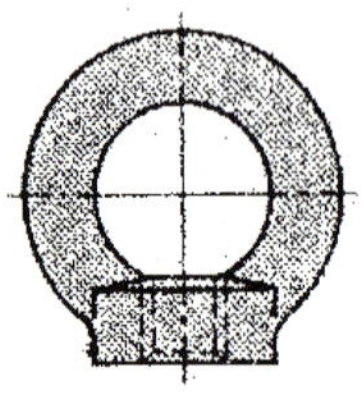

Ringmutter

Als Ösen zum Transport von Maschinen

Schraubensicherungen dienen gegen selbsttätiges Lockern, wenn Schraubenverbindungen Stößen, Erschütterungen und Schwingungen ausgesetzt sind. Dazu zählen: Sicherungsblech, Federring, Splint, Gegenmutter, Zahnscheibe, Drahtsicherung, Kronenmutter mit Splint, Mutter mit Kunststoffring, Fächerscheibe.

Schraubensicherungen

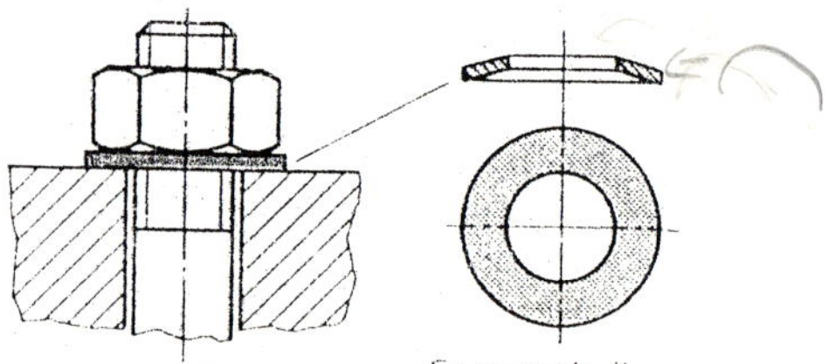

Spannscheibe bzw. Tellerfeder

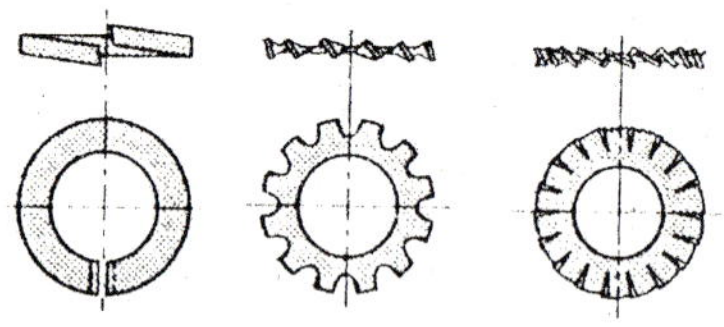

Federring Zahnscheibe Fächerscheibe

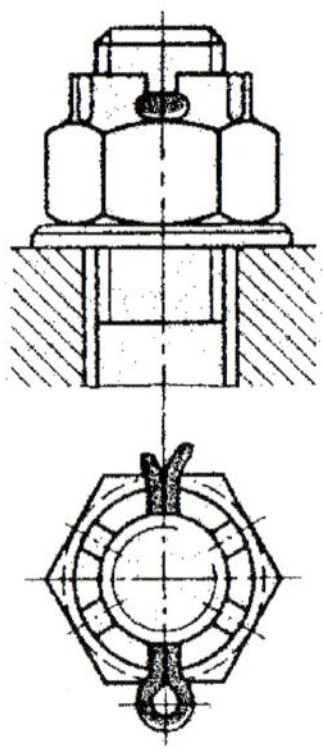

Kronenmutter mit Splint

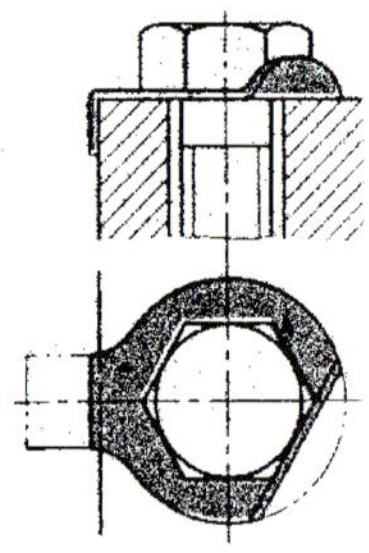

Sicherungsblech

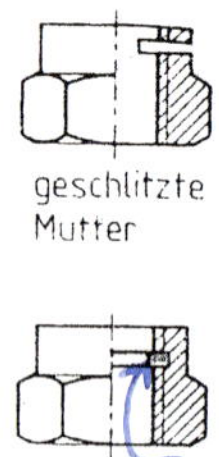

geschlitzte Mutter

Mutter mit Kunststoffring

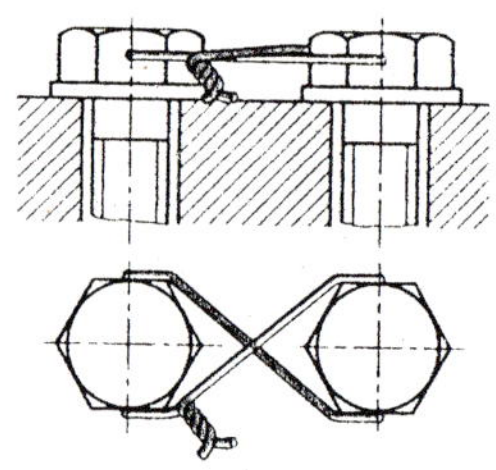

Drahtsicherung

Keile und Federn dienen zum Verbinden von Naben auf Wellen.

Die Klemmwirkung von Keilen entsteht durch die Neigung der Keilrückenfläche (schiefe Ebene). Federn haben parallele Flächen, die nur an den Seitenflächen tragen.

1 Bolzen mit Seegerring, 2 Spannstift, 3 Federverbindung, 4 Nasenkeil, 5 Treibkeil, 6 Scheibenfeder

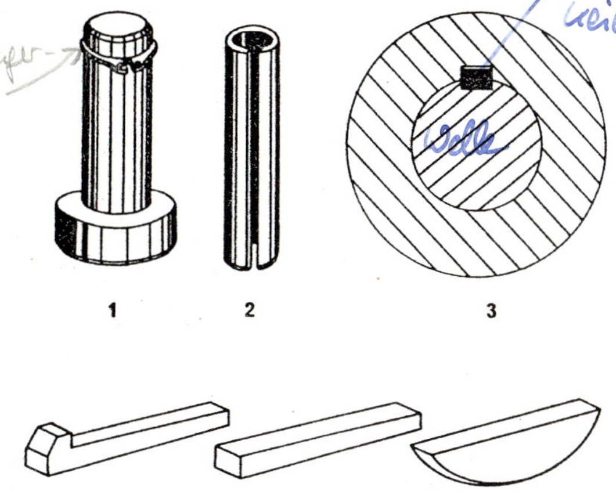

Bolzen und Stifte sichern die gegenseitige Lage zweier oder mehrerer Teile beim Auftreten von Querkräften und verbinden Naben von Hebeln, Hand- und Zahnrädern mit Wellen.

Bolzen müssen gegen Auswandern durch Splinte oder Seegerringe gesichert werden. Spannstifte halten durch Reibung von selbst. Sie sind durchgehend längsgeschlitzte Hohlzylinder aus Federstahl. Beim Einschlagen ist auf die richtige Länge des Längsschlitzes in Richtung der einwirkenden Kräfte zu achten, weil sonst der Spannstift leicht zusammengedrückt werden kann (Schlitz auf entgegengesetzte Seite der Kraftrichtung).

b) Unlösbare Verbindungen

Nieten

Nieten verbinden durch Stauchen des Nietschaftes und Formung eines Schließkopfes zwei oder mehrere Teile unlösbar miteinander.

Nieten

Halbrundniet DIN 660	Senkniet DIN 661
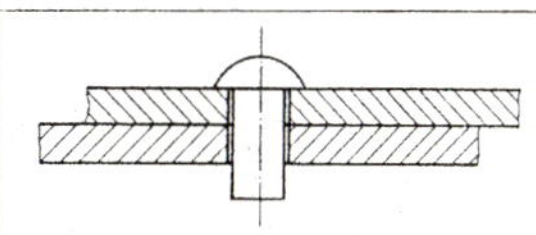	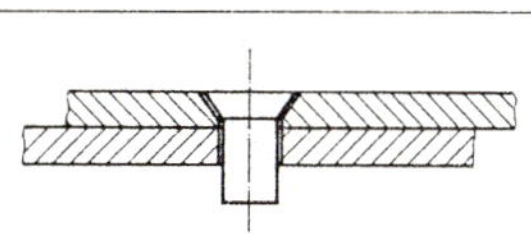
Verwendung: Stahlbau, Brückenbau, Kesselbau etc.	**Verwendung:** Wenn die Oberfläche glatt sein muß, z. B. Luken, Klappen, Türen etc.

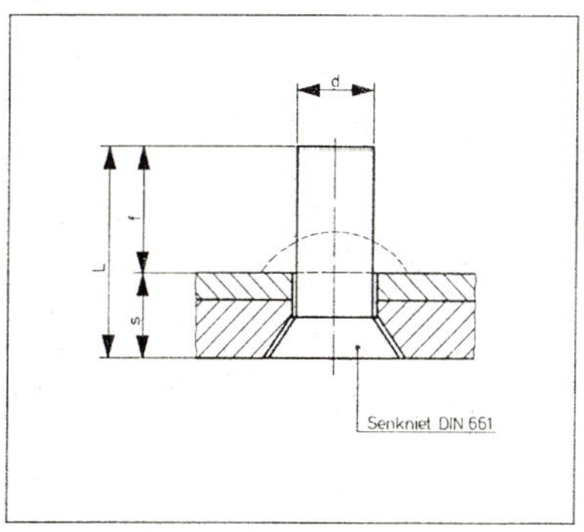

Der Senkniet mit Halbrund-Schließkopf

L = Rohlänge in mm
s = Klemmdicke (Anzahl der Blechdicken in mm)
f = Nietüberstand (daraus wird der Schließkopf geformt)

f = 1,5 x d (mm)

L = s + f

L = s + (1,5 x d)

Der Senkniet mit Senkschließkopf

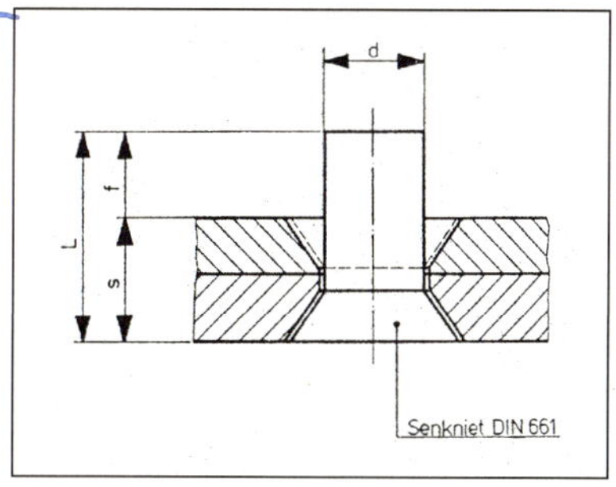

f = 0,8 x d (mm)

L = s + f

L = s + (0,8 x d)

Nietformen: Halbrundniet, Senkniet, Blindniet. Halbrundnieten werden im Stahl-, Brücken- und Kesselbau verwendet, Senknieten dort, wo glatte Oberflächen verlangt werden: Mähmesser, Luken, Türen usw. Hohlnieten werden verwendet, wenn kein Gegenhalter angesetzt werden kann, z. B. bei Rohren, Blechen.
Nietmaterial: Stahl, Kupfer, Aluminium.
Nietbezeichnung: L = Nietlänge, s = Klemmlänge, f = Nietzugabe (zum Stauchen und zur Formung des Schließkopfes).

Nietvorgang: Die zu verbindenden Teile zusammenspannen und gemeinsam durchbohren. Beim Einsetzen der Nieten die richtige Nietschaftlänge auswählen.

Handnietung:

1. Mit Nietenzieher Bleche zusammendrücken
2. Stauchen des Nietschaftes mit Hammer und anschrägen
3. Ausformen des Schließkopfes mit Kopfformer

Lösen der Nietverbindung: Bei Halbrundnieten Abbohren, Abscheren oder Abfeilen des Nietkopfes, Ausbohren des Senkkopfes bei Senknieten.

Arbeitsgänge beim Nieten

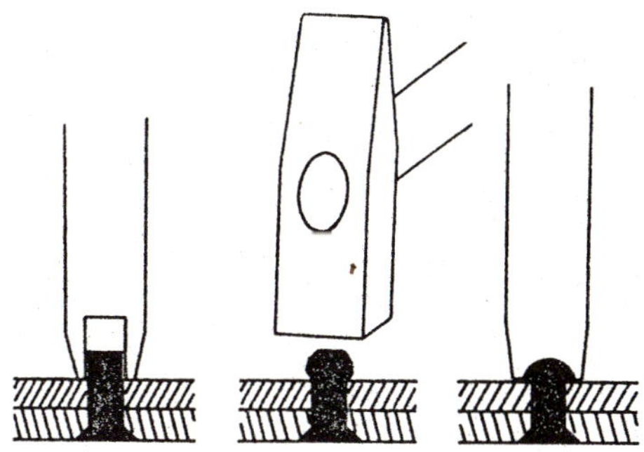

Löten

Die zu verbindenden Teile werden mit Gasflamme, Lötkolben oder Schweißbrenner so weit erhitzt, daß das Lot auf der vorgewärmten Lötstelle zu schmelzen (fließen) beginnt. Im Gegensatz zum Schweißen ist es beim Loten moglich, verschiedene Metalle, z. B. Kupfer und Stahl, miteinander zu verbinden. Löten eignet sich besonders zur Verbindung dünnwandiger Werkstücke (Bleche). Neben dem Weichlöten ist wegen der hohen Festigkeit das Hartlöten stark in Verwendung. Eine Lötstelle muß rein und fettfrei sein. Dies wird durch Zugabe von Flußmitteln erreicht.

Lötverfahren

Lötverfahren	Weichlöten	Hartlöten
Arbeitstemperatur	unter 450° C	über 450° C
Erwärmung	Gasflamme, Lötkolben, Schweißbrenner	Schweißbrenner, Lichtbogen
Flußmittel	Lötwasser, Lötfett, Lötöl, Kolophonium (natürlich)	fluor- und borhaltige (Borax)
Anwendung	Dachrinnen, Bleche, Kupferrohre, elektrische Kabel	bei Verwendung von dicken Materialien, bei Stahl, Guß
Lotzuführung	angesetztes und eingelegtes Lot, Tauchlöten	

Hartlöten mit Schweißbrenner

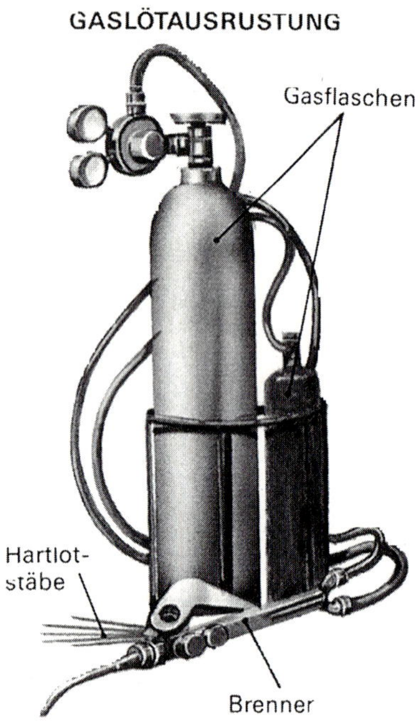

Kapillarwirkung beim Löten

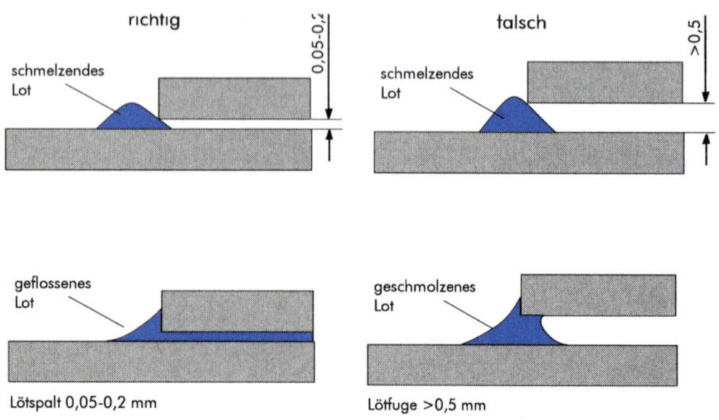

Weichlote für Schwermetalle:
L-PbSn40Sb (Bleilot) für Kühler, Karosserie
L-Sn60PbCu (Zinnlot) für Elektrogeräte
L-SnAg5 (Zinnlot) für Kupfer, Edelstähle

Weichlot für Leichtmetalle (Aluminium):
L-SnZn40 für Aluminium und Aluminium-Legierungen

Hartlote für Schwermetalle:
L-CuZn39Sn (Kupferlot) für Stahl, Guß, Kupfer, Kupfer-Legierungen, Nickel, Nickel-Legierungen
L-Ag20 (Silberlot, cadmiumfrei) für Stahl, Temperguß, Kupfer, Kupfer-Legierung, Nickel, Nickel-Legierung

Hartlot für Leichtmetall (Aluminium):

L-A l Si12 für Aluminium und Aluminium-Legierungen

Hartlöten mit Lichtbogen

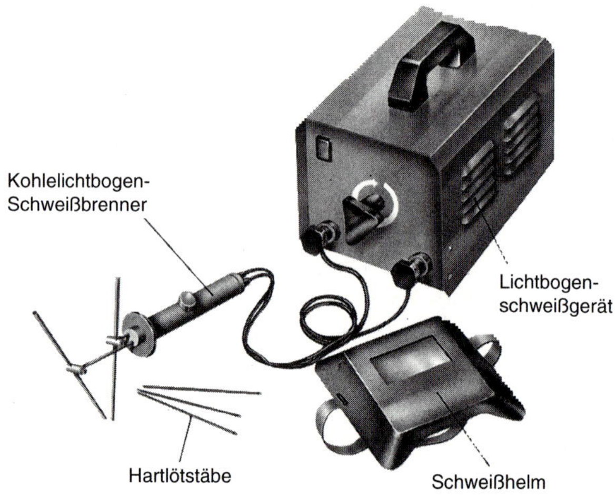

Kleben

> Kleben ist das Verbinden gleicher oder verschiedener Werkstoffe mit Hilfe eines Klebstoffes. Die Anwendung erfolgt bei Stahl, Glas, Gummi, Beton, Kunststoffen, Keramik und Holz. Eine Klebestelle muß rein und fettfrei sein.

Vorteile: Keine Spannungen und Verwerfungen, Beständigkeit gegen Öl, Benzin, Säure und Lauge, bei ca. 20° C verarbeitbar, billig und auch von Laien durchführbar.
Nachteile: Über 100° C läßt die Festigkeit nach, empfindlich gegen Schlag- und Biegebeanspruchung, volle Festigkeit wird erst nach 10 Minuten bis 40 Stunden erreicht.
Jeder Klebstoff besteht aus dem Bindemittel (Binder) und dem Härtemittel (Härter).
Zweikomponentenkleber: Binder und Härter sind in verschiedenen Behältern. Sie dürfen erst kurz vor der Verarbeitung gemischt werden (Epoxidharz, Acrylat, Polyurethan).
Einkomponentenkleber: Kein Härter notwendig, Binder und Härter sind bereits in einem Behälter fertig gemischt (Cyanacrylat, Phenolharz).
Nach der Auswahl des Klebemittels soll das Dosieren, Mischen und Auftragen genau nach Gebrauchsanleitung erfolgen.

Schweißverfahren

- **Schmelzschweißen**
  - **Lichtbogenschweißen**
    - **Metall-Lichtbogenschweißen**
    - **Schutzgasschweißen**
    - **Unter-Pulverschweißen**
  - **Gasschweißen**
- **Preßschweißen**
  - **Elektrisches Widerstandsschweißen**
    - **Punktschweißen**
    - **Nahtschweißen**
    - **Abbrennschweißen**

Schweißen

Schweißen ist das unlösbare Verbinden von meist gleichen Werkstoffen. Beim **Preßschweißen** werden die Nahtstellen bis zum teigigen Zustand erwärmt und unter Druck zusammengepreßt. Beim **Schmelzschweißen** dagegen werden die Nahtstellen ohne Druckanwendung bis zum Schmelzpunkt erwärmt. Schweißverbindungen haben sowohl in der Serienproduktion als auch bei Reparaturen große Bedeutung. Wegen der leichten Handhabung und der geringen Unfallgefahr hat sich in der Landwirtschaft besonders das Metall-Lichtbogen-Schweißen durchgesetzt.

Metall-Lichtbogenschweißen

Ein elektrischer Lichtbogen dient als Wärmequelle und brennt zwischen einer Elektrode und dem Werkstück. Durch die hohe Temperatur des Lichtbogens (ca. 4000° C) wird der Werkstoff an der Verbindungsstelle aufgeschmolzen. Gleichzeitig schmilzt die Stabelektrode als Zusatzwerkstoff ab und bildet eine Schweißraupe mit Schlacke.

Metall-Lichtbogenschweißen

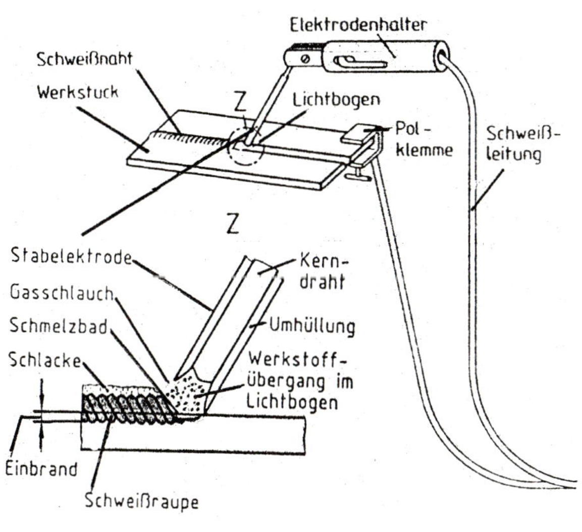

Schweißgeräte

a) **Schweißgeräte mit Gleichstromlichtbogen**

- **Gleichstrom-Schweißumformer:** Sie bestehen aus einem E-Motor und aus einem Gleichstromgenerator, die auf einer gemeinsamen Welle sitzen und in einem Gehäuse untergebracht sind. Sie werden hauptsächlich für Reparaturwerkstätten, in Gewerbe und Industrie eingesetzt.
- **Schweißgleichrichter:** Er besteht aus einem dreiphasigen Drehstromtransformator, der die hohe Netzspannung in eine niedere Schweißspannung umspannt. Im Sekundärkreis ist ein Gleichrichter nachgeschaltet, der den Wechselstrom in Gleichstrom umwandelt.

b) **Schweißgerät mit Wechselstromlichtbogen**

- **Schweißtransformator:** In ihm wird der Wechselstrom des Netzes mit hoher Spannung und niedriger Stromstärke (z. B. 400 V, 15 A) in einen Wechselstrom mit niedriger Spannung und hoher Stromstärke (z. B. 30 V, 120 A) transformiert.

Der Schweißtransformator (Trafo) ist im Verhältnis zu den anderen Schweißgeräten am billigsten, hat eine lange Lebensdauer und benötigt fast keine Pflege. Er hat den besten Wirkungsgrad und damit den geringsten Stromverbrauch.

Gleichstrom-Schweißumformer sowie Schweißgleichrichter werden mit Drehstrom (3 x 400 V oder 3 x 230 V) betrieben. Schweißtrafos werden mit Wechselstrom von 230 V oder 400 V (Licht- oder Kraftstrom) betrieben und einphasig angeschlossen.

Anforderungen an das Schweißgerät: Es soll einen ruhigen und elastischen Lichtbogen haben, sofortige Spannungsrückkehr bei Kurzschluß, gute Zündfähigkeit, Netzanschluß an 230 und 400 V, möglichst stufenlose Regulierung der Stromstärke, hohe Einschaltdauer.

Flinke Sicherungen sollten gegen träge Sicherungen ausgetauscht werden.

Stabelektroden bestehen aus dem Kerndraht und der Umhüllung. Der Kerndraht ist stromführend und ergibt als Zusatzwerkstoff die Schweißraupe. Die Umhüllung schmilzt mit dem Kerndraht ab und bildet auf der Schweißraupe die Schlacke. Die Umhüllung erleichtert die Elektrodenführung und verbessert die Qualität der Schweißnaht durch folgende Eigenschaften:

- Die Luftstrecke wird ionisiert und damit elektrisch leitend.
- Sie stabilisiert den Lichtbogen.
- Vom Schmelzbad werden Sauerstoff und Stickstoff ferngehalten.
- Langsames Abkühlen der Schweißnaht (Risse und Poren werden vermieden).
- Spezifische Mantelbestandteile bilden mit dem Kern eine Legierung.

Umhüllung von Elektroden

- sauerumhüllte Elektrode (A)
- rutilumhüllte Elektrode (R)
- basischumhüllte Elektrode (B)
- zelluloseumhüllte Elektrode (C)

Elektrodenkennziffern

Stabelektrode DIN 1913 –	E	43	2	2	RR(C)	6	110
	1	2	3	4	5	6	7

1 Kurzzeichen für Lichtbogenhandschweißen
2 Kennzahl für Zugfestigkeit und Streckgrenze in N/mm^2 (43 = 430–550 N/mm^2)
3 Kennziffer für Dehnung und Kerbschlagarbeit mind. 28 J
4 Kennziffer für erhöhte Kerbschlagarbeit mind. 47 J
5 Kurzzeichen für die Umhüllung – RR (C) = dick rutilzelluloseumhüllt
6 Kennziffer für die Klasseneinteilung
7 Ausbringung in % (angegeben über 100%)

Mechanische Gütewerte: Sie geben Aufschluß über Zugfestigkeit: Kennzahl 43 (51), d. h. 430–550 N/mm^2 (510–650 N/mm^2), Streckgrenze, Dehnung, Einschnürung, Kerbschlagzähigkeit und Härte.

Schweißposition: Ist die Lage des Werkstückes, in welcher die Zusatzwerkstoffe verschweißt werden können: f = fallend, h = horizontal, q = Quernaht, s = senkrecht steigend, w = Wannenlage, ü = über Kopf verschweißbar.

Schweißnahtformen: Bei der **I-Naht** werden die Kanten nicht behandelt: einseitige Schweißung für Blechstärken bis 4 mm, zweiseitige Schweißung für Blechstärken bis 8 mm. Die Spaltgröße soll dem Elektrodenkerndurchmesser entsprechen (1 bis 3 mm). Bei der **V-Naht** werden die Kanten v-förmig abgeschliffen der Spaltwinkel beträgt 60°, die Blechstärke bei einseitiger Schweißung 3 bis 10 mm, bei beidseitiger Schweißung 3 bis 40 mm. Bei der **X-Naht** werden die Kanten x-förmig abgeschliffen und beidseitig geschweißt. Die Anwendung erfolgt bei Blechstärken über 10 mm. **Kehlnähte** (Winkelnähte) werden in der Wannen- und Zwangslage verschweißt.

Schweißnahtformen

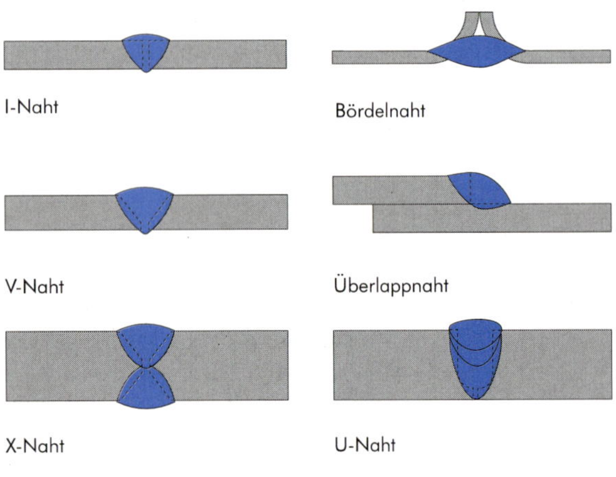

Für die richtige **Schweißstromstärke** gilt folgende Faustregel: Pro mm Elektrodenkerndurchmesser werden ca. 30 bis 40 A benötigt. Bei zu hoher Stromstärke beginnt die Elektrode zu spritzen, bei dünnen Werkstücken besteht die Gefahr des Durchbrennens. Zu niedrige Stromstärke bedeutet schlechten Einbrand, die Elektrode bleibt kleben.

Die Schweißstromstärke

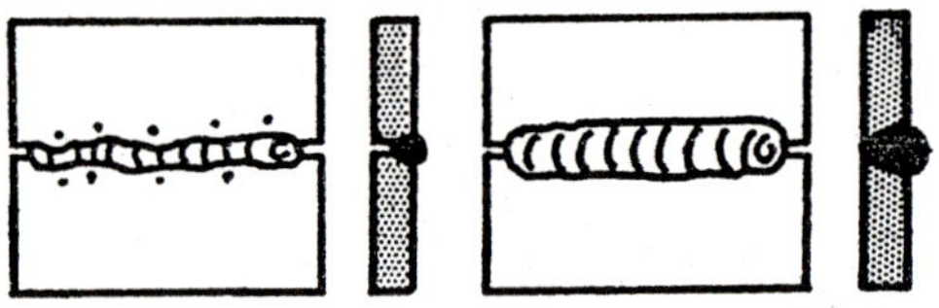

Schweißplatzausrüstung: Im Elektrodenhalter kann die Elektrode in verschiedenen Stellungen eingespannt werden. Das Griffstück und die Spannvorrichtung sind zum Schutz vor elektrischer Spannung isoliert. Schlackenhammer und Drahtbürste werden zum Entfernen von

Schweißwerkzeuge

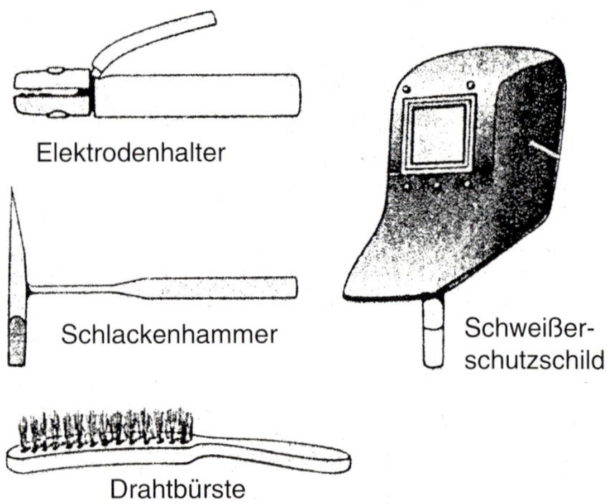

Schweißbarkeit von Stahl, Guß, Aluminium

Werkstoff	C-Gehalt	Schweißbarkeit
Unlegierter Stahl	unter 0,22% 0,22–0,35% über 0,35%	gut mittel schlecht
Legierter Stahl	0,5–1,7%	schlecht (Spezialelektroden)
Guß	2–5%	schlecht (Spezialelektroden)
Aluminium (Al-Legierungen)	—	schlecht (Spezialelektroden)

Grundregeln beim Elektroschweißen

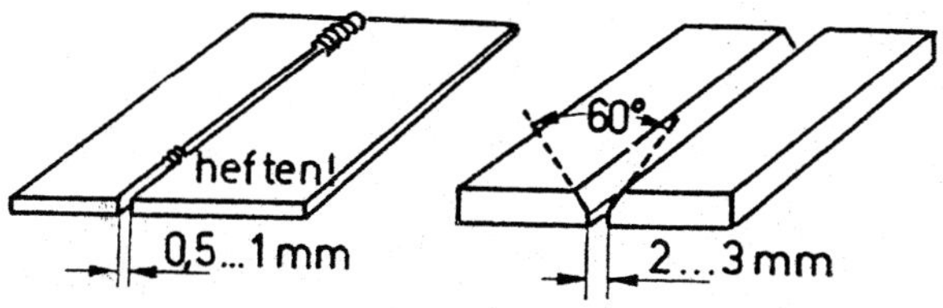

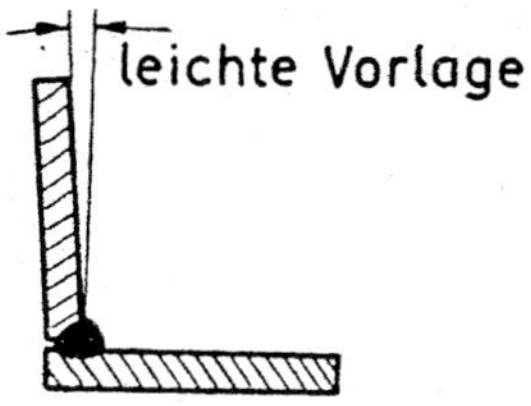

Schlacke und zum Reinigen der Schweißnaht verwendet. Der Schweißschutzschirm hat zum Schutz der Augen vor dem grellen Lichtbogen dunkle Spezialgläser der Schutzstufe 8 bis 12, denen Klargläser vorgesetzt sind. Schutzschirm, Handschuhe und Lederschürze schützen auch vor Strahlen, Funken und Verbrennungen. Kabel, Masseklemme und Schweißtisch ergänzen die Ausrüstung.

Schweißstoß: Das ist der unmittelbare Bereich, in dem die Teile durch Schweißen miteinander verbunden werden. Seine Art ist durch die konstruktive Anordnung der Teile zueinander bestimmt.

Schweißstoß

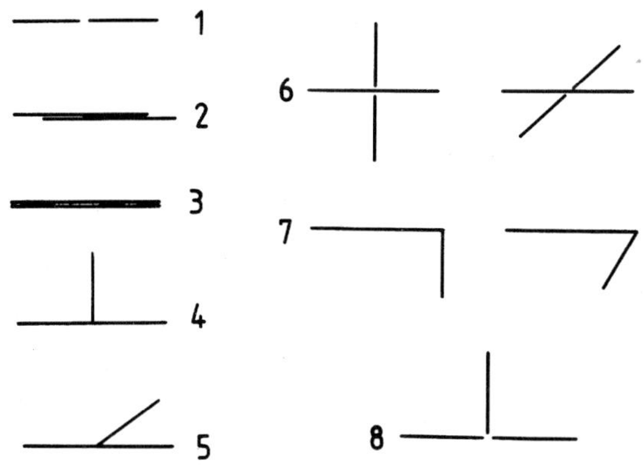

1 Stumpfstoß
2 Überlappstoß
3 Parallelstoß
4 T-Stoß
5 Schrägstoß
6 Kreuzstoß
7 Eckstoß
8 Mehrfachstoß

Materialbehandlung vor und nach dem Schweißen

Durch die hohen Temperaturen beim Schweißen (ca. 4000° C) treten Spannungen, Verwerfungen und Schrumpfungen auf, in den Übergangszonen kommt es zu Aufhärtungen. Durch entsprechendes Anwärmen vor und nach dem Schweißen kann das Material entspannt werden.

Unfallverhütung beim Schweißen

Der Anschluß von elektrischen Schweißgeräten darf nur von einem Elektrofachmann durchgeführt werden. Bei Reinigungsarbeiten am Gerät und bei Ortsveränderung ist der Stecker herauszuziehen. Behelfsmäßige Montagen sind verboten. Netz- und Schweißstromkabel sind gegen Überfahren zu schützen.

Leerlaufspannung: Das ist die Spannung des eingeschalteten, aber nicht belasteten Schweißgerätes. Aus Sicherheitsgründen darf sie bei Geräten mit Gleichstrom 113 V (bisher 100 V), bei Wechselstromgeräten 80 V (bisher 70 V) nicht überschreiten. Bei erhöhter Gefährdung (enge, feuchte Räume, Kesselschweißen) darf die Leerlaufspannung bei Wechselstromgeräten 48 V (bisher 42 V) nicht übersteigen.

Während des Schweißvorganges sinkt die Spannung auf ungefährliche Werte (20 bis 30 V) ab.

Zum Schutz gegen den Schweißstrom sind vollisolierte Elektrodenhalter zu verwenden. Elektrodenzangen dürfen nicht unter den Arm geklemmt werden, eine direkte Berührung mit feuchter Unterlage und leitenden Bauteilen ist zu vermeiden.

Arbeitskleidung: Lederhandschuhe mit Stulpen, Lederschurz, feste Schuhe mit isolierender Sohle. Nicht mit bloßem Oberkörper oder aufgekrempelten Ärmeln arbeiten.

Schutz gegen UV-Strahlen: Schutzschirm mit Schutzgläsern angepaßter Schutzstufe verwenden: 1 bis 12 (8 bis 12). Die Schweißstelle ist abzuschirmen, bei Baustellenschweißung ist eine Tafel mit der Aufschrift: „Nicht in den Lichtbogen schauen!" anzubringen. Bei Schweißung in Räumen oder Behältern ist für eine ausreichende Absaugung und Belüftung zu sorgen. Das Schweißen von verbleiten, verzinkten oder mit Minium gestrichenen Teilen ist im Freien durchzuführen. Beim Entfernen der Schlacke wird die Naht mit dem Schutzschirm abgedeckt.

Brandverhütung: Behälter mit explosivem Gas-Luft-Gemisch müssen vor dem Schweißen gründlich gereinigt und mit Wasser, Wasserdampf, Stickstoff oder Kohlendioxyd gefüllt werden. Durch Funkenflug oder wegspritzende Metalltropfen (Spritzer) können Brände entstehen. Spritzer, die nicht mehr rotglühend, also bereits dunkel und scheinbar kalt sind, haben noch längere Zeit hindurch Temperaturen, die höher sind als die Entzündungstemperatur von Holz, Papier und Stoffen. Alle in der Nähe der Schweißstelle leicht brennbaren Gegenstände sind zu entfernen bzw. abzudecken. Kontrolliere die Schweißstelle nach Beendigung der Arbeit auf eventuelle Brandentstehung!

Schweiße nie im Freien bei Regen!

Reparaturen an Anhängerzuggabeln dürfen nur unter Verwendung genormter Stähle in kerbmilder Ausführung durchgeführt werden. Überlasse derartige Reparaturen dem Fachmann. Schweißungen am Auge von Anhängerzuggabeln sind verboten!

Schweißfehler

Schweißfehler	**Ursachen**	**Behebung**
Einbrandkerben	zu hohe Stromstärke, zu großer Elektrodenabstand, zu großer Elektrodendurchmesser,falsche Pendelbewegung, falsche Elektrodenhaltung, Blaswirkung	Randkerben ausschleifen, stärkere Kerben nachschweißen
Schlackeneinschlüsse	Schlackenvorlauf, ungenügendes Entfernen der Schlacke, zu niedrige Stromstärke, zu langsames Schweißen, falsche Nahtanordnung	Schlackeneinschlüsse ausschleifen und nachschweißen
Poren	rasche Abkühlung, feuchte Elektrodenumhüllung, zu langer Lichtbogen, zu kurzer Lichtbogen, falsche Polarität, falsches Ansetzen von basischen Elektroden	
Durchhängende Wurzellage	falsche Nahtvorbereitung, falsche Elektroden, zu hohe Stromstärke, falsche Elektrodenbewegung, falsche Schweißgeschwindigkeit	Naht abschleifen
Ungenügendes Durchschweißen	zu geringer Stegabstand zu niedrige Stromstärke	
Spritzer	zu hohe Stromstärke	
Unbefriedigendes Nahtaussehen	falsche Elektrodenbewegung, falsche Schweißgeschwindigkeit	

❑ Schutzgasschweißen

Das Wolfram-Schutzgasschweißen (WSG) arbeitet mit einer nicht abschmelzenden Wolframelektrode, das Metall-Schutzgasschweißen (MSG) hingegen mit einer abschmelzenden Drahtelektrode. Der Lichtbogen und das Schmelzbad werden bei beiden Verfahren durch ein Schutzgas, das durch den Schweißbrenner zugeführt wird, von der Atmosphäre abgeschirmt.

Schutzgasschweißverfahren (SG)

- **Wolfram-Schutzgasschweißen (WSG)**
  - **Wolfram-Inertgas-schweißen (WIG)**
  - **(Wolfram)-Plasma-schweißen (WP)**
- **Metall-Schutzgasschweißen (MSG)**
  - **Metall-Inertgas-schweißen (MIG)**
  - **Metall-Aktivgas-schweißen (MAG)**

WIG-Schweißen (Wolfram-Inert-Gas)
Als Lichtbogenträger dient eine nicht abschmelzende Wolframelektrode. Der abschmelzende Zusatzwerkstoff wird von Hand aus oder maschinell stromlos zugegeben. Als Schutzgas wird Argon, Helium oder ein Gemisch von beidem verwendet, das die Schweißstelle von den schädlichen Einwirkungen der Luft schützt.
Verwendung bei legierten Stählen und Nichteisenmetallen.

WIG-Schweißbrenner

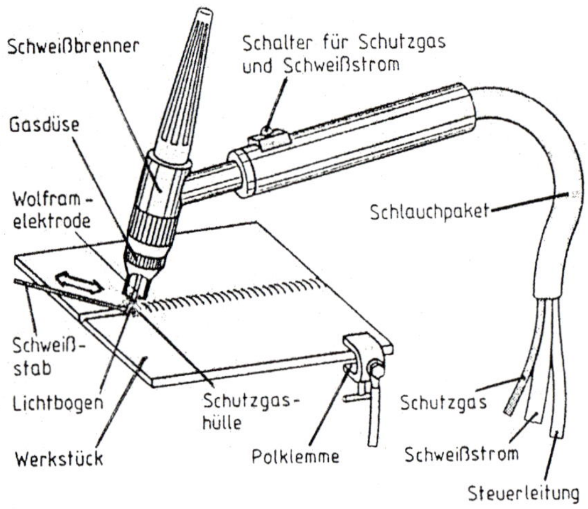

WP-Schweißen (Wolfram-Plasma-Schweißen)
Ein Plasmastrahl (= durch Lichtbogen hocherhitzte, elektrisch leitende Gassäule) dient als Wärmequelle. Ein Schutzgasmantel schützt vor der umgebenden Luft. Es können dicke Bleche getrennt, aber auch ohne Nahtfuge mit und ohne Zusatzwerkstoff geschweißt werden.

❑ Metall-Schutzgasschweißen

Ein Gleichstrom-Lichtbogen brennt zwischen einer positiv gepolten Drahtelektrode und dem Werkstück. Die Drahtelektrode dient als Lichtbogenträger und als Zusatzwerkstoff. Mittels eines Drahtvorschubgerätes wird der Schweißdraht mit der Geschwindigkeit seines Abschmelzens aus dem Schlauchpaket geschoben.
Je nach dem verwendeten Schutzgas unterscheidet man:
● MIG-Schweißen (Metall-Inert-Gas) mit Argon oder Helium (inert – reaktionsträge mit der Luft).
Verwendung beim Schweißen von Nichteisenmetallen, Aluminiumlegierungen und hochlegierten Stählen.

MIG-MAG-Schweißanlage

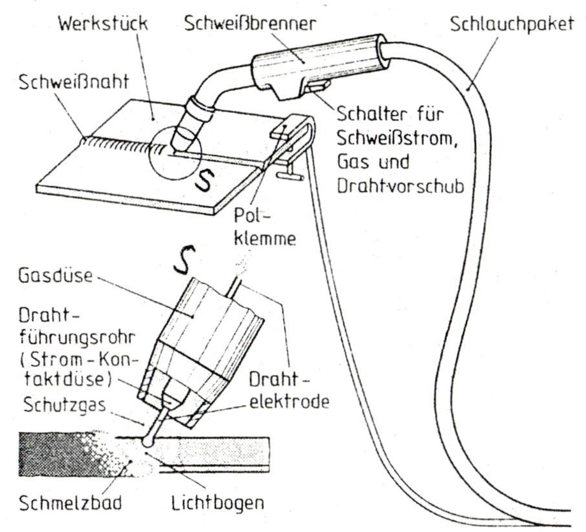

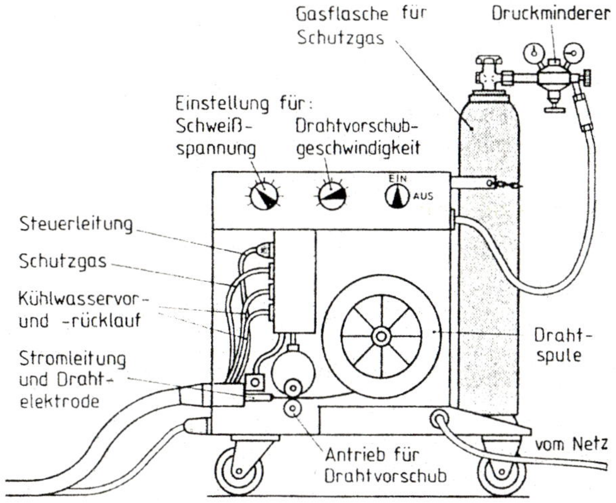

● MAG-Schweißen (Metall-Aktiv-Gas). Billige, reaktionsfähige Gase, wie CO_2 (MAGC) oder Mischgase aus Argon mit CO_2 oder O_2 (MAGM), werden dafür verwendet.

Einsatz: Beim Schweißen von unlegierten oder niedrig legierten Stählen, Dünnblechen.
Dünne Bleche oder große Schweißspalten werden mit dem Kurzlichtbogen (geringe Stromstärke), dicke Bleche mit dem Lang- oder Sprühlichtbogen (mittlere bis hohe Stromstärke) verschweißt.
Einstellung des Kurzlichtbogens: Richtiges Verhältnis von Drahtvorschubgeschwindigkeit zur Spannung ergibt ein gleichmäßiges Kurzschlußgeräusch: weicher, gleichmäßiger Knatterton.
Einstellung des Sprühlichtbogens: Bei richtigem Verhältnis von Drahtvorschubgeschwindigkeit zur Spannung entsteht ein summender bis rauschender Ton.
Arbeitsregel: Beim WSG-Schweißen soll eine Berührung der Wolframelektrode mit dem Werkstück oder dem Schweißstab vermieden werden. Das Schlauchpaket darf nicht geknickt werden, die Gasdüsen sollen regelmäßig von Schweißspritzern gereinigt werden. Schweißen im Freien ist nur schwer möglich, weil die Zugluft den Schutzgasmantel zerstört.

Gegenüberstellung von Metall-Schutzgasschweißen und Metall-Lichtbogenschweißen:

Schutzgasschweißen	Elektrodenschweißen
Einfaches Zündverhalten	Geringe Anschaffungskosten
Leichte Brennerführung	Graugußschweißen möglich
Keine Schlackenbildung	Größere Reichweite mit Kabeln
Gute Dünnblecheignung	Größere Wärmeeinbringung
Gute Fallnahteignung	Geringe Aufhärtungsgefahr
Geringer Verzug	Vielfalt an Zusatzwerkstoffen möglich
Kein Elektrodenwechsel	Schweißen im Freien möglich
Punkteignung	Beweglichkeit des Handkabels
	Keine Gaskosten
	Glatte Nähte

❑ **Gasschmelzschweißen** (Autogenschweißen)

Der zu schweißende Werkstoff wird mit einer Brenngas-Sauerstoff-Flamme als Wärmequelle zum Schmelzen gebracht. Als Zusatzwerkstoff wird ein Schweißstab aus diversen Stahlsorten verwendet. Als Brenngas wird Acetylengas (CH) verwendet. Der Sauerstoff wird für die Verbrennung des Acetylens in der Schweißflamme benötigt.

Arbeitsregeln: Die Sauerstoffflaschen müssen frei von Fett und Öl gehalten werden; Gasflaschen nur mit aufgeschraubter Schutzkappe transportieren; gegen Umfallen, Stoß und Erwärmung schützen. Im Druckminderer muß der Arbeitsdruck eingestellt werden: Sauerstoff 2,5 bar, Acetylen 0,25 bis 0,5 bar.

Gasschweißanlage

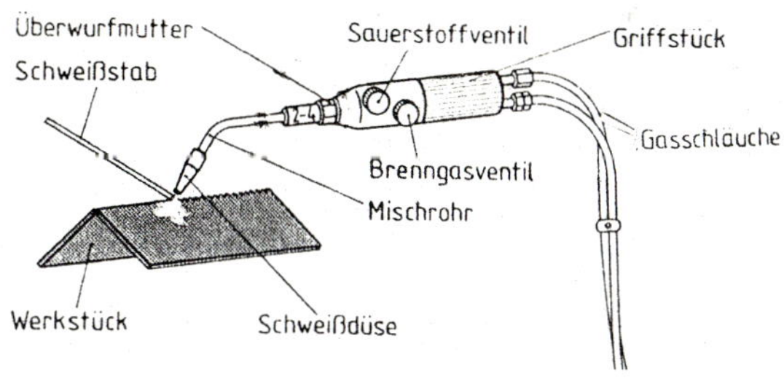

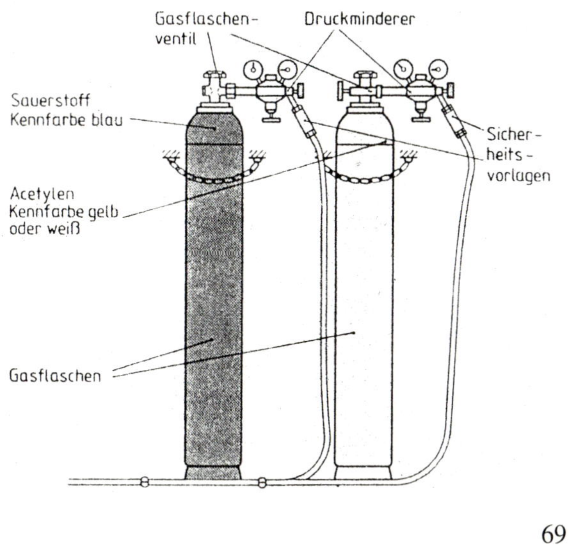

5.2 Bewegungselemente

Sie dienen zur Aufnahme und Übertragung von Kräften bzw. Drehmomenten. Dazu gehören: Achsen und Wellen, Lager, Kupplungen, Zahnradgetriebe, Riementriebe und Kettentriebe.
Achsen und Wellen werden zum Tragen von drehenden Maschinenteilen eingesetzt, wie z. B. Räder, Zahnräder, Riemenscheiben usw. Achsen werden auf Biegung, Wellen auf Biegung und Verdrehung beansprucht (Kurbelwelle, Gelenkwelle). Als Werkstoff wird legierter und gehärteter Stahl verwendet.

Gelenkwellen

Bei Landmaschinen werden oft Drehbewegungen auf ortsveränderliche Antriebe übertragen. Dazu eignen sich besonders Gelenkwellen. Normalgelenkwellen bestehen aus zwei Kardangelenken, wobei der Mittelteil als Schiebestück ausgebildet ist. Mit zunehmender Abwinkelung nimmt wegen der Reibungskräfte die Lebensdauer einer Gelenkwelle stark ab. Wird stärker als um 40° abgewinkelt, sollten Weitwinkelgelenkwellen mit doppelter Gelenkanzahl verwendet werden.

Die Wartung einer geschützten Gelenkwelle (Walterscheid)

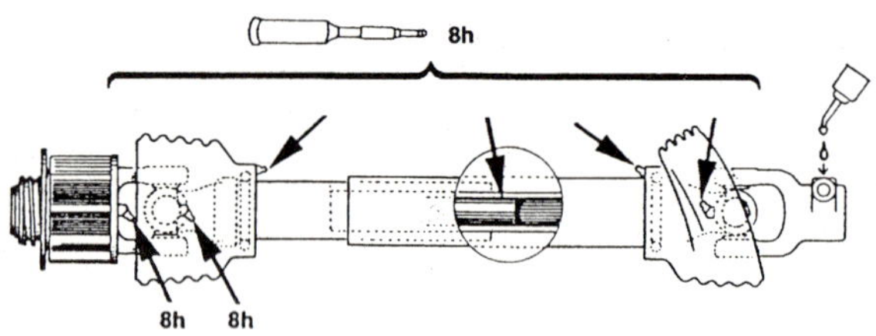

Gelenkwelle

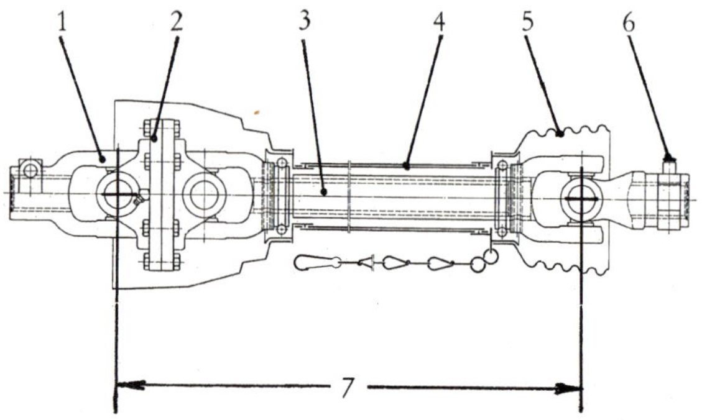

1 Gabel, 2 Weitwinkelgelenk, 3 Profilrohr, 4 Schutzrohr, 5 Schutztrichter, 6 Schiebestift, 7 Gelenkwellenlänge (Walterscheid)

Jede abgewinkelte Gelenkwelle überträgt Drehbewegungen nur dann ruckfrei, wenn die Gabeln des Mittelstückes in einer Ebene liegen, eine gerade Anzahl von Gelenken vorhanden ist und die Abwinkelungen an der Eingangs- und Antriebsseite gleich groß sind. Bei zapfwellengetriebenen Traktorgeräten ist diese Forderung nur dann erfüllt, wenn der Anhängepunkt in der Mitte der Gelenkwelle liegt.

Besonders wichtig ist der durch die Maschinen-Schutzvorrichtungsverordnung vorgeschriebene **Gelenkwellenschutz.** Um einen sicheren Berührungsschutz zu gewährleisten, wird der Mittelteil von Gelenkwellen durch ineinanderschiebbare Teleskoprohre abgedeckt. Diese Schutzrohre werden durch eine Kette gegen das Mitlaufen gesichert. Die Gelenke selbst müssen auch abgedeckt sein, häufig durch Trichter aus flexiblem Kunststoff. Das Gesetz schreibt auch eine Abdeckung der Antriebswellenstummel durch ein Blechschild vor.

Lager

Lager stützen drehende Maschinenteile, wie Achsen und Wellen am Maschinengehäuse oder Rahmen, ab. Bei Radiallagern treten die Kräfte senkrecht zur Wellenmitte auf, bei Axiallagern wirken sie in der Längsrichtung der Welle. Gleitlager können nur radiale Kräfte aufnehmen, Wälzlager sowohl radiale als auch axiale Kräfte.

Gleitlager und Wälzlager

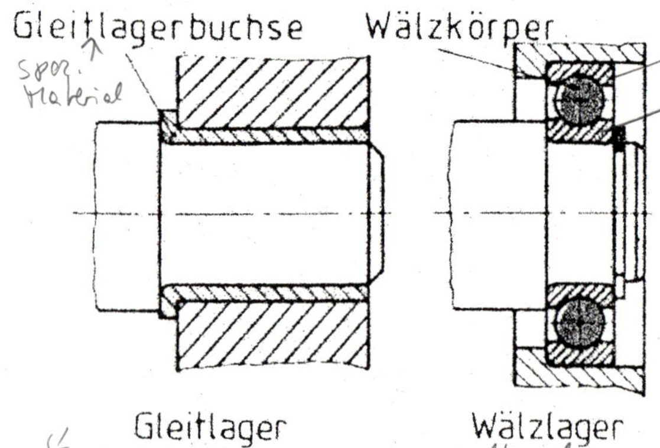

Gleitlager sind für geringe Lagerbelastungen und niedrige Drehzahlen wegen ihrer Einfachheit und Robustheit gut geeignet.
Als Werkstoff für Gleitlager kommen besonders weiche Metallegierungen in Frage, beispielsweise Weißmetall (Blei, Zinn, Antimon), Bronze und Sintermetall. Lagerbüchsen aus Sintermetall nehmen in den Poren Schmieröl auf und zeigen daher gute Notlaufeigenschaften. Dreistofflager bestehen zur Verbesserung der Festigkeit aus einer Stahlstützschale, die mit Bleibronze und innen mit einer dünnen Indiumschicht überzogen ist. Sie werden für die Lagerung von Kurbelwellen verwendet.
Bei Gleitlagern wird die Ölschmierung verwendet: Durch Bildung eines Schmierölkeils, infolge der Drehung der Welle, wird die Reibung verringert.
Vorteile: Gleitlager laufen ruhig, sind unempfindlich gegen Stöße, einfach im Aufbau und billig in der Anschaffung.
Nachteile: große Reibung, großer Verschleiß bei niedriger Drehzahl und hoher Belastung.

Gleitlager

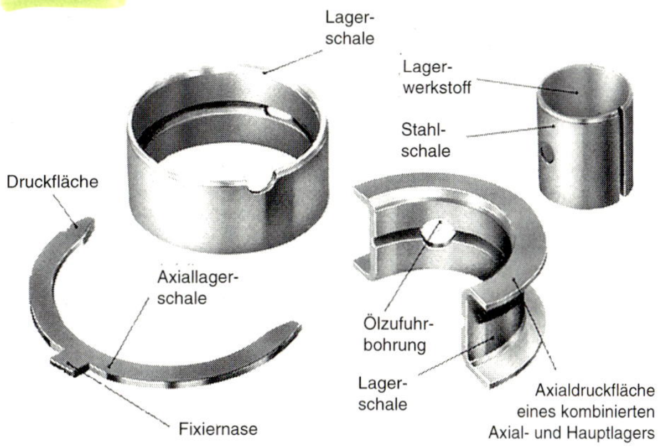

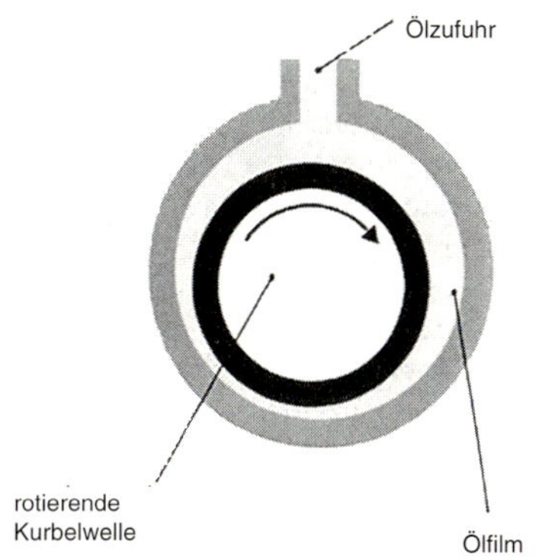

Zunehmende Bedeutung haben Lager aus Kunststoffen. **Vorteile:** als wartungsfreie, niedrig belastete Lager bei Landmaschinen.

Nachteile: empfindlich gegen Verschmutzung, mangelhafte Wärmeableitung (hochbeanspruchte Kunststofflager von Industriemaschinen werden deshalb mit Wasser gekühlt).

Wälzlager bestehen aus: Außenring, Innenring, Käfig mit Wälzkörpern (Kugeln, Walzen, Kegeln, Nadeln).

Vorteile: geringe Reibung, wenig Verschleiß, wenig Wartung bzw. wartungsfrei, brauchen keine Einlaufzeit, geringer Platzbedarf.

Nachteile: stoßempfindlich, teuer in der Anschaffung.

Wegen der Empfindlichkeit gegen Verunreinigungen müssen Wälzlager mit Filzringen oder ölfesten Gummidichtringen (Simmerringen) geschützt werden. Bei fettgeschmierten Wälzlagern soll das Gehäuse nur zur Hälfte mit Fett gefüllt werden. **Dauerlager** werden in der Fabrik mit der Fettfüllung versehen und beiderseits mit Kunststoffringen verschlossen. Die Fettfüllung reicht für die ganze Lebensdauer des Lagers – es ist wartungsfrei.

Ein- und Ausbau von Wälzlagern

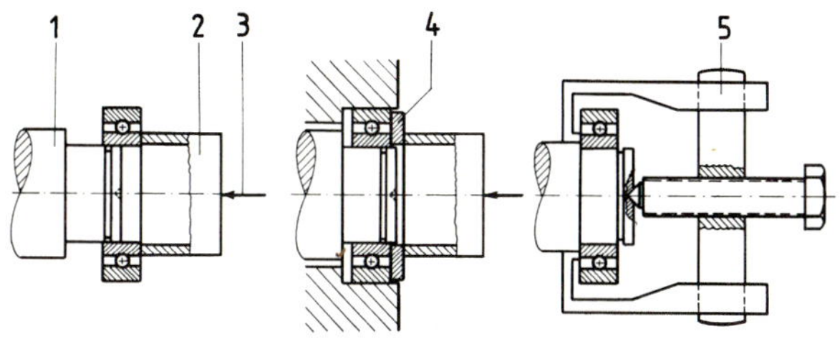

1 Welle, 2 Rohr, 3 Hammer, 4 Scheibe, 5 Abzieher

Radialrillenkugellager sind zur Abstützung geringer Lasten sowohl in radialer als auch in Achsenrichtung geeignet. Radial-Pendelkugellager lassen eine Pendelbewegung der Wellen zu. Zur Abstützung von in Achsrichtung wirkenden Lasten sind Schrägschulterlager, Kegelrollenlager oder Axiallager besonders geeignet. Kegelrollenlager lassen sich paarweise gegeneinander verspreizen (Vorderradlagerung von Fahrzeugen). Zylinder- und Tonnenlager vertragen starke Lagerbelastungen. Nadellager haben besonders geringe Abmessungen und nehmen Stoßbelastungen gut auf.

Kupplungen

Kupplungen dienen zur Verbindung von zwei Wellen. Feste Kupplungen verbinden genau fluchtende Wellen (starre Flanschkupplung), bewegliche Kupplungen verbinden Wellen, deren Lage zueinander sich während des Betriebes ändert (Hardy-Kupplung). Lös-

Wälzlager

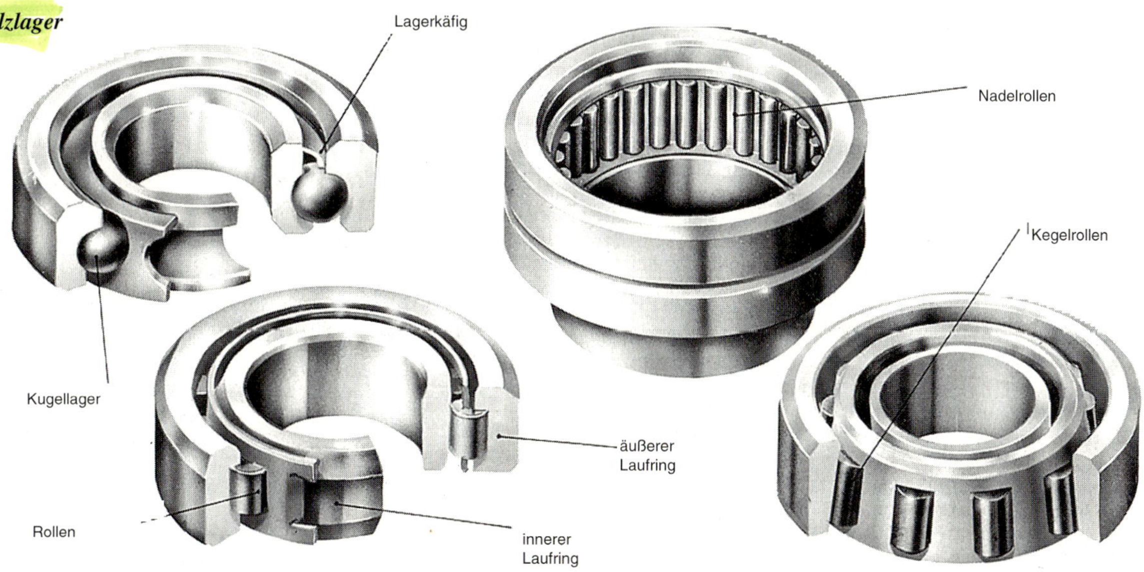

bare Kupplungen werden eingesetzt, wenn die Verbindung von zwei Wellen zeitweise unterbrochen werden muß (Klauen-, Scheiben-, Lamellen-, Fliehkraft- und hydraulische Kupplungen).

Hardy-Kupplung (Shell)

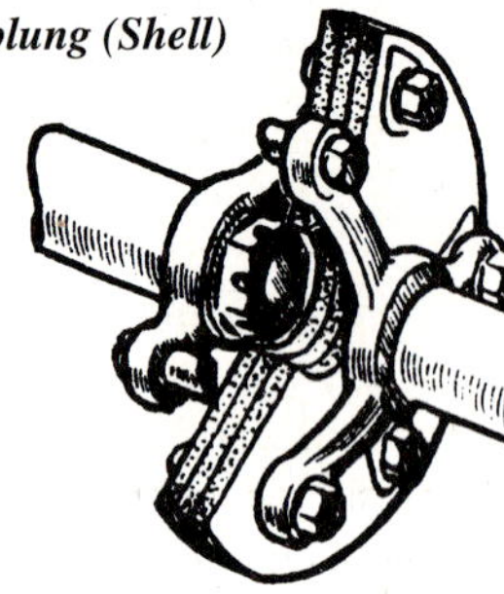

→ nur 5° ca Veränderung möglich

Klauenkupplung

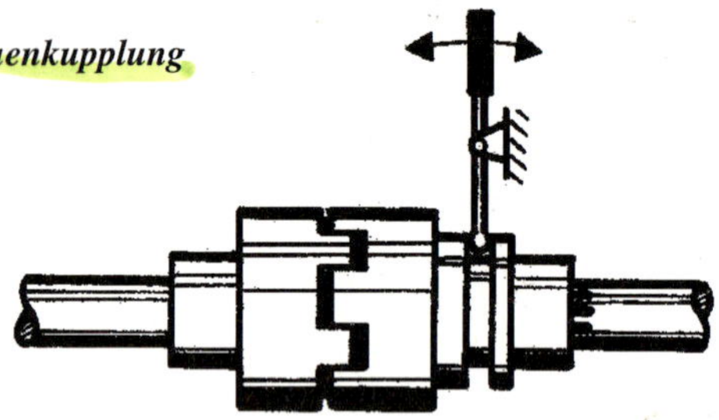

Klauenkupplungen dürfen nur im Stillstand geschaltet werden. Sie finden Verwendung bei Differentialsperren, zum Ein- und Ausschalten von Zapfwellen.

Scheibenkupplung mit Druckfeder Trockenkupplung

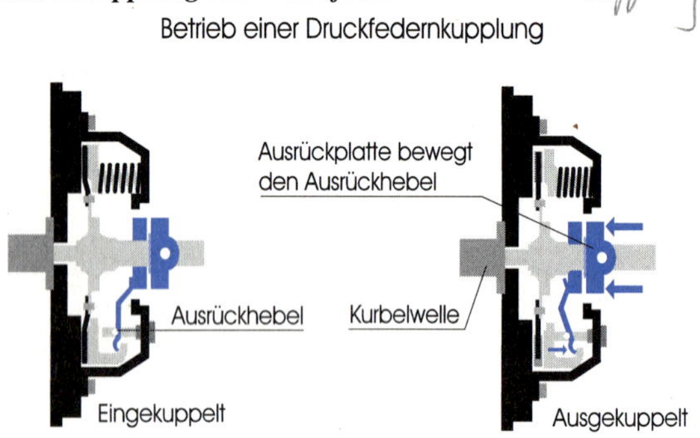

Ist die Kupplung eingekuppelt, so halten die Druckfedern die Druckplatte fest an der Kupplungsscheibe und schließen sie so zwischen der Druckscheibe und dem Schwungrad ein.
Ein Druck auf das Kupplungspedal bewegt das Ausrücklager gegen die Ausrückplatte. Diese wiederum wirkt auf den Ausrückhebel, der die Druckplatte zurückzieht.

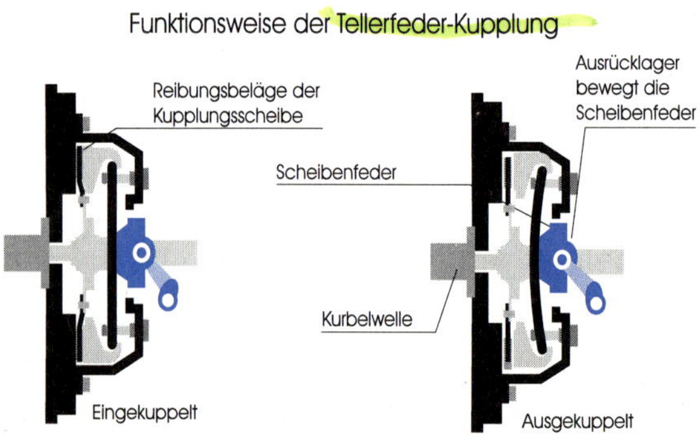

Beim Betätigen des Kupplungspedals wird das Zentrum der Scheibenfeder durch das Ausrücklager angedrückt, wodurch sich die Druckplatte von der Kupplungsscheibe entfernt. Dies löst die Kupplungsscheibe vom Schwungrad und erlaubt der Antriebswelle, sich unabhängig vom Motor zu drehen. Beim Lösen des Kupplungspedals springt die Scheibenfeder zurück und drückt die Druckplatte gegen die Kupplungsscheibe. Dadurch wird sie zwischen der Druckplatte und dem Schwungrad festgehalten, wodurch die Verbindung zwischen Getriebe und Motor hergestellt ist.

Scheibenkupplungen werden meist als Einscheiben-Trockenkupplung, selten als Zweischeiben-Trockenkupplung gebaut. Bei der Einscheiben-Trockenkupplung wird die beiderseits mit Reibbelägen versehene Kupplungsscheibe an die Schwungscheibe gepreßt und daher von ihr mitgenommen. Die Betätigung erfolgt über ein Ausrücklager (Axiallager) durch das Kupplungspedal. Mit zunehmendem Verschleiß nimmt das Pedalspiel ab und muß daher nachgestellt werden. Einscheiben-Trockenkupplungen werden in Kraftfahrzeuge eingebaut, Zweischeiben-Trockenkupplungen im Traktorenbau verwendet. Wird das Kupplungspedal halb durchgetreten, wird die erste Stufe ausgekuppelt (Fahrantrieb). Erst beim vollen Durchtreten des Pedals löst sich auch die zweite Stufe (Zapfwellenantrieb).
Lamellenkupplungen übertragen Drehbewegungen durch eine Anzahl Metallscheiben (Lamellen), die durch Druckfedern aneinandergepreßt werden. Die Innenlamellen stehen durch Nuten mit einer ebenfalls genuteten Welle in Verbindung, die etwas größeren Außenlamellen dagegen mit dem Gehäuse; Lamellenkupplungen laufen zur besseren Kühlung im Ölbad.

Lamellenkupplung

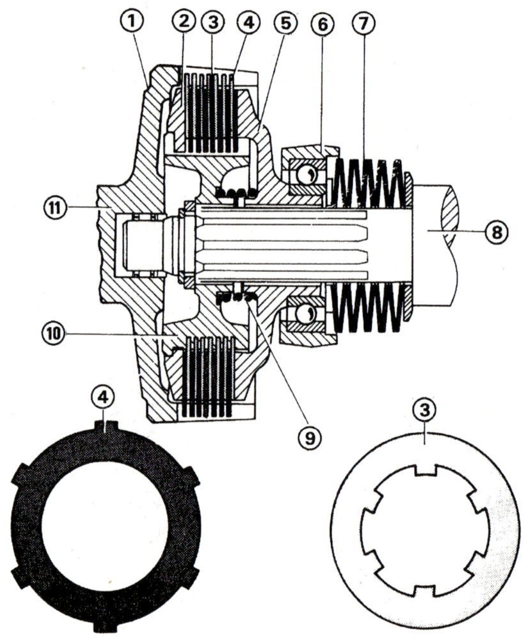

1 Kupplungsglocke, 2 Druckring, 3 Innenlamelle, 4 Außenlamelle, 5 Druckplatte, 6 Ausrücklager, 7 Druckfeder (Tellerfeder), 8 Abtriebswelle, 9 Ausrückfeder (Schraubenfeder), 10 Lamellenträger, 11 Antriebswelle (Steyr-Daimler-Puch AG)

Fliehkraftkupplungen werden selbsttätig dann kraftschlüssig, wenn die Antriebsseite eine bestimmte Mindestdrehzahl erreicht. Sie werden bei selbstfahrenden Heuwerbegeräten und Motorsägen eingebaut.
Hydraulische Kupplungen ermöglichen ein besonders weiches Einkuppeln. Sie bestehen aus einem Pumpen- und einem Turbinenrad, wobei beide in radialer Richtung Trennwände besitzen. Der Innenraum ist teilweise mit Öl gefüllt.
Wird das Pumpenrad mit zunehmender Drehzahl angetrieben, so strömt das Öl durch die Fliehkraft in den durch

die Trennwände gebildeten Kammern nach außen. Vom vorerst stillstehenden Turbinenrad wird das Öl zurückgeführt. Erreicht der auf diese Weise entstehende Ölstrom eine gewisse Stärke, wird das Turbinenrad mitgenommen. Für den vollen Kraftschluß ist aber immer ein geringer Schlupf des Turbinenrades Bedingung (2 bis 3%).

Strömungskupplung

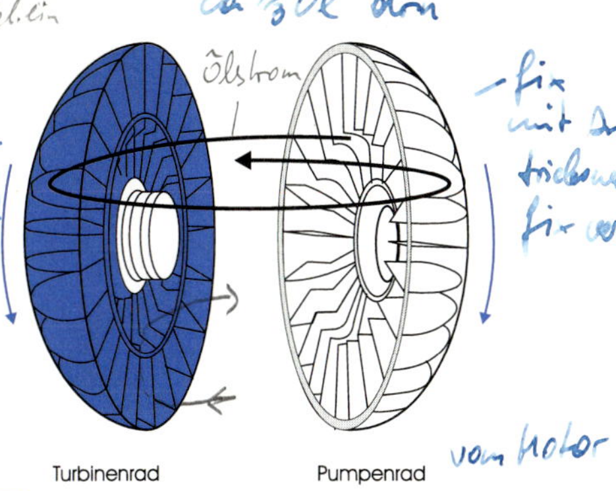

Getriebe

Zahnradgetriebe ermöglichen eine schlupflose Übertragung von Drehbewegungen, eine Unter- bzw. Übersetzung von Kräften sowie eine Drehzahländerung von Wellen. Bedeutung haben vor allem Stirnrad-, Kegelrad- und Schneckengetriebe.

Zahnradgetriebe

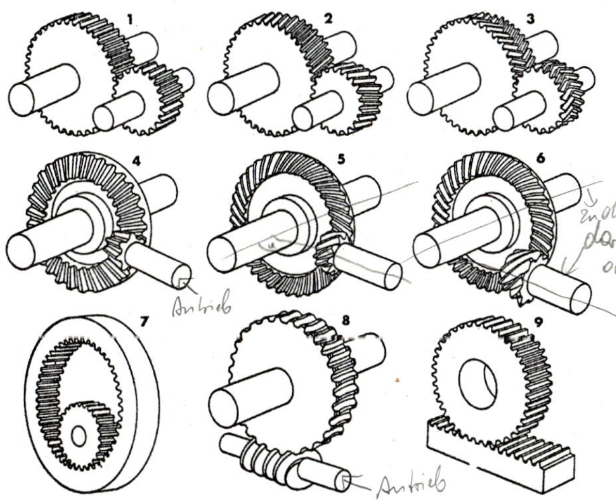

1 geradverzahnte, 2 schrägverzahnte, 3 pfeilverzahnte Stirnräder, 4 geradverzahnte, 5 schrägverzahnte Kegelräder, 6 Hypoidräder, 7 Planetentrieb, 8 Schneckentrieb, 9 Zahnstangentrieb (Epple)

Stirnradgetriebe laufen auf zueinander parallelen Wellen. Verwendet werden geradverzahnte und schrägverzahnte Räder. Schrägverzahnte Räder werden bei Fahrzeugschaltgetrieben verwendet. Wegen des allmählichen Zahneingriffes sind sie geräuschärmer.

Kegelradgetriebe übertragen Drehkräfte von sich schneidenden Wellen. Sie besitzen kegelförmige Wälzflächen und können gerad- oder spiralverzahnt sein. Eine Sonderform von spiralverzahnten Kegelrädern ist das von hinterachsgetriebenen Fahrzeugen verwendete Hypoidgetriebe. Der Triebling liegt dabei außerhalb der Mitte des zweiten Kegelrades. Solche Getriebe verlangen besonders gleitfähige Öle (Hypoidöle).

Schneckengetriebe können auf kleinstem Raum hohe Untersetzungen erzielen.

Wegen der Gleitkräfte an den Zähnen wird für das Schneckenrad ein weiches Material gewählt, z. B. Bronze. Die Schnecke wird aus Stahl gefertigt.

Als Werkstoff für Zahnräder kommt gehärteter oder legierter Stahl in Frage. Gegossene Zahnräder sind nur wenig belastbar.

Planetengetriebe bestehen aus einem Zahnkranz mit Innenverzahnung, in dessen Mitte ein erheblich kleineres Stirnrad, das „Sonnenrad", gelagert ist. Den Eingriff zwischen den beiden Rädern stellen mehrere Planetenstirnräder her, die auf einem Planetenträger gelagert sind. Wird eines der Elemente des Planetengetriebes festgehalten, bilden die beiden anderen eine Drehzahlunter- oder -übersetzung. Durch Verbinden zweier Elemente wird eine direkte Übersetzung ohne Drehzahländerung erreicht. Auf diese Weise können mit einem Planetengetriebe sieben verschiedene Drehzahlen erreicht werden, wobei zwei davon eine Drehrichtungsumkehr ergeben.

Planetengetriebe

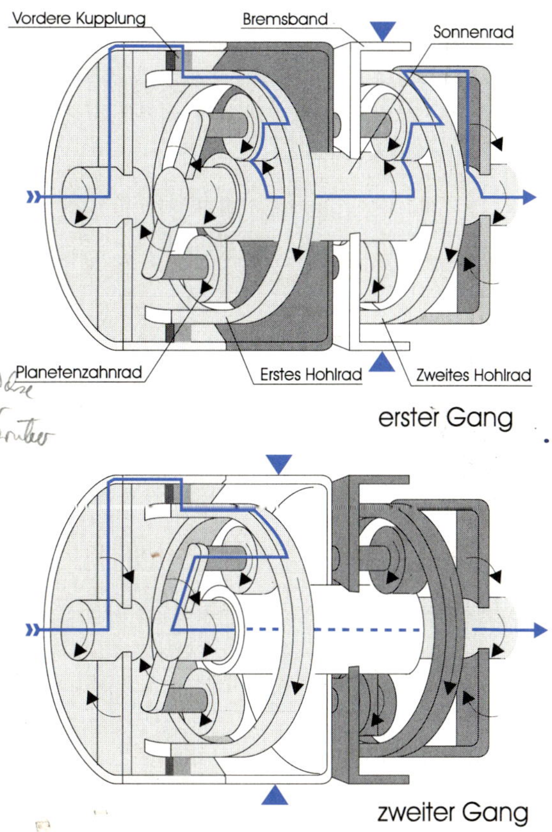

Erster Gang: Die vordere Kupplung ist eingekuppelt, so daß der Motorantrieb (rote Linie) das erste Hohlrad dreht. Dadurch wird das gemeinsame Sonnenrad von den Planetenzahnrädern in die entgegengesetzte Richtung gedreht. Der zweite Planetenträger wird vom Bremsband (hellgrau) festgehalten, so daß die Planetenzahnräder das zweite Hohlrad und die Antriebswelle zur Hinterachse antreiben und dabei zwei Untersetzungen der Motordrehzahl vornehmen.

Zweiter Gang: Das gemeinsame Sonnenrad ist gebremst, so daß das Hohlrad die Planetenzahnräder um das Sonnenrad antreibt. Dies treibt den Träger in dieselbe Richtung an und untersetzt die Drehzahl. Die zweiten Planetenzahnräder und ihr Träger (dunkelgrau) laufen frei.

Nortongetriebe liefern je nach der Anzahl der vorhandenen Stirnräder eine Reihe von Übersetzungen. In Form eines Nortonblocks sind auf einer Welle eine Reihe von Stirnrädern verschiedener Durchmesser aufgekeilt. Diese Räder sind oft aus einem Stück gegossen. Auf einer zweiten Welle ist ein Zahnrad in Nuten verschiebbar befestigt. Ein weiteres Stirnrad steht mit diesem verschiebbaren in dauerndem Eingriff und kann mit einem beliebigen Rad des Nortonblocks den Kraftschluß herstellen. Geschaltet wird also durch Verschieben und Verschwenken der beiden nicht zum Nortonblock gehörenden Räder. Als einfache Schaltgetriebe mit vielen Gängen werden Nortongetriebe bei vielen Sämaschinen eingebaut.

Nortongetriebe

nur mit geradverzahnten Stirnrädern möglich

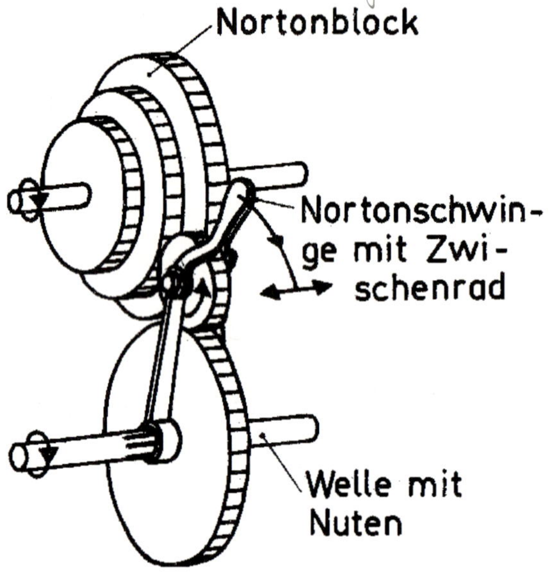

Wartung von Zahnradgetrieben

Hochbeanspruchte Zahnradgetriebe laufen im Ölbad. Um eine übermäßige Ölerwärmung zu verhindern, darf das Gehäuse im allgemeinen nur zu etwa einem Drittel mit Öl gefüllt werden. Zur Wartung von Ölbadgetrieben zählen eine regelmäßige Kontrolle des Ölstandes und ein Ölwechsel nach 1000 Betriebsstunden oder einmal jährlich. Nicht ölbadgeschmierte Zahnräder (z. B. an Häckslern, Sämaschinen) werden durch dünnes Auftragen von Molybdändisulfid-Schmiermittel oder eines Schmiermittels auf Bitumenbasis gepflegt.

Riemen- und Kettentriebe

Riemen- und Kettentriebe ermöglichen eine Kraftübertragung sowie eine Drehzahländerung bei großen Wellenabständen. Flachriemen haben einen Schlupf von 1 bis 3%, Keilriemen einen von 0 bis 1%. Kettentriebe arbeiten formschlüssig, also ohne Schlupf.

Flachriementriebe haben als Übertragungselement einen Leder-, Baumwoll- oder Gummigeweberiemen, der zwei Riemenscheiben umschlingt. Um das Ablaufen des Riemens zu erschweren, besitzen diese Scheiben oft eine leicht bombierte Lauffläche. Riemenverbindungen lassen sich durch Verleimen oder mit krallenartigen Riemenschlössern herstellen.

Bei der Ermittlung von Riemenscheibendrehzahlen oder -durchmessern wird vorausgesetzt, daß der Riemen an beiden Scheiben gleich schnell läuft. Sonst müßte er reißen. Die Umfanggeschwindigkeit beider Scheiben muß also dieselbe sein. Das ist aber nur möglich, wenn die Drehzahlen sich umgekehrt wie die Durchmesser verhalten:

$$\frac{\text{Drehzahl der ersten Scheibe } (n_1)}{\text{Drehzahl der zweiten Scheibe } (n_2)} = \frac{\text{Durchmesser der zweiten Scheibe } (D_2)}{\text{Durchmesser der ersten Scheibe } (D_1)}$$

$$\text{Drehzahl einer Scheibe} = \frac{\text{Durchmesser x Drehzahl der Gegenscheibe}}{\text{Durchmesser der ersten Scheibe}}$$

$$\text{Durchmesser einer Scheibe} = \frac{\text{Durchmesser x Drehzahl der Gegenscheibe}}{\text{Drehzahl der ersten Scheibe}}$$

Beispiel

Die Antriebsdrehzahl einer Dreschmaschine soll 1000 U/min betragen, die des Motors ist mit 1400 U/min gegeben. Wie groß muß die Riemenscheibe an der Dreschmaschine sein, wenn die des Motors einen Durchmesser von 20 cm besitzt?

$$D_1 = \frac{D_2 \times n_2}{n_1} = \frac{20 \times 1400}{1000} = 28 \text{ cm}$$

Der Durchmesser der Dreschmaschinen-Riemenscheibe muß 28 cm betragen.

Keilriemen haben den Flachriemen bei modernen Maschinen größtenteils verdrängt. Der trapezförmige Riemen aus Gummi mit Gewebeeinlagen läuft in einer Nut der Riemenscheibe. Wichtig ist, daß der Riemen nicht am Grund dieser Nut aufliegt, sondern an den Seitenflächen trägt. Dadurch übertragen Keilriemen auch bei geringer Riemenspannung hohe Leistungen. Keilriemenscheiben müssen genau fluchten, die Riemenbreite muß mit der Rillenbreite übereinstimmen. Keilriemen müssen mit Spannrollen gespannt werden.

Keilriemen

b₀ = obere Riemenbreite, h = Riemenhöhe, Kraftbänder, (Mitte), Querschnitt (rechts)

Bezeichnung von Keilriemen: Keilriemen werden einrillig oder mehrrillig als Kraftbänder angeboten. Sie werden durch zwei Zahlen gekennzeichnet: Die erste Zahl gibt die größte Breite (b) des Riemens, die zweite die Innenlänge an.

Beispiel: Größte Breite = 12 mm, Innenlänge = 1400 mm. Kurzbezeichnung daher 12 x 1400. Keilriemen lassen Übersetzungsverhältnisse bis 1 : 15 zu. Bei der Übertragung hoher Leistungen werden anstelle eines starken Riemens mehrere schwächere, nebeneinanderlaufende Riemen verwendet.

Variatorgetriebe entstehen, wenn ein Keilriemen über zwei Scheiben läuft, deren Rillenweite verstellbar ist. Derartige Getriebe lassen eine stufenlose Drehzahlregelung zu. Sie eignen sich deshalb bestens zum stufenlosen Ändern der Fahrgeschwindigkeit oder der Dreschtrommeldrehzahl von Mähdreschern.

Keilriemenvariator

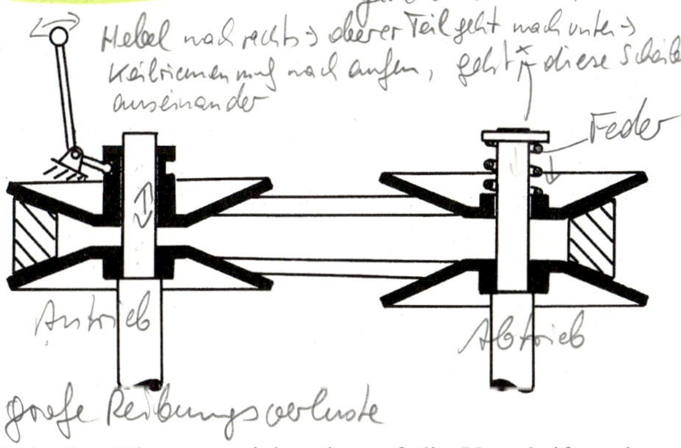

Bei allen Riemengetrieben ist auf die Vorschriften des Unfallschutzes zu achten. Alle beweglichen Teile müssen vor Berührung geschützt sein.

Zur **Wartung** von Keilriementrieben zählt das Kontrollieren der Riemenspannung. Schlecht gespannte Keilriemen können durch Reibungswärme „abbrennen"!

Rundgliederketten werden bei Förderanlagen verwendet. Es sind maßhaltige (kalibrierte) Stahlketten, die über Gußräder mit entsprechenden Ausnehmungen umgelenkt werden. Der Kratzboden von Miststreuern oder Ladewagen besteht aus solchen Ketten, die durch Querleisten verbunden sind.

Gelenkketten bestehen aus einzelnen flachen Tempergußgliedern, die jeweils scharnierartig ineinandergreifen. Verwendung als Einzugsketten bei Häckslern.

Rollenketten stellen die häufigste Kettenform dar. Sie erfordern eine sorgfältige Schmierung. Während längerer Betriebszeit dehnen sich alle Ketten. Um ein Ablaufen zu verhindern, müssen sie wieder durch ein Spannrad

Kettenformen

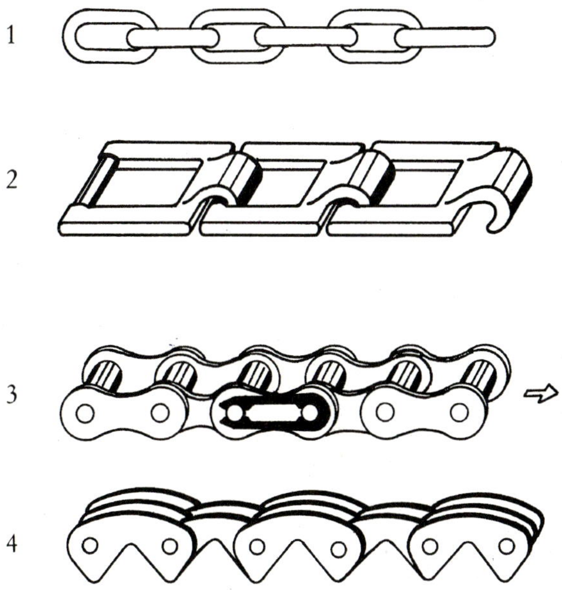

1 Rundgliederkette, 2 Gelenkkette, 3 Rollenkette, 4 Zahnkette

oder durch Herausnehmen von Gliedern nachgespannt werden. Steht kein gekröpftes Glied zur Verfügung, müssen mindestens zwei Glieder herausgenommen werden. Zum Verbinden der Kettenenden dienen Kettenschlösser mit einer federnden Lasche. Diese Lasche ist so einzusetzen, daß die offene Seite der Bewegungsrichtung entgegenzeigt. Dann kann sich das Kettenschloß nicht von selbst öffnen. **Zahnketten** werden beispielsweise zum Antrieb der Nockenwelle von Motoren verwendet. Sie haben durch die Formgebung der Laschen ein Zahnprofil, das in die Zahnlücken von Zahnrädern eingreift. Führungsglieder verhindern ein Ablaufen.

Kettenschloß

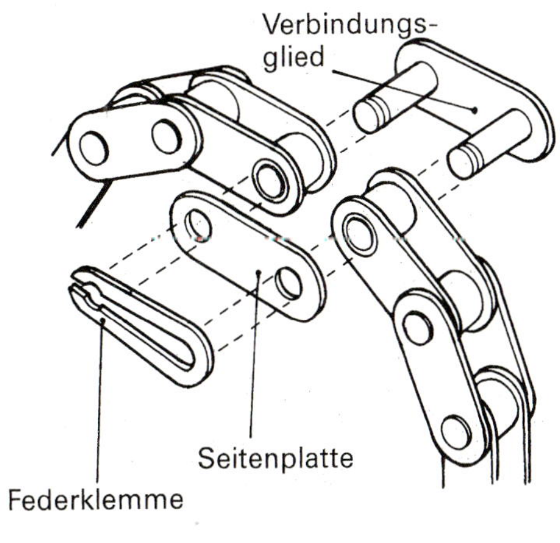

6. Verbrennungsmotoren

Alle Verbrennungskraftmaschinen beruhen auf der Volumsdehnung von Gasen durch die bei der Verbrennung entstehende Wärme. Sie wandeln die chemische Energie des Kraftstoffes in einem Motor in mechanische Energie um. Die mechanische Energie dient zum Antrieb von Fahrzeugen, Zapfwellen, Ölpumpen, Generatoren, Kompressoren usw. Nikolaus August Otto baute 1876 in Köln den ersten Viertaktmotor, Rudolf Diesel 1897 in Augsburg den ersten Dieselmotor. Neben den Hubkolbenmotoren haben noch Rotationskolben- und Gasturbinenmotoren Bedeutung.

Begriffe bei Hubkolbenmotoren

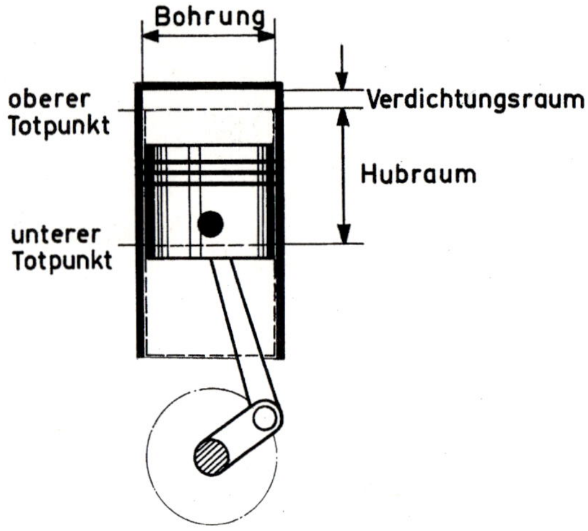

$$\text{Verdichtungsverhältnis} = \frac{\text{Hubraum} + \text{Verdichtungsraum}}{\text{Verdichtungsraum}}$$

6.1 Begriffe und Unterscheidungsmerkmale von Verbrennungsmotoren

Unterscheidungsmerkmale			
Kolbenbewegung	Hubkolbenmotoren		Rotationskolbenmotoren
Erfinder	Ottomotor (N. Otto)	Dieselmotor (R. Diesel)	Wankelmotor (F. Wankel)
Zündung	Fremdzündung	Selbstzündung	Fremdzündung
Gemischbildung	äußere Gemischbildung im Vergaser	innere Gemischbildung durch Kraftstoffeinspritzung in den Verbrennungsraum	Vergaser
Kraftstoff	Benzin (Wirkungsgrad ca. 30%)	Dieselöl (Wirkungsgrad ca. 40%)	Benzin
Verdichtungsdruck	8 bis 18 bar	25 bis 50 bar	8 bis 15 bar
Verdichtungsverhältnis	6 bis 10 : 1	12 bis 22 : 1	6 bis 10 : 1
Verdichtungstemperatur	400 bis 600° C	700 bis 900° C	400 bis 600° C
Arbeitsverfahren	2- u. 4-Takt-Verfahren	2- u. 4-Takt-Verfahren	4-Takt-Verfahren
Spezifischer Treibstoffverbrauch	400–550 g/kWh	200–250 g/kWh	ca. 500 g/kWh
Kühlung	Wasser- und Luftkühlung		
Schmierung	Gemisch-, Frischöl- und Druckumlaufschmierung		
Zylinderanordnung	Reihen-, V- und Boxermotor		
Zylinderanzahl	1-, 2-, 3-, 4-Zylinder usw.		

Vorteile	**2-Takt-Motor:** einfacher Aufbau, geringes Gewicht, geringe Reparaturkosten, niedriger Anschaffungspreis, gleichförmiges Drehmoment **4-Takt-Motor:** geringer spez. Treibstoff- und Ölverbrauch, gute Zylinderfüllung, sichere Schmierung	sparsamer Verbrauch, lange Lebensdauer, späte Reparaturanfälligkeit, Robustheit, gutes Durchzugsvermögen im unteren Drehzahlbereich, niedrige CO- und HC-Emissionen, billiger Treibstoff	geringes Gewicht, läuft stoß- und erschütterungsfrei, nur 2 bewegliche Teile

Zylinderanordnung

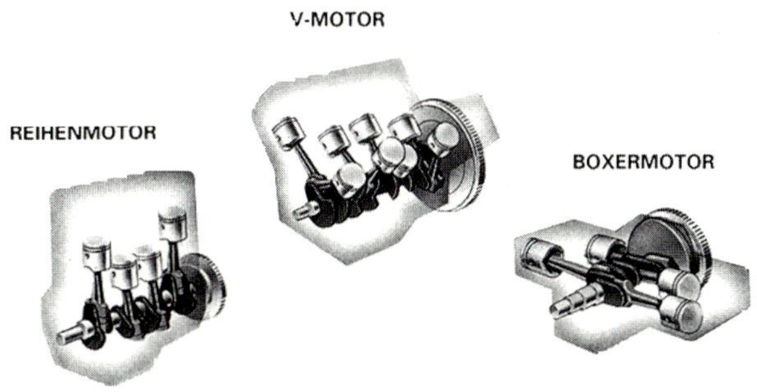

Die Motorleistung wird noch von vielen Firmen nach dem TM in Pferdestärken (PS) angegeben. Bei der PS-Angabe für einen Verbrennungsmotor muß jedoch zwischen SAE-(Society of Automotive Engineers-) und DIN-(Deutsche Industrie Norm-)PS unterschieden werden: Bei der Leistungsmessung nach SAE werden auf dem Prüfstand Zusatzeinrichtungen des Motors entfernt (Ventilator, Auspuff, Luftfilter, Lichtmaschine, Wasserpumpe). Dadurch ergibt sich eine um ca. 10 bis 17% höhere Leistung als nach DIN-Messung, bei der diese Aggregate vom Motor mitangetrieben werden müssen.

Je höher die Drehzahl eines Motors ist, um so höher ist die Zahl der Arbeitstakte in der Zeiteinheit, um so höher ist die Leistung. Eine unbegrenzte Drehzahlsteigerung ist aber nicht möglich, da die hin- und hergehenden und auch die rotierenden Massen des Triebwerkes Massenkräfte erzeugen, die mit steigender Drehzahl schnell ansteigen. Bei hohen Drehzahlen verschlechtert sich die Zylinderfüllung. Die Ursache liegt in der starken Drosselung von Luft bzw. dem Treibstoff-Luft-Gemisch in den Einlaßwegen.

Motorbauteile

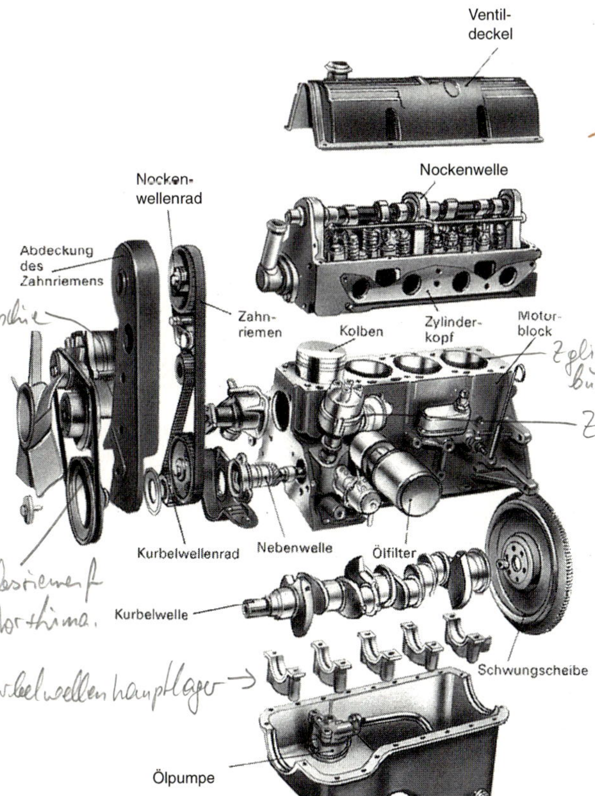

Der spezifische Treibstoffverbrauch steigt bei höheren Drehzahlen schnell an, so daß es auch aus wirtschaftlichen Gründen ratsam ist, dem Motor nur die unbedingt notwendige Leistung zu entnehmen – der Motor wird geschont und seine Lebensdauer verlängert.

6.2 Der Aufbau des Motors

Der grundsätzliche Aufbau des Dieselmotors entspricht dem des Ottomotors. Wegen der höheren Verdichtung beim Dieselmotor müssen seine Bauteile stärker bemessen werden. Der Vergaser beim Ottomotor wird in seiner Aufgabe ersetzt durch die Einspritzanlage beim Dieselmotor. Die Einspritzdüse stellt das zündfähige Gemisch direkt im Zylinder her. Im Kurbelgehäuse befindet sich die Kurbelwelle, die die hin- und hergehende Bewegung des Kolbens über die Pleuelstange in eine Drehbewegung umwandelt. Von der Kurbelwelle werden angetrieben: über die Kupplung das Getriebe; die Nockenwelle, die die Ventile steuert; über einen Keilriemen die Lichtmaschine, der Ventilator und die Wasserpumpe; über Zahnräder Pumpen für die Schmierung bzw. Hydraulik. Das Kurbelgehäuse geht nach oben über in den Zylinderblock. Er umschließt mit den Laufbuchsen den Kolben und hat Hohlräume zur Wasserführung bzw. Kühlrippen für die Kühlung. Der Zylinderkopf schließt den Verbrennungsraum ab. In ihm sind Öffnungen für den Gasaustausch, Ventile, Zündkerzen, Glühkerzen bzw. Einspritzdüsen untergebracht. Durch eine Dichtung ist der Zylinderkopf vom Zylinderblock getrennt.

❑ Die Ventilsteuerung

Dem Aufbau und der Funktion nach entspricht die Ventilsteuerung von Viertakt-Dieselmotoren genau jener von Viertakt-Ottomotoren.

Es sind nur hängende Ventile in Verwendung, weil sonst die notwendige Verdichtung nicht erreicht wird. Gesteuert werden sie von der Nockenwelle: von unten über Stößelstangen und Kipphebel, von oben liegenden Nockenwellen direkt.

Nocken und Ventile

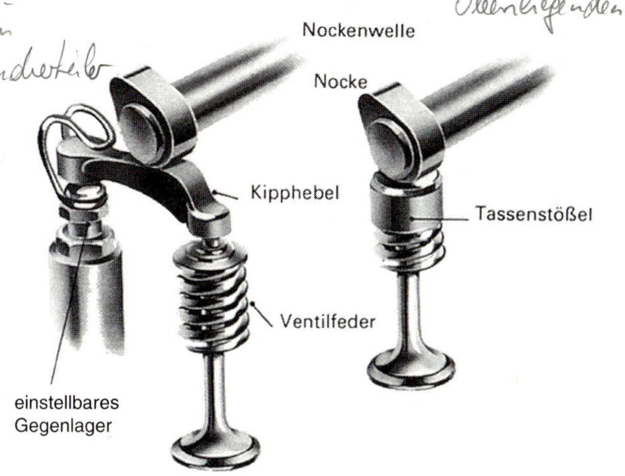

Auf ein ausreichendes **Ventilspiel** ist zu achten. Durch Wärmedehnung der Ventilschäfte und auch der Antriebswelle würde ein fehlendes Ventilspiel zu einem leichten Abheben des Ventils vom Sitz auch im Verdichtungs- und Arbeitstakt führen. Gasverlust und Leistungsverlust sind die Folge. Zu großes Ventilspiel bewirkt kürzere Öffnungszeiten und kleinere Öffnungsquerschnitte, die Zylinderfüllung und damit die Leistung verschlechtern sich. Wenn die Ventile von unten gesteuert werden, wird das Ventilspiel zwischen Kipphebel und Ventilschaft gemessen. Werden die Ventile direkt von einer obenliegenden Nockenwelle gesteuert, wird das Ventilspiel zwischen Nockenwelle und Ventil gemessen. Das Ventilspiel soll je nach Betriebsanleitung bei kaltem oder warmem, bei stehendem oder laufendem Motor eingestellt werden, es soll ca. 0,2 bis 0,3 mm betragen.

Ventilspielkontrolle mit Fühlerlehre

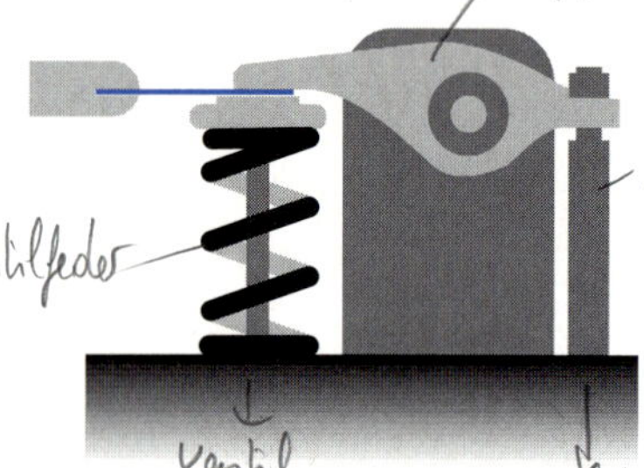

6.3 Arbeitsverfahren von Hubkolbenmotoren

❑ Arbeitsverfahren von Viertakt-Hubkolbenmotoren

Der Arbeitsprozeß des Viertaktmotors läßt sich in vier Takte zergliedern, wobei Ansaugen, Verdichten, Arbeiten und Auslassen je einem Hub des Kolbens und damit einer halben Umdrehung der Kurbelwelle entsprechen. Ein- und Auslaßventile werden von der Nockenwelle gesteuert, die von der Kurbelwelle im Verhältnis 2 : 1 angetrieben wird, da jedes Ventil während zweier Kurbelwellenumdrehungen nur einmal betätigt werden darf.

Die vier Takte des Otto-Motors

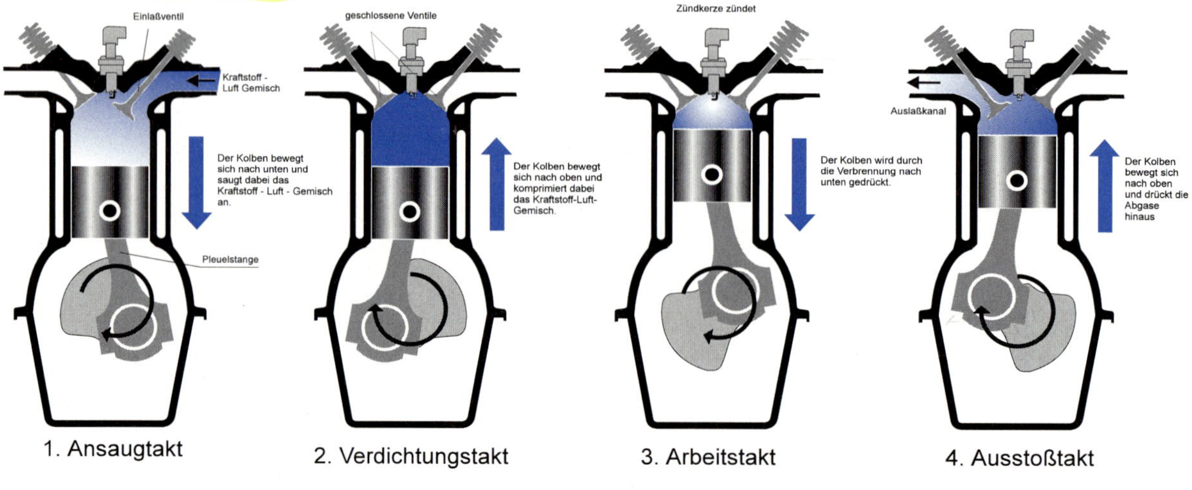

Im Ansaugtakt wird beim Ottomotor ein Benzin-Luft-Gemisch (Gewichtsverhältnis 1 : 15) angesaugt, beim Dieselmotor dagegen reine Luft. Die höhere Verdichtung des Dieselmotors reicht aus, um eine Selbstentzündung des durch die Einspritzung gebildeten Kraftstoff-Luft-Gemisches herbeizuführen. Beim Ottomotor springt kurz vor Erreichen der höchsten Kolbenstellung an den Zündkerzenelektroden ein Funke über und leitet die Verbrennung ein. Dabei steigt die Temperatur auf 1500 bis 2000° C an. Während des folgenden Arbeitstaktes wird der Kolben mit hohem Druck nach unten geschleudert. Beim Auspufftakt werden die Abgase durch den Kolben über das geöffnete Auspuffventil hinausgedrückt.

❑ Arbeitsverfahren von Zweitakt-Hubkolbenmotoren

Kennzeichen von Zweitaktmotoren ist, daß je zwei Takte gleichzeitig ablaufen. Die Vorgänge Ansaugen, Verdichten, Arbeiten und Auspuffen werden während zweier Kolbenhübe durchgeführt. Bei jeder Kurbelwellenumdrehung findet deshalb ein Arbeitstakt statt. Das ist dadurch möglich, da hier auch das Kurbelgehäuse in den Arbeitsprozeß eingegliedert ist. Anstelle von Ventilen übernehmen Kanäle die Steuerung der Gase.

Der Zweitakt-Motor

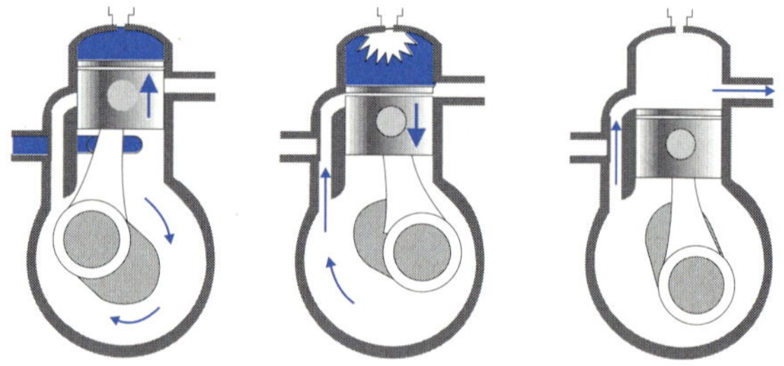

Arbeitsvorgang

1. Takt: Verdichtung (Kolben geht aufwärts)

2. Takt: Verbrennung – Arbeitstakt (Kolben geht abwärts)

Im unteren Totpunkt des Kolbens werden Auslaß- und Überströmkanal(-ventil) durch den Kolben geöffnet. Der Ladungswechsel (Auslassen von Altgasen, Einlassen von Frischgas) kann stattfinden. Das Frischgas muß vorverdichtet sein, damit es einströmen kann.

Vorverdichtungsverfahren:
- Kurbelgehäuseverfahren
- Gebläse
- Ladekolbenpumpe

Beschreibung des **Arbeitsablaufes** beim Zweitaktmotor mit **Kurbelgehäusevorverdichtung:**

1. Bewegt sich der Kolben nach oben, wird im Zylinder verdichtet. Kurz vor dem oberen Totpunkt gibt der Kolbenschaft den Einlaßkanal ins Kurbelgehäuse frei, es füllt sich mit Benzin-Luft-Gemisch, beim selteneren Zweitakt-Dieselmotor mit Frischluft. Im Zylinderraum setzt die Zündung ein.
2. Durch die Verbrennung wird der Kolben nach unten geschleudert – Arbeitstakt –, im Kurbelgehäuse tritt eine Vorverdichtung ein. Im unteren Totpunkt wird zuerst der Auspuffkanal und dann das Überströmventil(-kanal) freigegeben und die Ladung durchgeführt.

Beim Zweitakt-Benzinmotor erfolgt die Füllung des Zylinderraumes durch die oben beschriebene Kurbelgehäusespülung. Beim Zweitakt-Dieselmotor wird der Zylinderraum mittels eines Ladegebläses oder Ladekolbens über Schlitze in der Zylinderwand mit Frischluft gefüllt.

Vorteile des Zweitaktmotors: Er hat meist keine Ventile, ist deshalb einfach im Aufbau und billig in der Anschaffung. Bei jeder Kurbelwellenumdrehung erfolgt ein Arbeitstakt. Er hat deshalb eine höhere Leistung als ein gleich großer Viertaktmotor. Das geringe Gewicht und die einfache Wartung (Luftkühlung) sprechen ebenfalls für ihn.

Nachteile des Zweitaktmotors: Wegen der ungenauen Steuerung von Frisch- und Abgasen ist der spezifische Treibstoffverbrauch mit 500 bis 700 g/kWh sehr hoch.

❑ Arbeitsverfahren von Rotationskolbenmotoren

Der Wankelmotor

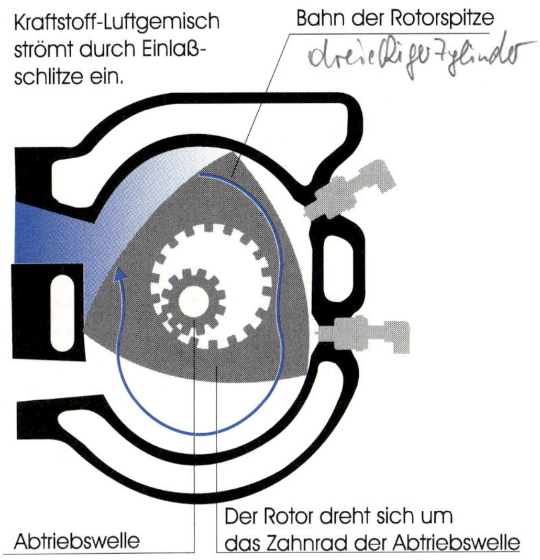

Ansaugen : Wenn die Rotorspitze den Einlaßschlitz passiert, nimmt die Größe der folgenden Kammer aufgrund der exzentrischen Bahn des Rotors zu. Dadurch wird das Kraftstoff-Luft-Gemisch in die Kammer gesaugt.

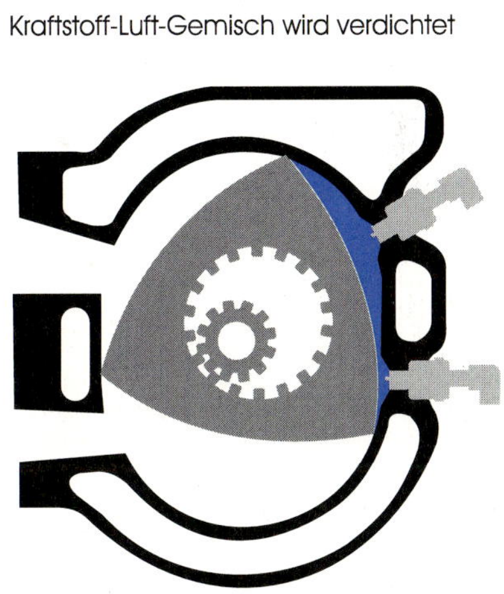

Verdichten : Während sich der Rotor weiterdreht, nimmt die Größe der Kammer wieder ab, wobei das Kraftstoff-Luft-Gemisch zum Zünden verdichtet wird.

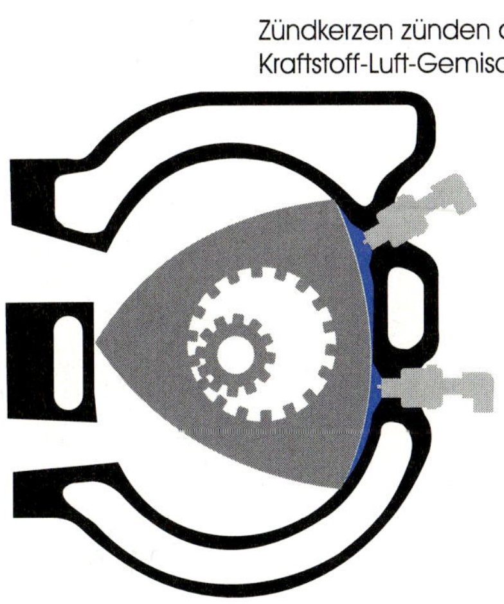

Zünden : Wenn die Kammer die Zündkerzen passiert, wird das Gemisch durch die Zündfunken entzündet. Alle modernen Wankelmotoren haben zwei Zündkerzen, damit das Kraftstoff-Luft-Gemisch in der ganzen Kammer gleichmäßig verbrennt.

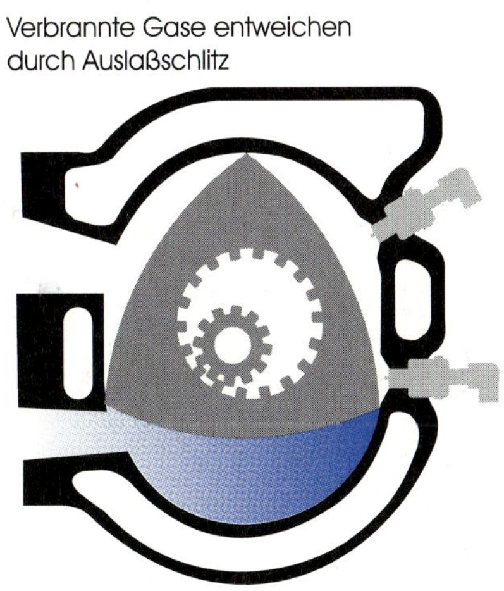

Ausstoßen : Die Ausdehnung der verbrennenden Gase treibt den Rotor weiter, wobei die Gase aus der Kammer gedrückt werden. Dieser Zyklus ereignet sich in allen drei Kammern gleichzeitig.

Venturirohr → an einer Stelle enger. Gasstrom durch will da → auch gleich durch → muß schneller werden → verwirbelt Benzin.

1960 wurde ein Motor entwickelt, der ohne hin- und hergehende Kolben und Pleuel eine Drehbewegung erzielt. Der Kolben gleicht einem aufgeblähten Dreieck und ist exzentrisch (außerhalb des Mittelpunktes liegend) gelagert. Wenn sich die Exzenterwelle dreht, wälzt sich der Kolben zugleich an einem fixen Stirnzahnrad ab. Dadurch beschreiben seine Kanten eine charakteristische, fast achterförmige Kurvenbahn.
Genau dieselbe Form hat aber auch das Motorgehäuse. In diesem Motorgehäuse werden durch den Kolben drei Räume abgetrennt, in denen nacheinander die vier vom Hubkolbenmotor bekannten Takte ablaufen. Ein Rotationskolbenmotor (nach dem Erfinder auch Wankelmotor genannt) ist deshalb vergleichbar mit einem Dreizylinder-Viertaktmotor. Bisher werden, abgesehen von Versuchsmaschinen, Rotationskolbenmotoren nur als Benzinmotoren eingesetzt. Erst wenn es gelingt, konkurrenzfähige Dieselmotoren nach diesem Prinzip zu bauen, ist diese Neuentwicklung für die Landwirtschaft bedeutend.
Der Treibstoffverbrauch liegt etwas höher als bei üblichen Benzinmotoren. Die Drehzahl ist vergleichsweise sehr hoch, das Gewicht pro kW Motorleistung gering. Rotationskolbenmotoren verarbeiten auch wenig klopffestes Benzin klaglos.

6.4 Bauelemente von Ottomotoren

❑ Der Vergaser

> Er hat die Aufgabe, ein zündfähiges Gemisch herzustellen, d. h. Treibstoff mit Luft im Gewichtsverhältnis 1 : 14,8 zu mischen und den Treibstoff dabei gasförmig zu zerstäuben. Nur Mischungsverhältnisse zwischen 1 : 10 und 1 : 18 sind zündfähig. Ausnahmen sind Einspritzmotoren. Hier wird Benzin unter Druck (2,5 bis 3 bar) in die Ansaugleitung oder direkt in den Zylinder gespritzt. Nach der Durchströmrichtung sind folgende Vergaserbauarten in Verwendung: Schrägstrom-, Flachstrom- und Fallstromvergaser. Die Treibstoffzuführung erfolgt durch die Schwerkraft (Fallförderung) über ein Schwimmergehäuse mit Schwimmer oder durch elektrisch betriebene Pumpen (Förderdruck von 0,1 bis 0,25 bar). Die Zerstäubung des Treibstoffes erfolgt in einer Mischkammer: Luft strömt mit hoher Geschwindigkeit an einer Düsenöffnung vorbei und reißt den Treibstoff heraus, wobei er zerstäubt wird. Die Leistung des Motors wird durch eine Drosselklappe, die den Ansaugquerschnitt verändert, gesteuert. Für den Leerlauf, das Beschleunigen und das Starten gibt es Zusatzeinrichtungen.

An einem Fallstromvergaser soll das Arbeitsprinzip eines Vergasers erklärt werden.

Fahrt: Ein Schwimmer mit Schwimmernadel hält den Treibstoffspiegel konstant etwas unter der Austrittsöffnung der Hauptdüse. Die im Lufttrichter durchströmende Ansaugluft erzeugt an den Austrittsöffnungen der

Vergaserbauarten

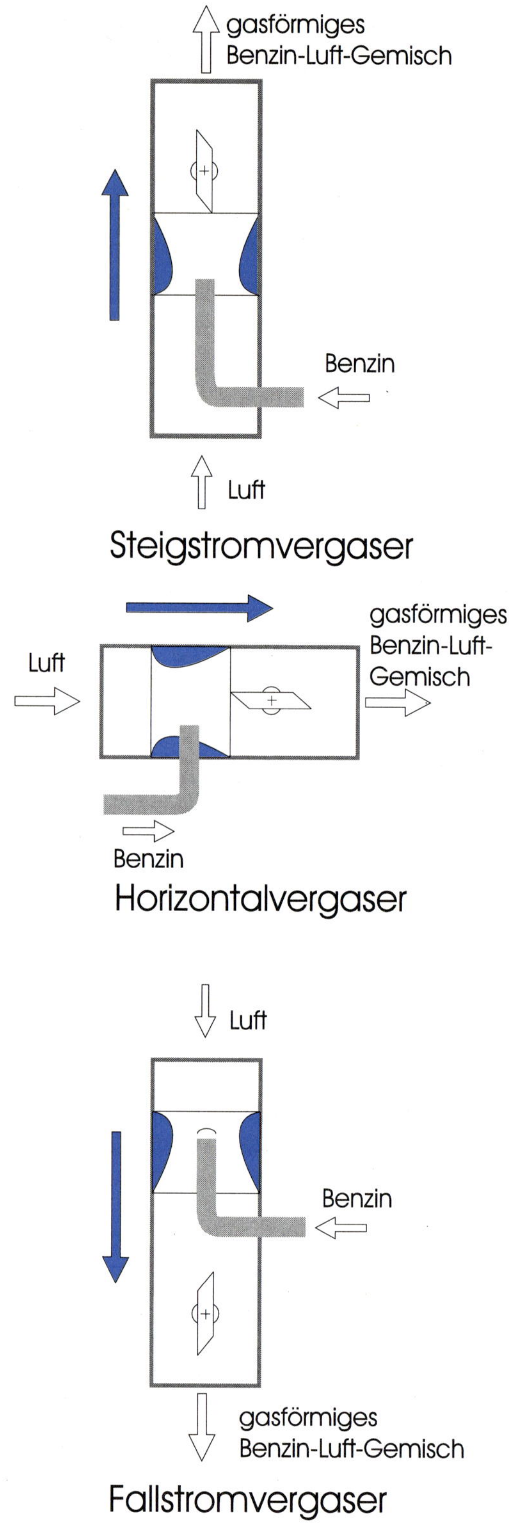

Hauptdüse einen Unterdruck und reißt den Treibstoff heraus. Die Regulierung der Menge an Treibstoff-Luft-Gemisch erfolgt durch die Drosselklappe.
Leerlauf: Da die Luftgeschwindigkeit im Leerlauf zu gering ist, würde aus den Austrittsöffnungen der Hauptdüse kein Treibstoff herausgerissen werden. Eine Leerlauföffnung in Höhe der Drosselklappe läßt hier durch den Sog des Motorkolbens den Leerlauftreibstoff austreten. Die Regelung des Treibstoff-Luft-Gemisches im

Leerlauf erfolgt durch die Leerlaufgemischdüse.
Beschleunigung: Da beim Beschleunigen die Leerlaufeinrichtung nicht mehr, die Haupteinrichtung aber noch nicht ausreichend arbeitet, muß durch eine zusätzliche Beschleunigungspumpe Treibstoff gefördert werden.
Ausgleich: Um über den gesamten Drehzahlbereich ein möglichst gleiches Mischungsverhältnis zu erreichen, sind Ausgleichseinrichtungen notwendig (z. B. Ausgleichsbohrungen im Mischrohr, Verstelldüsen). Bei zu hoher Drehzahl sinkt der Treibstoffspiegel in der Düse und gibt daher der Reihe nach Bohrungen des Mischrohres frei. Die Luft sättigt sich somit weniger mit Benzin, die Drehzahl sinkt.
Die **mechanisch betätigte Beschleunigungspumpe** wird zusammen mit der Drosselklappe betätigt. Beim Schließen der Drosselklappe drückt die Membranfeder die Membran nach unten. Dabei wird über das Ansaugventil Treibstoff in den Pumpenraum gesaugt. Wird die Drosselklappe geöffnet, so bewegt sich die Membran nach oben. Unter dem Druck des Treibstoffes öffnet sich das Druckventil, während sich das Saugventil schließt. Über das Einspritzrohr wird Zusatzkraftstoff in die Mischkammer gefördert und das Treibstoff-Luft-Gemisch angereichert.
Die **pneumatisch betätigte Beschleunigungspumpe** wird durch den wechselnden Unterdruck in der mit der Membran in Verbindung stehenden Luftkammer betätigt. Beim plötzlichen Gasgeben fällt der Unterdruck im Saugrohr ab. Die Membranfeder drückt die Membran und damit den Treibstoff über das Druckventil zum Mischrohr.
Kolbenschiebervergaser sind die einfachsten Vergaser. Sie finden bei Klein-Zweitaktmotoren Verwendung. Quer zum Ansaugkanal wird durch den Gashebel ein Kolben verschoben, der den Ansaugluftstrom mehr oder weniger drosselt. An diesem Schieber ist eine Düsennadel befestigt. Sie regelt die Kraftstoffzufuhr aus der Kraftstoffdüse. Zum Einstellen des richtigen Mischungsverhältnisses ist die Nadel im Kolbenschieber verstellbar befestigt.

Kolbenschiebervergaser

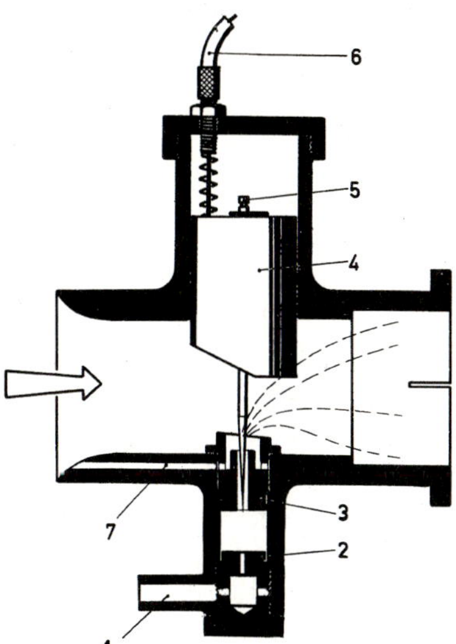

1 Zulauf, 2 Hauptdüse, 3 Regulierdüse, 4 Kolben, 5 Düsennadel, 6 Bowdenzug, 7 Zerstäuberluftbohrung

Membranvergaser stellen einen Sonderfall dar. Sie sind in allen Lagen funktionsfähig und brauchen daher eine Kraftstofförderpumpe. Membranvergaser sind in Verbindung mit Zweitaktmotoren bei Motorsägen üblich.
Für die Funktion sind zwei Gummimembranen wesentlich. Die Oberseite der Pumpenmembran ist durch den Impulskanal mit dem Kurbelgehäuse des Motors verbunden. Dort herrscht aber wechselnder Druck, der die Membran zum Schwingen bringt. Über einfachste Gummiklappenventile wird dadurch an der Pumpenmembran-Unterseite Treibstoff angesaugt und in den Raum über die Steuermembran gepumpt. Der Unterdruck reißt von hier aus durch eine Haupt- und eine Leerlaufdüse den Treibstoff in den Ansaugkanal. Fördert die Pumpenmembran zuviel Treibstoff, wird dadurch die Steuermembrane nach unten gedrückt. Über einen federbelasteten Hebel schließt sich in der Folge die Düsennadel und unterbricht die Treibstoffzufuhr. Die Nadel öffnet erst wieder, wenn die Steuermembran entlastet ist.

Membranvergaser

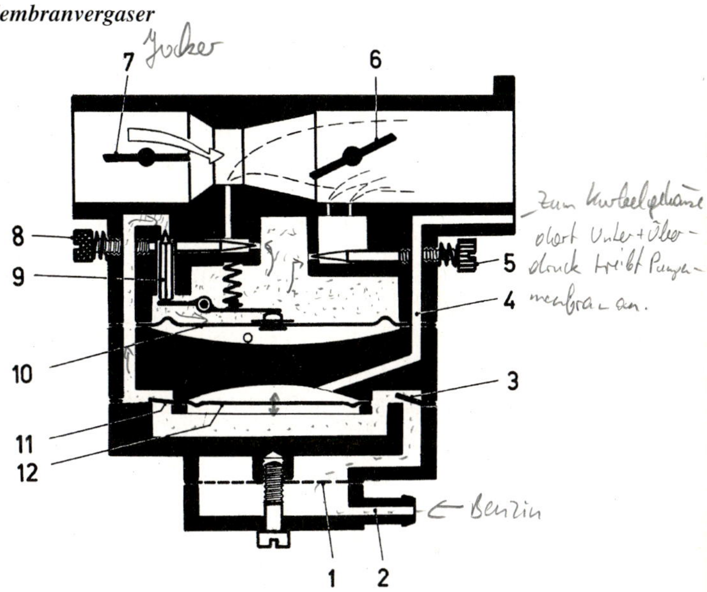

1 Sieb, 2 Zulauf, 3 und 11 Ventile, 4 Impulskanal, 5 Leerlaufdüse, 6 Drosselklappe, 7 Luftklappe, 8 Hauptdüse, 9 Düsennadel, 10 Steuermembran, 12 Pumpenmembran

Die **Grundeinstellung** der Membranvergaser ist wegen der einheitlichen Konstruktion einfach: Die Einstellschraube der Hauptdüse wird bis zum Anschlag hineingedreht. Anschließend wird sie wieder um 1 bis 1 1/2 Umdrehungen zurückgedreht. Die Einstellschraube der Leerlaufdüse wird nach dem Hineindrehen um 3/4 bis 1 Umdrehung zuückgedreht. Die Anschlagschraube für die Drosselklappe wird so weit herausgedreht, bis die Klappe völlig schließt, dann aber wieder 1 bis 1 1/2 Umdrehungen hineingedreht.
Zu „fettes" Gemisch ist erkenntlich am schwarzen Auspuffrauch, an verrußten Zündkerzen und am hohen Treibstoffverbrauch.
Bei zu „magerem" Gemisch dagegen stellt sich bei geringer Leistung eine hohe Drehzahl ein, die Zündkerze ist weiß. Häufig ist ein „Schießen" im Vergaser zu hören.
Um beim Start ein fetteres Gemisch zu sichern (Benzin kondensiert im kalten Motor!), sind viele Vergaser mit

einer **Starteinrichtung** ausgerüstet: Häufig in Verwendung ist eine **Starterklappe** (Choke). Sie ist eine verdrehbare Klappe, die vor der Vergaserhauptdüse im Ansaugkanal angebracht ist. Sie drosselt die Ansaugluft und erzeugt gleichzeitig den nötigen Unterdruck im Vergaser. Die Starter- oder Luftklappe wird mechanisch über einen Seilzug oder automatisch über eine Bimetallfeder betätigt.
Neben der Luftklappe werden auch der **Tupfer** und der Startvergaser als Starthilfe verwendet.
Jeder Vergaser wird vom Werk geprüft und mit Markenbenzin auf den Motor eingestellt. Eine Änderung der Einstellung durch Auswechseln von Düsen anderer Größe ist zu unterlassen.
Die Arbeiten am Vergaser beschränken sich auf das Reinigen und die Nachregulierung der Leerlaufeinstellung.
Vergaserstörungen beruhen meistens auf verstopften Düsen, Bohrungen, Treibstoffsieben oder Wassertropfen. Nach dem Zerlegen des Vergasers werden alle Teile mit reinem Benzin gewaschen und mit Druckluft ausgeblasen.

Elektronisch geregelte Vergaser

Gegenüber konventionellen Vergasern fehlen hier Kaltstart-, Leerlauf-, Zusatzgemisch-, Beschleunigungs- und Vollastanreicherungssystem. Sensoren erfassen z. B. Motordrehzahl, Temperatur und Drosselklappenstellung und geben diese Meßwerte an ein elektronisches Steuergerät weiter. Von hier werden die ausgewerteten Daten an die Vordrosselklappe und die Drosselklappe weitergegeben.
Vorteile: Einfacher Vergaseraufbau, genaue Steuerung des Mischungsverhältnisses von Treibstoff und Luft, niedriger Treibstoffverbrauch, niedrige Emissionswerte, Lambda-Regelung (für Katalysatorbetrieb) möglich.
Wirkungsweise der Lambda-Sonde: Die Lambda-Sonde ist im Auspuff – noch vor dem Katalysator – eingebaut. Sie mißt den Abgasstrom. Die günstigste Abgaszusammensetzung ergibt sich bei einem Kraftstoff-Luft-Gemisch von 1 : 14,8 ($\lambda = 1$). Beim Abweichen von diesem Gemisch (fettes oder mageres Gemisch) gibt die Lambda-Sonde ein Spannungssignal an das Steuergerät, das die Gemischzusammensetzung im Vergaser oder in der Einspritzpumpe ändert.

Abgaszusammensetzung (Martha)

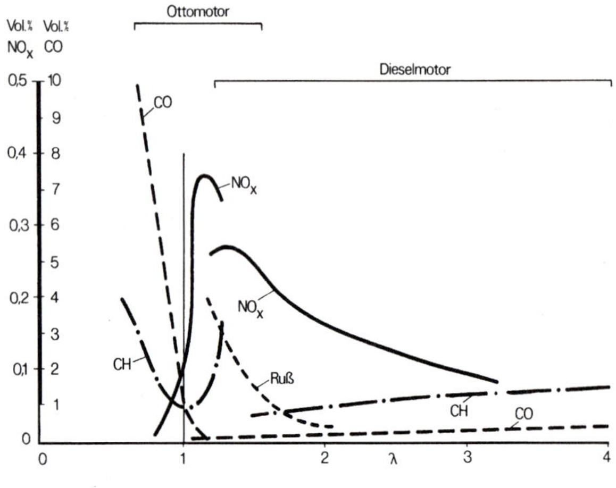

❑ **Benzineinspritzung**

Anstelle des Vergasers wird durch Treibstoffpumpe und Einspritzventile oder Einspritzpumpe und Einspritzdüsen der Treibstoff zugeteilt und zerstäubt. Der Einspritzdruck liegt bei etwa 3 bar bzw. 15 bar. Die Treibstoffeinspritzung erfolgt zu Beginn des Ansaugtaktes direkt in den Zylinder, in das Saugrohr oder den Einlaßkanal. Eine Zündanlage ist vorhanden.
Vorteile: Bessere Zylinderfüllung, gleichmäßige Gemischzusammensetzung, höheres Drehmoment, höhere Leistung, geringer Treibstoffverbrauch und schadstoffarme Abgase, für Katalysatorbetrieb geeignet.

Benzineinspritzung

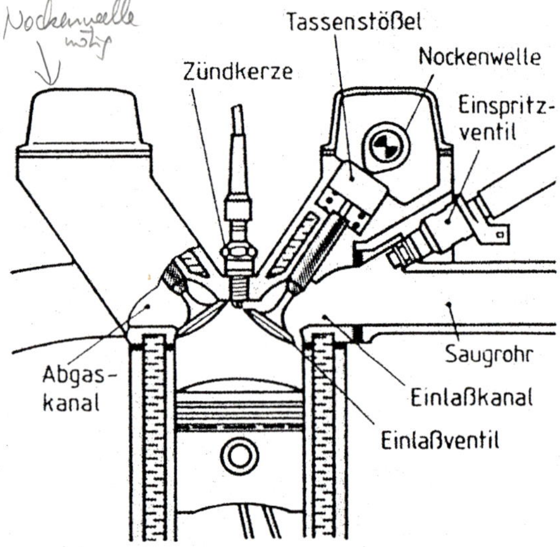

❑ **Die Zündanlage**

Die Zündanlage bewirkt das Überspringen eines Zündfunkens im Verdichtungstakt kurz vor dem oberen Totpunkt und damit den Beginn der Verbrennung bei Ottomotoren. In einer Zündspule (Transformator) wird der Primärstrom (Batteriestrom) mit einer Spannung von 12 V (6 V) in einen Sekundärstrom mit einer Spannung von 15.000 V bis 30.000 V transformiert. Ein Unterbrecher im Primärstromkreis baut abwechselnd ein Magnetfeld in der Primärwicklung (wenige, dicke, isolierte Kupferwindungen) der Zündspule auf und ab. Dabei wird in die Sekundärwicklung (viele dünne Kupferdrähte) jeweils ein Strom mit einer Spannung von 12.000 V bis 20.000 V induziert. Ein Kabel führt zum rotierenden Verteilerfinger. Von ihm wird im Zündzeitpunkt eine leitende Verbindung zu einer Zündkerze hergestellt. Der Zündfunke springt über.

Zündsysteme: a) Batteriezündung: Ein Akkumulator liefert den nötigen Strom
- Konventionelle Spulenzündanlage (SZ)
- Transistor-Spulenzündanlage (TSZ)
- Elektronische Zündanlage (EZ)

b) Magnetzündung: Sie arbeitet unabhängig von fremden Stromquellen

Konventionelle Spulenzündanlage (SZ): Der Zündvorgang wird ausschließlich durch mechanische Kontakte gesteuert. Dabei müssen Ströme von 5 Ampere bis zu

18.000mal in der Minute gesteuert werden. Diese Aufgabe übernimmt ein Unterbrecher, dem ein Zündkondensator parallelgeschaltet ist.

Nachteile: Die mechanische und elektrische Schaltleistung ist durch die Unterbrecherkontakte begrenzt: Niedrige Primärströme, geringe Zündspannung, hoher Verschleiß der Unterbrecherkontakte.

Transistor-Spulenzündanlage (TSZ): Transistoren (Halbleiter-Bauelemente) ersetzen die mechanischen Leistungsschalter.

Kontaktgesteuerte Transistor-Spulen-Zündung

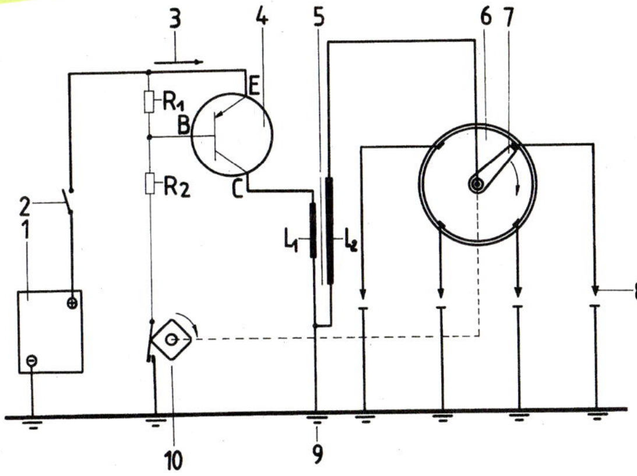

1 Akku, 2 Zündschalter, 3 Primärstrom, 4 Transistor (B Basis, C Kollektor, E Emitter), 5 Zündspule (L_1 Primärwicklung, L_2 Sekundärwicklung), 6 Verteiler, 7 Verteilerfinger, 8 Zündkerze, 9 Masse, 10 Unterbrecher, R_1 und R_2 Widerstände

Vorteile:
- höhere Primärströme sind möglich (bis 9 A)
- niedrige Induktivität der Zündspule nötig
- kürzere Schließzeiten
- höheres Energiespeichervermögen
- schaltet trägheitslos
- arbeitet verschleißfrei

Der Transistor besteht aus drei Halbleiterzonen mit je einem Anschluß: Emitter (E), Basis (B) und Kollektor (C). Über Emitter und Kollektor ist er an den Primärkreis angeschlossen, gesteuert wird er über Emitter und Basis. Der Primärstrom der Zündspule wird nicht durch den Unterbrecher, sondern durch einen Transistor (4) geschaltet. Das Kommando zum elektronischen Steuern gibt ein „Steuerstrom", der wesentlich schwächer ist als der Primärstrom. Wird der Steuerstrom durch einen mechanisch betätigten Steuerschalter = Unterbrecher (10) ein- und ausgeschaltet, spricht man von **„kontaktgesteuerter TSZ"**. Bei der **„kontaktlos gesteuerten TSZ"** wird der mechanisch betätigte Steuerschalter durch einen Impulsgeber ersetzt. Sobald der Steuerschalter den Stromkreis schließt, fließt über Emitter (E), Kollektor (C) und Primärwicklung (L_1) ein Strom bis zu 8 A, über den Steuerschalter selbst nur ca. 1 A. Im Zündzeitpunkt unterbricht der Steuerschalter den Steuerstrom; momentan hört auch der starke Primärstrom über Emitter–Kollektor zu fließen auf. Der Transistor sperrt jetzt den Strom, weil die Strecke Emitter–Kollektor zu einem Isolator geworden ist. Erst wenn der Steuerstrom erneut fließt, wird die Strecke Emitter–Kollektor schlagartig leitfähig, und der Primärstromkreis ist wieder geschlossen. Der Vorgang in der Zündspule ist der gleiche wie bei der konventionellen Spulenzündanlage.

Die **Magnetzündung** arbeitet unabhängig von fremden Stromquellen und ist daher bei Kleinmotoren ideal. Bei Klein-Zweitaktmotoren sind in der Schwungmasse Dauermagnete eingepreßt. Dreht man den Motor an, so rotieren diese Magnete um eine feststehende Zündplatte. In der Primärwicklung des auf dieser Platte montierten Zündankers entsteht durch die Drehung der Magnete ein niedriggespannter Strom. Auch hier öffnet die Unterbrechernocke den Primärstromkreis, in der Sekundärwicklung wird wie bei der Batteriezündung ein hochgespannter Zündstrom von hier rund 15.000 V induziert. Durch Knopfdruck auf einen Kurzschlußschalter, der dem Unterbrecher parallelgeschaltet ist, läßt sich der Motor abstellen.

Magnetzündung

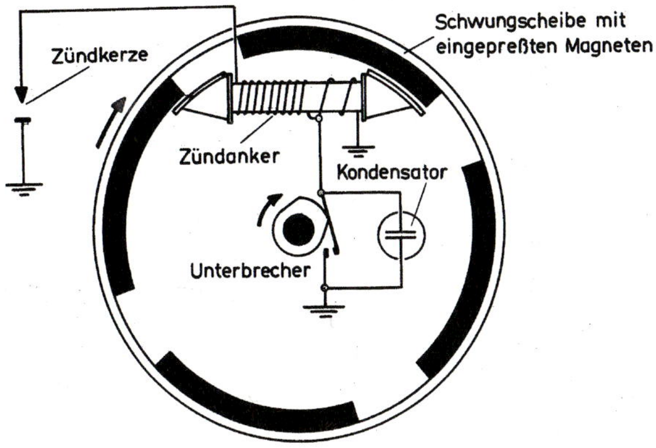

Für die **Zündzeitpunkteinstellung** ist wesentlich, daß der Zündfunke jeweils beim Öffnen des Unterbrechers überspringt, nicht beim Schließen. Zur Kontrolle der Zündeinstellung bringt man einen dünnen Papierstreifen zwischen die Unterbrecherkontakte. Läßt sich der Streifen ohne Klemmen herausziehen, so ist der Zündzeitpunkt erreicht. Bei Zweitaktmotoren soll dann der Kolben 2 bis 6 mm vor dem oberen Totpunkt stehen, Viertakter tragen an der Keilriemenscheibe der Kurbelwelle häufig eine Markierung, die sich bei der Zündung mit einer zweiten am Motorblock decken soll. Eine Verstellung des Zündzeitpunktes ist bei der Batteriezündung durch Verdrehen des Zündverteilergehäuses, bei Magnetzündung durch Verdrehen der Zündplatte möglich. Durch einen Unterdruckversteller am Gehäuse wird bei steigender Motordrehzahl der Zündzeitpunkt automatisch vorverlegt. Der Zündfunke muß kurz vor Erreichen der höchsten Kolbenstellung im Verdichtungstakt überspringen. Wesentlich für die Funktion einer Zündanlage ist auch der richtige Unterbrecherabstand. Er soll 0,3 bis 0,4 mm betragen.

Zündkerzen bestehen aus dem Kerzenkörper mit der Masseelektrode und einer Mittelelektrode. Beide Teile sind durch einen Porzellanisolator getrennt. Am Kerzengewinde sitzt ein Dichtring aus Kupfer oder Aluminium.

Zündkerze

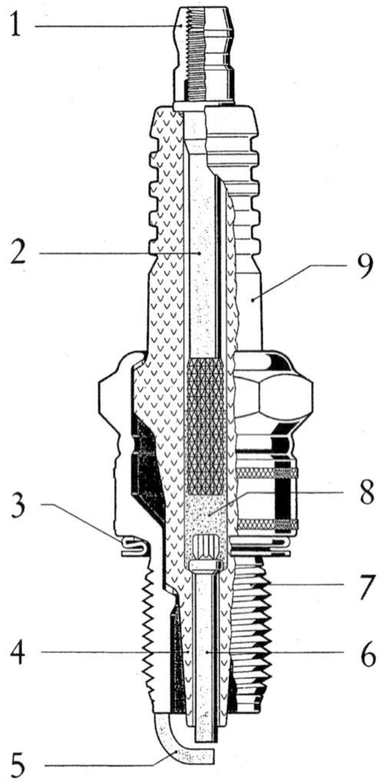

1 Anschlußmutter, 2 Anschlußbolzen, 3 Dichtring, 4 Isolatorfuß, 5 Masseelektrode, 6 Mittelelektrode, 7 Kerzengehäuse mit Einschraubgewinde, 8 Spezialschmelze, 9 Isolator (Bosch)

Im Betrieb darf die Zündkerze nicht zu heiß werden (Betriebstemperatur 450 bis 850° C). Glühzündungen und Motorschäden können die Folge sein. Bleibt die Zündkerze kalt, bilden sich Ablagerungen aus Verbrennungsrückständen (Ölkohle) am Isolatorfuß. Es kommt zu Zündaussetzern und damit zum Leistungsverlust bzw. zu erhöhtem Treibstoffverbrauch. Eine Zündkerze soll deshalb einen dem Motor angepaßten **Wärmewert** haben. Dies läßt sich durch die Formgebung des Isolatorfußes erreichen. Ein langer Isolatorfuß kann die Wärme schlecht ableiten; die Kerze wird heiß, sie hat eine hohe Wärmewert-Kennzahl („heiße Kerze"). Ein kurzer Isolatorfuß leitet die Wärme gut ab; die Kerze bleibt kalt, sie hat eine niedrige Wärmewert-Kennzahl („kalte Kerze").

Wärmewert-Kennzahlen

neu	alt
13	25
12	50
11	75
10	100
9	125
8	150
7	175
6	200
5	225
4	250
3	275
2	300
09	325
08	350
07	375
06	400

Aufschluß über die Beanspruchung der Zündkerze gibt die dem Brennraum zugewandte Unterseite mit den Elektroden – **„Zündkerzengesicht".** Bei richtigem Wärmewert ist der Isolierkörper grauweiß bis hellbraun, die Elektroden sind hellgrau. Verrußte oder verölte Kerzen weisen auf einen zu niederen Wärmewert hin. Die Ursache kann aber auch in einem zu fetten Gemisch oder einem zu großen Elektrodenabstand liegen. Bei überhitzten Kerzen – zu hoher Wärmewert – ist der Isolierkörper hellgrau, die Elektroden verschmoren im Laufe der Zeit.
Der **Elektrodenabstand** der Zündkerzen soll bei der Batteriezündung ca. 0,7 mm, bei der Magnetzündung 0,5 mm betragen. Die **Wartung** der Zündkerze umfaßt die Kontrolle des Elektrodenabstandes und das Reinigen der Zündkerze. Nach ca. 10.000 bis 15.000 km sind Zündkerzen zu ersetzen.

❑ Katalysator

Der Katalysator wurde 1987 für alle neuzugelassenen PKW-Ottomotoren verpflichtend vorgeschrieben.
Bei der unvollständigen Verbrennung treten Schadstoffe im Abgas auf: Kohlenmonoxid (CO) entsteht bei Verbrennung infolge Luftmangels, es bindet sich an Hämoglobin und lähmt die Atmung; unverbrannte Kohlenwasserstoffe (CH) reizen die Schleimhäute, sind z. T. krebserregend; Stickoxide (NO_x) entstehen bei hohen Verbrennungstemperaturen mit Luftüberschuß und zerstören das Lungengewebe. Stickoxide sind giftige Gase.
Der Katalysator ist in den Auspuffstrang eingebaut. Er besteht aus einem Keramikblock mit feinen Kanälen, die mit winzigen Platin- und Rhodiumteilchen besetzt sind. Die Edelmetalle wirken als Katalysator, das heißt, sie regen, ohne sich dabei zu verbrauchen, die durch die Kanäle streichenden Abgase an, miteinander chemisch zu reagieren. Dadurch wandeln sich Kohlenmonoxid (CO), Kohlenwasserstoffe (CH) und Stickoxide (NO_x) in ungefährliche Verbindungen wie Kohlendioxid (CO_2), Wasser (H_2O), Stickstoff (N_2) und Sauerstoff (O_2) um.

Katalysator

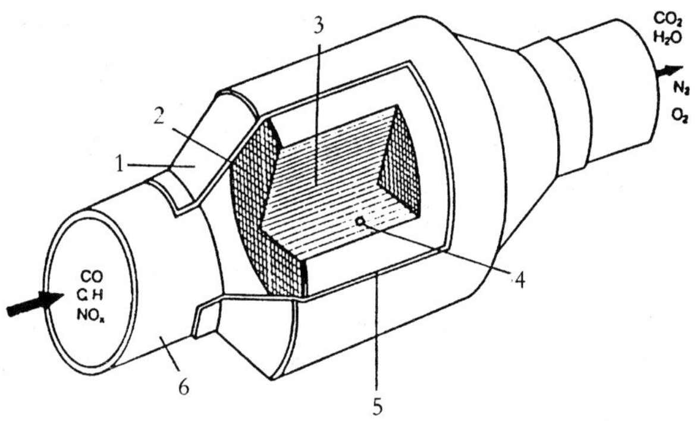

1 Edelstahlgehäuse, 2 Metallwabenkörper, 3 Durchlaßkanäle, 4 katalytisches Material (Platin und Rhodium), 5 Verschweißung mit Gehäuse, 6 Anschlußstutzen

Funktionsvoraussetzungen für geregelten **Dreiwege-Katalysator:** Bleifreies Benzin (ROZ 91) oder Euro-Super (ROZ 95); Lambda-Sonde, die den Sauerstoffanteil im Abgasstrom mißt; elektronisches Steuergerät, Einspritzanlage oder elektronisch geregelter Vergaser. Damit alle drei Schadstoffe gleichzeitig (deshalb Dreiwege-Katalysator) umgesetzt werden können, muß dem Motor ein immer gleichbleibendes Kraftstoff-Luft-Gemisch im Verhältnis 1 : 14,7 zugeführt werden. Das regelt die Lambda-Sonde über Steuergerät und Einspritzanlage.

Der Reinigungseffekt aller Schadstoffe beträgt ca. 90%, die Lebensdauer muß laut Gesetz mit 80.000 km garantiert werden. Ungeregelte Katalysatoren reduzieren die Schadstoffe nur um ca. zwei Drittel.

Dieselmotoren benötigen keinen Katalysator, da sie mit Luftüberschuß bei der Verbrennung arbeiten. Der Rußanteil ist jedoch mit 0,373 g/kg Abgas begrenzt.

6.5 Bauelemente von Dieselmotoren

Dieselmotoren arbeiten mit innerer Gemischbildung: Reine Luft wird in den Zylinder angesaugt und hoch verdichtet. Dabei erwärmt sich die Luft auf ca. 700 bis 900° C. Kurz vor der größten Verdichtung wird durch die Einspritzpumpe über die Einspritzdüse Dieselöl in die Brennkammer eingespritzt und entzündet sich an der heißen Luft von selbst. Dieselmotoren arbeiten stets mit Luftüberschuß. Die Verbrennung und damit die Drehzahl des Motors wird durch die Menge des eingespritzten Treibstoffes gesteuert. Zur idealen Verbrennung muß der Treibstoff feinst verteilt werden (hoher Einspritzdruck, Mehrlochdüsen, gute Mischung der Luft mit dem Treibstoff im Brennraum). Das Rauchen eines Dieselmotors deutet auf schlechte Verbrennung hin: zuwenig Luft (verschmutzter Luftfilter), zuviel Treibstoff (Fehler in der Einspritzanlage, Düse tropft nach). Geringe Leistung, hoher Treibstoffverbrauch, Belastung der Umwelt durch mehr Rußabscheidung sind die Folge.

Bei herkömmlichen Saugmotoren wird im Ansaugtakt die Luft in den Verbrennungsraum angesaugt. Aufgeladene Motoren werden durch ein Gebläse mit Luft gefüllt. Beim Turbolader treiben die Abgase ein Turbinenrad an. Auf derselben Welle sitzt ein Verdichterrad, das die Luft mit einem Druck von ca. 0,5 bar in den Verbrennungsraum drückt. Wenn zusätzlich noch ein Ladeluftkühler eingebaut wird, der die vorverdichtete Luft kühlt, kann auch eine größere Treibstoffmenge eingespritzt werden. Durch die bessere Füllung des Verbrennungsraumes mit Luft bzw. die Ladeluftkühlung ergeben sich eine optimale Verbrennung, eine um ca. 20% höhere Leistung und ein geringerer Treibstoffverbrauch.

Je nach der Art der Einspritzung werden drei wichtige VERBRENNUNGSVERFAHREN unterschieden:

Verfahren	**Wirbelkammerverfahren**	**Vorkammerverfahren**	**Direkteinspritzung**
	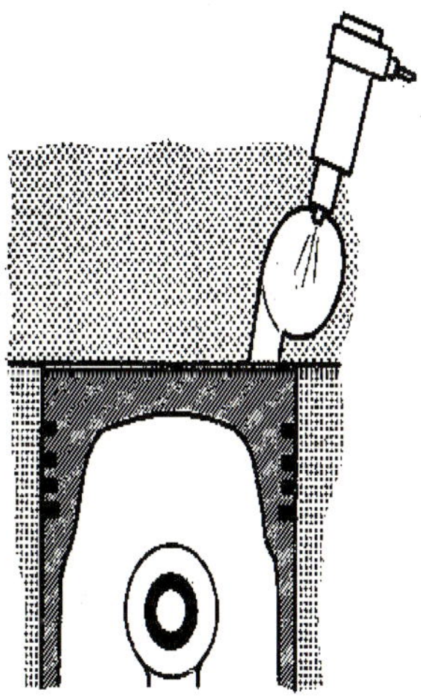	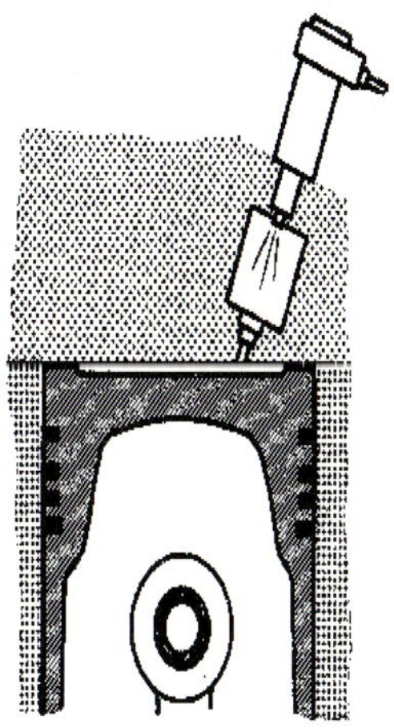	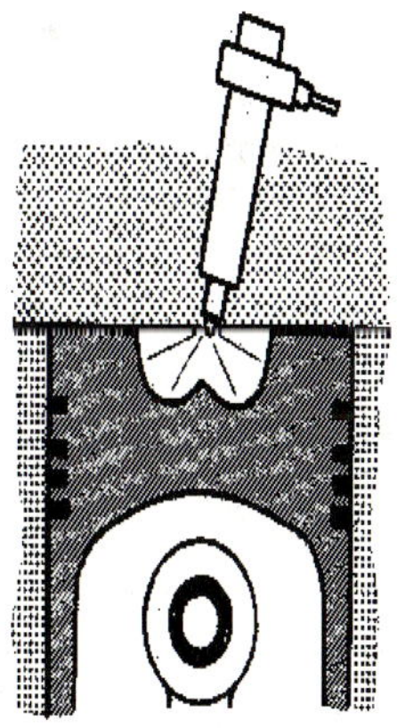
Brennraum	Exzentrische Wirbelkammer mit weiten Öffnungen zum Zylinder	Vorkammer ist durch enge Kanäle mit Zylinder verbunden	Einspritzung direkt in Brennraummulde des Kolbens
Düsenöffnungsdruck	100 bis 125 bar	80 bis 150 bar	150 bis 300 bar
Einspritzdruck	bis 450 bar	bis 450 bar	bis 1200 bar
Treibstoffverbrauch	höher	höher	niedriger
Kaltstartverhalten	schlecht – braucht Vorglühanlage	schlecht – braucht Vorglühanlage	gut
Verbrennungsgeräusch	leise	leise	lauter

Weniger Verdichtung mögl.

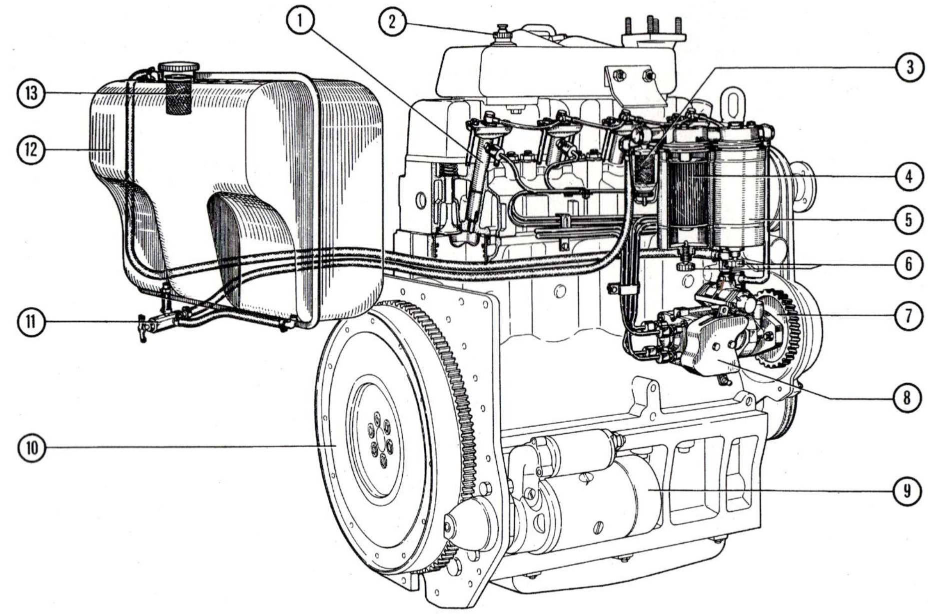

1 Einspritzdüse
2 Anheizglühkerze
3 Kraftstoffvorreiniger
4 Kraftstoffilter I
5 Kraftstoffilter II
6 Wasser-Ablaßschraube
7 Antriebsrad zur Einspritzpumpe
8 Einspritzpumpe
9 Starter
10 Schwungrad
11 Kraftstoffhahn
12 Kraftstofftank
13 Sieb
(Steyr-Daimler-Puch AG)

❑ Dieseleinspritzanlage

> Die Dieseleinspritzanlage besteht aus der Treibstoffanlage mit Förderpumpe und Filter, Einspritzpumpe (Drehkolben- oder Verteilereinspritzpumpe) zur Regelung der Treibstoffmenge und des Einspritzzeitpunktes, dem Regler für die Begrenzung der Leerlauf- und Höchstdrehzahl, dem Spritzversteller und der Einspritzdüse (Zapfen-, Einloch- und Mehrlochdüse) zur Einstellung des Einspritzdruckes (80 bis 500 bar).

Vom Tank gelangt der Treibstoff zu einer Förderpumpe. Sie kann als Kolben- oder Membranpumpe ausgeführt sein. Vorreiniger und Siebe scheiden Schmutz und Kondenswasser ab. Meist zwei Filterelemente sorgen für optimale Sauberkeit des Treibstoffes. Einspritzpumpen werden als Drehkolben- oder als Verteilereinspritzpumpen gebaut.

Bei der **Drehkolbeneinspritzpumpe** (Reiheneinspritzpumpe) ist für jeden Motorzylinder ein eigener Pumpenkolben vorhanden. Jeder dieser Pumpenkolben führt durch eine Nockenwelle eine Hubbewegung aus, kann aber über die Kolbenfahnen und eine Zahnstange verdreht werden. Dadurch läßt sich eine Verstellung der Einspritzmenge erreichen. Beim Aufwärtshub des Kolbens wird nach Verschließen der Zulaufbohrungen im Gehäuse so lange Treibstoff gefördert, bis die schräge Steuerkante des Kolbens wieder eine der Bohrungen freigibt und daher das Dieselöl drucklos abfließen läßt. Bei Nullförderung deckt sich die Kolbenlängsnut mit einer Bohrung. Das Gaspedal wirkt nicht direkt auf die Regelstange ein, sondern zusammen mit einem **Drehzahlregler.** Beim mechanischen Drehzahlregler werden durch hohe Drehzahlen dessen Fliehgewichte nach außen geschleudert und betätigen dabei einen Hebel, der die Regelstange und damit den Pumpenkolben so verdreht, daß die Einspritzmenge geringer wird. Bei pneumatischen (durch Luftdruck gesteuerten) Drehzahlreglern wirkt der Unterdruck in der Ansaugleitung auf eine Membran, die wieder die Regelstange betätigt.

Drehkolben

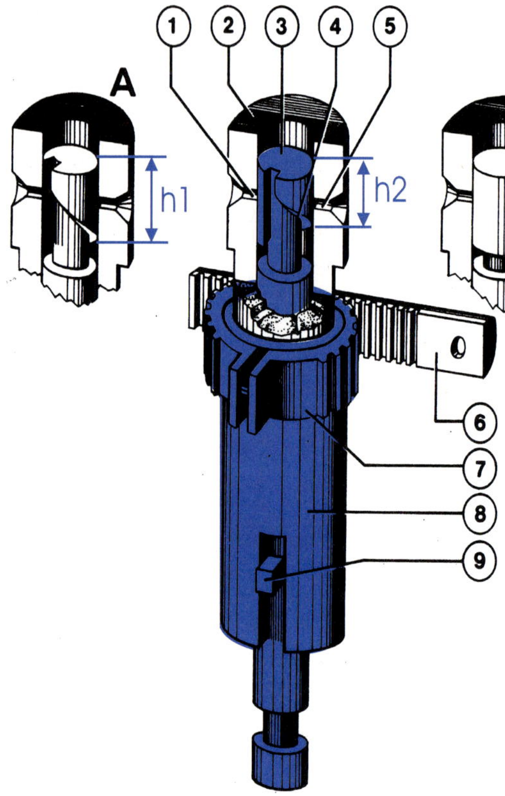

1 Zulaufbohrung, 2 Zylinder, 3 Drehkolben, 4 schräge Steuerkante, 5 Überlaufbohrung, 6 Zahnstange, 7 Kolbenfahne, 8 Gehäuse, 9 Kolbenführung (Shell), A Pumpenkolben bei Vollförderung (wirksamer Hub h_1), bei Teilförderung (wirksamer Hub h_2; B Pumpenkolben bei Nullförderung)

Die Funktion der Drehkolbeneinspritzpumpe

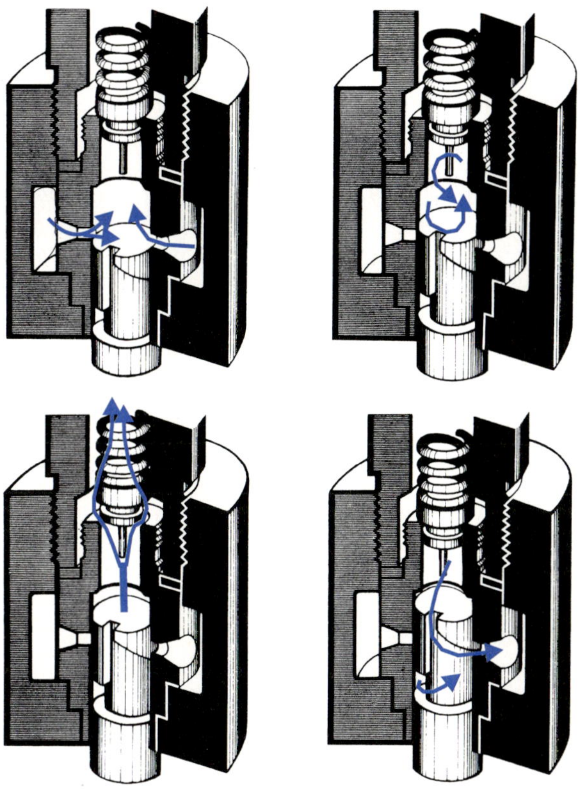

Verteilereinspritzpumpen arbeiten nur in Verbindung mit einem hydraulischen Regler. Das Pumpenelement ist ein Kolben, der eine drehende und zugleich eine hin- und hergehende Bewegung ausführt, die über eine nockenbesetzte Hubscheibe erfolgt. Durch Längsschlitze am Kolben und entsprechende Gehäusebohrungen wird wegen der Hubbewegung Treibstoff angesaugt und in gleicher Weise in eine Druckleitung gepreßt.

Bosch-Verteilereinspritzpumpe

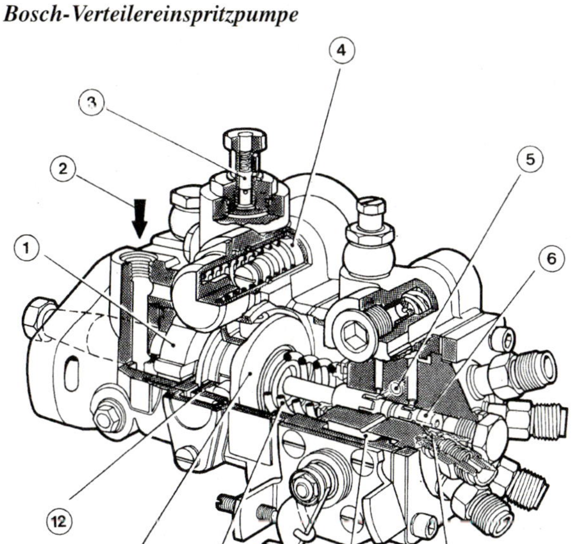

1 Kapselpumpe, 2 Zulauf, 3 Überstromventil, 4 Spritzversteller, 5 Regeldrossel, 6 Verteilerkolben, 7 Druckventil, 8 Saugraum, 9 Gashebel, 10 Stößelfeder, 11 Hubscheibe, 12 Rollenring (Steyr-Daimler-Puch AG)

Ein federbelasteter Regelschieber erhält auf einer Seite Druck durch die ähnlich arbeitende Regelkreispumpe. Der Kolben der Regelkreispumpe stellt mit dem der eigentlichen Einspritzpumpe ein Stück dar. Bei zu hoher Motordrehzahl steigt der Druck am Regelschieber. Entgegen dem Regelfederdruck wird er deshalb so weit verschoben, daß eine Absteuerbohrung frei wird. Durch diese Bohrung fließt das unter Druck stehende Dieselöl, anstatt in die Einspritzleitung, drucklos ab. Die Motordrehzahl wird somit sinken. Das Gaspedal beeinflußt durch ein Drosselventil den Rücklauf des von der Regelkreispumpe gegen den Regelschieber gedrückten Dieselöls.

Hydraulischer Drehzahlregler der Bosch-Verteilerpumpe

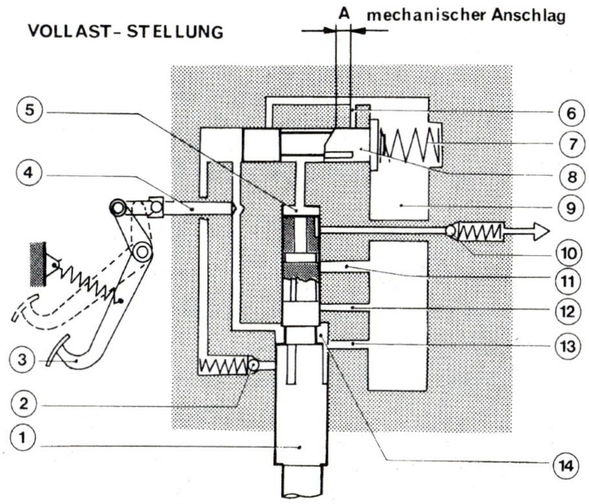

1 Regelkreiskolben, 2 Ventil, 3 Gaspedal, 4 Rücklaufdrossel, 5 Druckraum, 6 Absteuerbohrung, 7 Regelfeder, 8 Regelschieber, 9 Saugraum, 10 Ventil zur Einspritzleitung, 11 Saugbohrung, 12 Absteuerbohrung, 13 Zulauf zum Regelkreis, 14 Ringnut (Steyr-Daimler-Puch AG)

Verteilereinspritzpumpen haben besonders wirksame Treibstoffilterelemente. Beim Nachtanken soll über eine Schraube am Boden des Vorfiltertopfes eventuell vorhandenes Wasser abgelassen werden. Sie sind gegenüber Schmutz und Wasser besonders empfindlich, arbeiten aber im Gegensatz zur Drehkolbenpumpe ohne Ölschmierung. Durch Regelung eines sehr exakten Einspritzzeitpunktes läßt sich eine Leistungssteigerung gegenüber Drehkolbenpumpen erreichen.

Einspritzdüsen bestehen im wesentlichen aus dem im Düsenhalter fixierten Düsenkörper. In diesem sitzt die am Vorderende konische Düsennadel, die durch eine kräftige Spiralfeder in der Ruhestellung die Düsenöffnung verschließt. Erst der starke Druck des von der Einspritzpumpe kommenden Dieselöls hebt die Düsennadel von ihrem Sitz ab und gibt damit den Einspritzweg frei.

Der Form des Düsenkörpers nach unterscheidet man Zapfen-, Einloch- und Mehrlochdüsen. Mehrlochdüsen eignen sich wegen des flachen Abspritzkegels besonders für Motoren mit Direkteinspritzung.

Auch bei gut eingeschliffener Düsennadel tritt ein geringer Teil des Dieselöls an deren Gleitfläche aus. Dieses „Lecköl" wird durch eine eigene Leckölleitung zum Tank zurückgeführt. Intakte Einspritzdüsen zeigen beim

Rechts Zapfendüse, links Mehrloch-Einspritzdüse

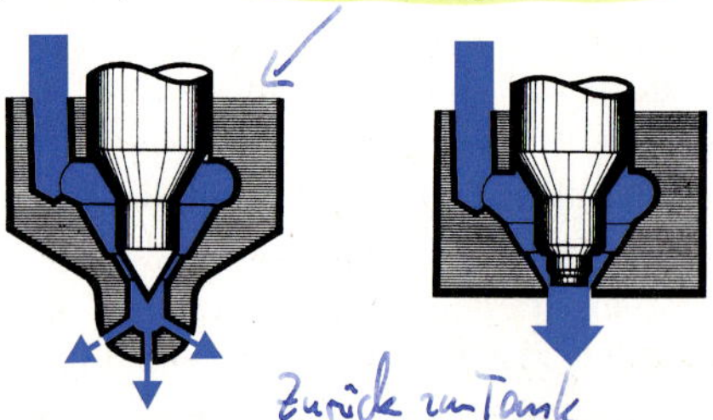

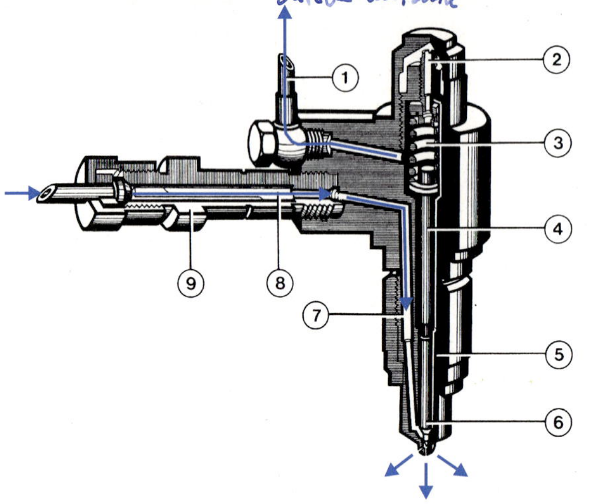

1 Leckölleitung, 2 Einspritzdruckeinstellung, 3 Düsenfeder, 4 Druckbolzen, 5 Düsenkörper, 6 Düsennadel, 7 Zulaufbohrung, 8 Filter, 9 Anschlußstück mit Überwurfmutter (Shell)

Abspritzen einen symmetrischen Strahlkegel und geben ein schnarrendes Geräusch von sich.
Wird bei Dieselmotoren der Tank leergefahren, kann es vorkommen, daß nach dem Tanken die Einspritzpumpe nicht fördert und daher der Motor nicht anspringt. Ursache ist die Elastizität der in den Treibstoffleitungen befindlichen Luft. Durch **Entlüftung** am Kraftstoffilter, an der Einspritzpumpe und an der Überwurfmutter der Einspritzdüse kann die Luft aus den Leitungen entfernt werden.

❑ Kraftstoffvorwärmeeinrichtung

Damit bei niedrigen Temperaturen keine Paraffinausscheidungen und damit Verstopfungen am Treibstoffilter vorkommen, wird das Dieselöl am Treibstoffilter vorgewärmt. Wärmetauscher, die vom Kühlwasser durchströmt werden, sind genauso möglich wie elektrische Heizelemente. Thermostatgeregelte elektrische Nachrüstsätze können bei den meisten Fabrikaten nachträglich eingebaut werden.

❑ Elektronische Dieselregelung

Damit Dieselmotoren den Abgasvorschriften entsprechen, mußte die Regelung der Einspritzmenge verbessert werden: Sensoren erfassen die Betriebsbedingungen, wie z. B. Drehzahl, Temperatur und Einspritzbeginn. In einem Steuergerät (Mikroprozessor) wird daraus die Fördermenge berechnet, und die entsprechenden Befehle werden z. B. an Regelstangen weitergegeben.
Vorteile: Geringe Schadstoffemissionen, niedriger Treibstoffverbrauch, optimaler Drehmomentverlauf, höhere Leistung.

6.6 Motorschmierung

Leistungsfähige Verbrennungsmotoren brauchen eine wirksame Schmierung. Aufgabe der Schmierung: die Reibung aufeinandergleitender Teile zu vermindern (schmieren), Wärme ableiten (kühlen), Abdichtung von aufeinandergleitenden Teilen (dichten), Ablagerungen oder Rückstände abführen oder binden (reinigen), vor Rost bewahren (schützen).
Zweitaktmotoren sind meist mit der Gemisch-, seltener mit der Frischölschmierung ausgestattet, Viertaktmotoren arbeiten mit der Druckumlaufschmierung. Ölwechsel, Ölfilterwechsel sowie die zu verwendenden Motoröle sind der Betriebsanleitung zu entnehmen.

Die **Gemischschmierung** stellt den einfachsten Fall einer Motorschmierung dar. Bei diesem Schmiersystem wird dem Treibstoff im Verhältnis 1 : 20 bis 1 : 60 Motoröl beigemischt. Dazu eignen sich besonders spezielle Zweitakter-Gemischschmieröle. Die Gemischschmierung kann nur bei Zweitaktmotoren verwendet werden, weil hier das Gemisch in das Kurbelgehäuse angesaugt wird.
Frischölschmierung: Aus einem Vorratsbehälter fördert eine Ölpumpe Motoröl zu den Hauptschmierstellen (Kurbelwellenhauptlager, Pleuellager). Die Fördermenge der Ölpumpe wird so eingestellt, daß das Öl zur Gänze verbraucht wird. Es wird immer kühles und sauberes Öl gefördert.

Frischölschmierung

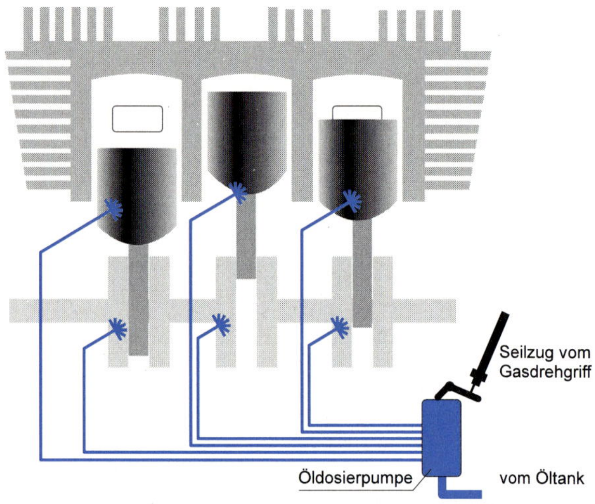

Die **Druckumlaufschmierung** stellt den häufigsten Fall einer Motorschmierung dar. Aus einer Ölwanne saugt eine von der Kurbelwelle angetriebene Zahnrad-, Sichel- oder Rotorpumpe Motoröl an und preßt es mit einem Druck von ca. 4 bar über einen Ölfilter zu den Schmierstellen (Kurbelwellenlager, Pleuellager, Kolben- und Zylinderlaufbahn, Kolbenbolzenlager, Nockenwellenlager, Kipphebellager, Steuerkette, Verteilerwelle).
Ölfilter scheiden Ruß, Staub und Metallabrieb aus dem Ölkreis ab. Es werden hauptsächlich Hauptstromfilter verwendet. Hier muß das gesamte von der Ölpumpe

Druckumlaufschmierung

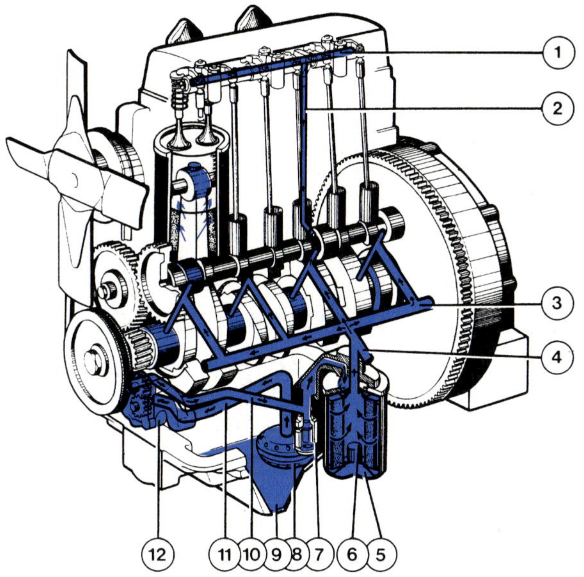

1, 2, 3, 4, 10 Druckleitungen, 5 Ölfilter, 6 Umgehungsventil, 7 Überdruckventil, 8 Saugfilter, 9 Ölwanne, 11 Saugleitung, 12 Ölpumpe (Shell)

geförderte Öl über einen Filtereinsatz aus Papier oder Faserstoff. Er muß je nach Betriebsanleitung nach 200 bis 400 Betriebsstunden oder auch bei jedem Motorölwechsel ausgewechselt werden. Damit auch bei verschmutztem Hauptstromfilter noch eine Schmierung gewährleistet ist, ist ein Umgehungsventil eingebaut.

Nebenstromfilter werden in einem Nebenstrom des Ölkreislaufes eingebaut. Es werden jeweils ca. 10% der gesamten Ölmenge gefiltert. Pro Stunde geht der gesamte Ölvorrat ca. sechs- bis achtmal durch den Nebenstromfilter.

Ölfilter

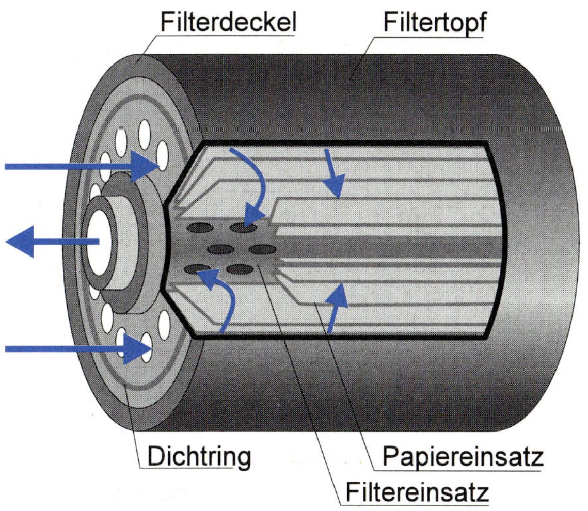

Ölwechsel: Bei Motoren mit Druckumlaufschmierung ist der erste Ölwechsel bereits nach 30 Betriebsstunden, die weiteren Ölwechsel sind nach je 200 Betriebsstunden durchzuführen. Bei luftgekühlten Motoren empfiehlt sich wegen der höheren Betriebstemperaturen ein Ölwechsel nach bereits 150 Betriebsstunden. Der Ölwechsel ist stets bei warmem Motor durchzuführen. Auf richtigen Ölstand ist zu achten (Ölmeßstab mit Minimum- und Maximum-Markierung).

Der Ölverbrauch von Motoren steigt mit zunehmender Abnutzung. Der normale Ölverbrauch von Otto- und Dieselmotoren beträgt bis zu 1 g/kWh. Bei Straßenfahrzeugen wird mit Werten von 0,1 bis 1 l je 1000 km gerechnet.

Ölkühlung: Das Öl wird immer stärker zur Kühlung des Motors herangezogen. In einem Ölkühler wird es entweder von der umströmenden Luft oder vom Kühlwasserkreislauf abgekühlt.

Trockensumpfschmierung: Ähnlich der Druckumlaufschmierung. Das von den Schmierstellen in die Ölwanne zurücklaufende Öl wird abgesaugt und in einen Vorratsbehälter gefördert. Eine Ölpumpe fördert von hier das Öl zu den Schmierstellen. Eine zuverlässige Ölförderung ist auch bei starker Schräglage des Fahrzeuges möglich (Gelände- und Sportfahrzeuge).

6.7 Kühlung

> Nur 30 bis 40% der im Treibstoff enthaltenen Energie werden im Motor in mechanische Arbeit umgewandelt. Rund 35% gehen in Form von Wärme verloren, der Rest durch Abgase, Strahlung und Reibung. Richtig bemessene Luft- und Wasserkühlungen leiten die Wärme sicher ab und garantieren optimale Betriebstemperaturen von Motoren.

Bei der **Luftkühlung** sind die Zylinderwände und -köpfe mit Kühlrippen versehen. Ein Gebläseluftstrom bewirkt die Kühlung dieser Flächen. Bei Klein-Zweitaktmotoren wird ein Radialgebläse auf die Schwungmasse aufgesetzt. Motoren mit größerer Leistung werden mit ventilatorähnlichen Axialgebläsen ausgerüstet. Ihr Antrieb erfolgt über einen Keilriemen.

***Gebläsekühlung** (Shell)*

Einfacher, keine Frostgefahr, nicht regelbar.

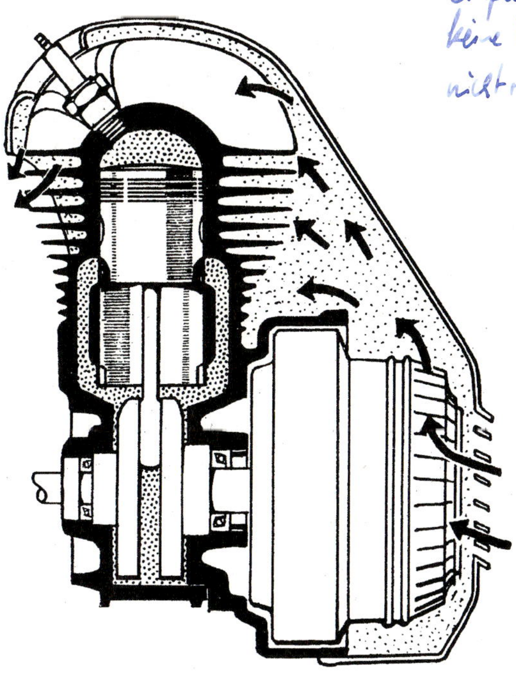

Die Wasserkühlung bei Fahrzeugmotoren ist als Pumpenumlaufkühlung ausgeführt. Eine kleine Kreiselpumpe hält einen Wasserstrom vom Motorblock über den Kühler und zurück aufrecht. Ein Thermostat sorgt für eine möglichst gleichbleibende Kühlwassertemperatur von 85 bis 95° C. Bei kaltem Motor verschließt der Thermostat den Weg zum Kühler, gibt aber die Kurzschlußleitung zurück zum Motorblock frei. Mit steigender Kühlwassertemperatur öffnet der Thermostat den Weg zum Kühler.

Pumpenumlaufkühlung

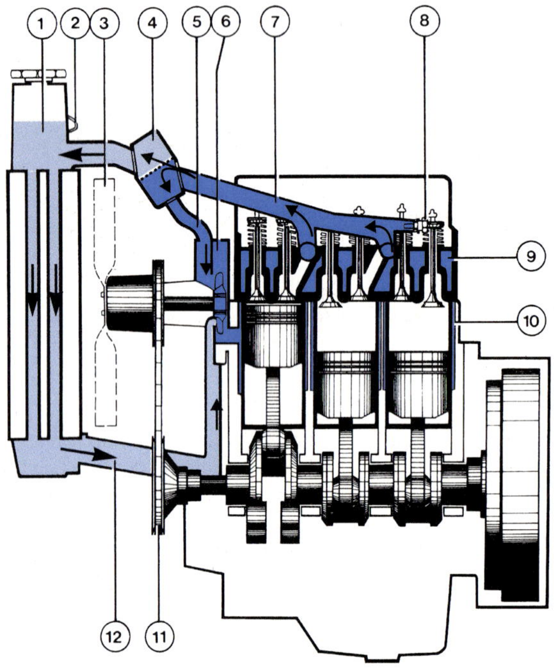

1 Kühler, 2 Kontrollglas, 3 Ventilator, 4 Thermostat, 5 Kurzschlußleitung, 6 Wasserpumpe, 7 Heißwasserleitung, 8 Temperaturfühler, 9, 10 Kühlwassermantel in Zylinderkopf und Zylinder, 11 Ventilatorkeilriemen, 12 Rücklauf (Shell)

An Versuchsmotoren wurde festgestellt, daß bei unterkühltem Motor der Verschleiß um ein Vielfaches höher ist. Ein Warmlaufenlassen von Motoren am Stand ist daher eher schädlich als von Vorteil. Ungünstig wirkt sich aber auch ein plötzliches Anfahren bei Vollast und kaltem Motor aus.

Der wunde Punkt der Wasserkühlung ist die Einfriergefahr. Bei Frostgefahr im Winter muß das Kühlwasser abgelassen werden. Neben dem Ablaßhahn am Kühler muß auch ein zweiter am Motorblock geöffnet werden. Es empfiehlt sich der Zusatz eines Frostschutzmittels, das den Gefrierpunkt auf – 25° C herabsetzt. Das ist auch deshalb von Vorteil, weil der Kühler bei niedrig belastetem Motor im Winter sogar während des Betriebes einfrieren kann, wenn der Thermostat den Kühlerkreislauf unterbricht. Bei einem geschlossenen Kühlsystem ist der Kühler von Haus aus mit einem Frostschutzmittel gefüllt. Eine Kontrolle des Kühlwasserstandes ist aber auch hier notwendig. Nach zwei Jahren wird bei einem geschlossenen Kühlsystem eine Kontrolle der Kühlflüssigkeit durch eine Fachwerkstätte vorgeschrieben.

	Luftkühlung	**Wasserkühlung**
Vorteile	wartungsarm betriebssicher erreicht schnell Betriebstemperatur	sehr leise – Wassermantel wirkt schalldämmend; geringerer Motorölverbrauch; betriebssicher dann, wenn dem Kühlwasser Frostschutzmittel beigegeben wird
Wartung	Keilriemenspannung des Gebläseantriebes prüfen Kühlrippen und Lüfterrad reinigen	Wasserstand im Kühler prüfen; Keilriemenspannung prüfen; Kühlerlamellen reinigen; Gefrierschutz bis mindestens –25° C sichern
Unfallverhütung		Bei heißem Motor nicht sofort Kühlerverschluß öffnen

6.8 Luftfilter

Je nach Landschaft, Boden- und Straßenbeschaffenheit schwankt der Staubgehalt der Luft zwischen 0,001 und 0,2 g/m³. Rechnet man mit einem Staubgehalt der Luft von 0,2 g/m³, fallen beispielsweise bei einem 26-kW-Viertakt-Dieselmotor pro Stunde ca. 15 g Staub an. Diese Verunreinigungen würden aber im Motor mit Öl als Schmirgelpaste wirken und enormen Verschleiß verursachen. Gerade in der Landwirtschaft ist wegen der rauhen Betriebsbedingungen (Drescharbeiten, Bodenbearbeitung) eine wirksame Filterung der Ansaugluft wichtig. In Frage kommen Benetzungsluftfilter für Kleinmotoren, Ölbad- und Trockenluftfilter für Normalmotoren (Traktor, LKW, PKW usw.).

Benetzungsluftfilter bestehen aus Stahlwolleeinlagen, die mit Öl benetzt sind. Der mit der einströmenden Luft mitgeführte Staub wird von der benetzten Oberfläche festgehalten. Der Filtereinsatz wird mit Dieselöl ausgewaschen und mit Druckluft durchgeblasen. Mit frischem Motoröl wird er anschließend leicht eingeölt und dann kräftig ausgeschleudert.

Ölbadluftfilter haben im Filtergehäuse unter dem Filtereinsatz aus Metallgewebe ein Ölbad. Die einströmende Luft trifft auf den Ölspiegel auf und wird um 180° umgelenkt. Dabei werden die groben Staubteile auf das Ölbad geschleudert und aus der Luft ausgeschieden. Der feine Staub bleibt fast vollständig im Filtereinsatz haften. Wenn das Öl durch den Staub dickflüssig und dunkel geworden ist, muß es gewechselt und der Behälter gereinigt werden. Nachgefüllt wird reines Motoröl. Der Filtereinsatz ist mit Dieselöl zu säubern.

Ölbadluftfilter

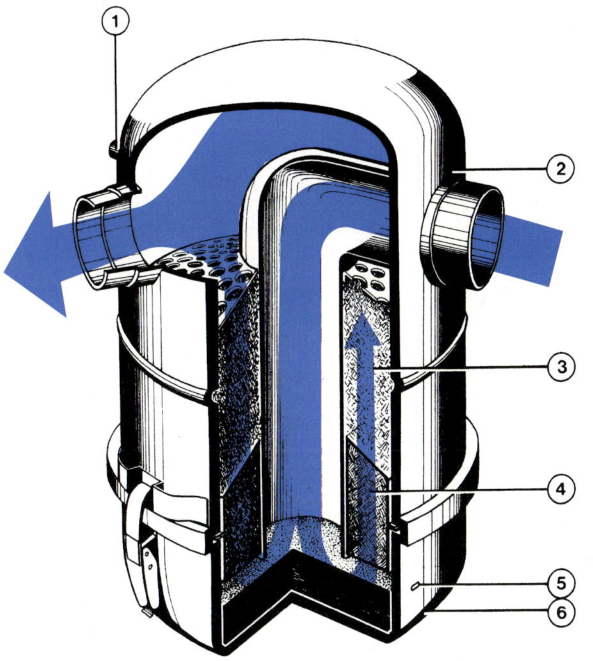

1 Motorentlüftung, 2 Gehäuse, 3 oberer Faserpeßling, 4 unterer Faserpreßling, 5 Ölstandsmarke, 6 Filtertopf (Shell)

Beim **Trockenluftfilter** erfolgt die Staubabscheidung durch Filtereinsätze aus gefaltetem Papier (Papierpatrone). Trockenfilter sind einfach in Aufbau und Wartung, dabei aber sehr wirksam (Reinigungseffekt nahezu 100%). Sind sie verschmutzt, müssen sie durch neue ersetzt werden. Durch Zwischenreinigen (Ausklopfen, Ausblasen der Hauptpatrone) kann das Auswechseln der Sicherheitspatrone verzögert werden.

Zur Abscheidung von groben Verunreinigungen wird der Luftfilter oft mit einem Zyklonvorfilter kombiniert. Verunreinigungen, wie Staub, Insekten u. dgl., werden in diesem Vorfilter von der Luft abgetrennt und in einem leicht entleerbaren Staubgefäß gesammelt. Die Intervalle (Zeitabstände) für den Filterwechsel werden dadurch um das Doppelte bis Dreifache verlängert.

Stark verstopfte Filter erschweren die Zylinderfüllung, führen daher zu einer schlechten Verbrennung, was an schwarzem Auspuffrauch und sinkender Motorleistung erkennbar ist.

Luftfilterbauarten

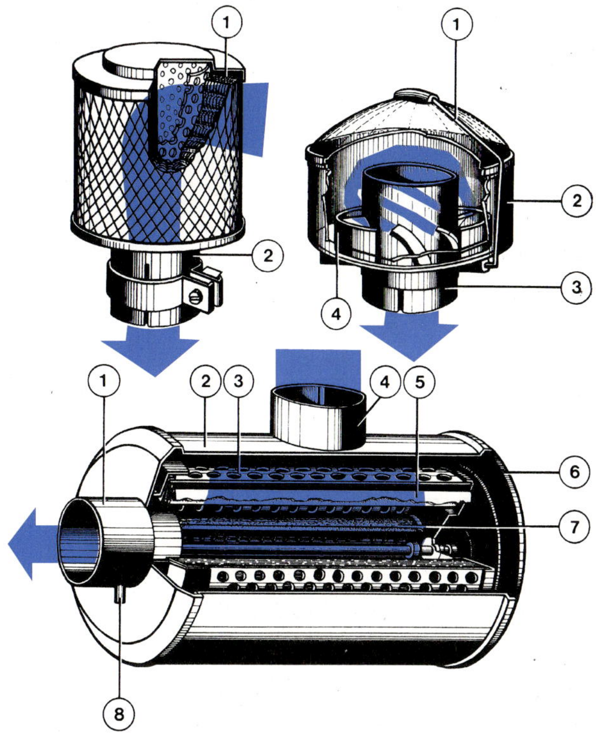

Links oben: Benetzungsluftfilter: 1 Metallgewebe, 2 Anschlußstutzen; rechts oben: Zyklonluftfilter: 1 Haltebügel, 2 Gehäuse (meist transparent), 3 Anschlußstutzen, 4 Ansaugkörper mit Luftleitblechen; unten: Patronenluftfilter: 1 Anschlußstutzen zum Motor, 2 Filtergehäuse, 3 Hauptfilterpatrone, 4 Lufteintritt, 5 Filterpapier in Hauptfilterpatrone, 6 Filterdeckel, 7 Sicherheitspatrone, 8 Anschluß für Wartungsanzeiger (Shell)

C Wirtschaftliche Mechanisierung

Österreichs Landwirtschaft im internationalen Vergleich

Land	Erwerbstätige in der Landwirtschaft	Ø-Betriebsgröße (LN) ha	Ø Milchkühe pro Betrieb	Ø Schweine pro Betrieb	Traktoren je 100 ha	Mähdrescher je 1000 ha Getreide
Belgien	2,9%	16,7	21,7	178,9	8,2	20,0
Dänemark	7,1%	31,0	28,2	205,5	5,8	21,0
BRD	5,3%	16,9	16,0	54,5	12,4	28,0
Griechenland	28,5%	5,7	3,1	19,4	2,7	6,5
Spanien	16,1%	15,3	–	–	–	–
Frankreich	7,3%	29,2	19,8	66,2	4,7	16,0
Irland	15,8%	22,7	19,9	140,0	2,6	12,0
Italien	10,9%	8,0	9,1	15,3	7,0	7,0
Luxemburg	4,0%	31,5	30,7	38,6	7,1	46,0
Niederlande	4,8%	16,7	39,4	343,2	9,1	22,0
Portugal	21,9%	8,9	–	–	–	–
Großbritannien	2,6%	69,5	61,6	336,0	2,8	14,0
Österreich	6,6%	16,3	6,4	24,1	13,8	27,0

1. Maschinenkosten und Maschinenkauf

Um die Arbeiten in der Landwirtschaft mit einer entsprechenden Schlagkraft zu erledigen, bedarf es eines gezielten Einsatzes von Maschinen und Geräten. Die sich ergebenden finanziellen Belastungen sollen durch Kostenrechnungen aufgezeigt werden.

Der Maschinenzeitwert der in Österreich vorhandenen Landmaschinen macht nach der letzten Maschinenzählung rund 4,54 Milliarden Euro aus. Die Kapitalswerte der Landmaschinen pro Hektar landwirtschaftlicher Nutzfläche liegen im Bundesdurchschnitt bei 1.500 Euro. Nahezu ein Drittel der Betriebsausgaben in der Landwirtschaft entfällt auf Aufwendungen für Maschinen und Geräte.

1.1 Fixkosten

Maschinen verursachen nicht nur Betriebskosten. Zu den Gesamtkosten zählen zusätzlich noch solche, die unabhängig von der Benutzung entstehen (Fixkosten). Dazu zählen die Abschreibung, der Zinsanspruch, die Versicherung und die Unterbringungskosten.
Die Abschreibung ist der auf ein Jahr der voraussichtlichen Nutzungsdauer umgelegte Anteil der Anschaffungskosten. Die Abschreibung errechnet sich demnach aus Anschaffungskosten, geteilt durch die Nutzungsdauer in Jahren.

Fixkosten und variable Kosten

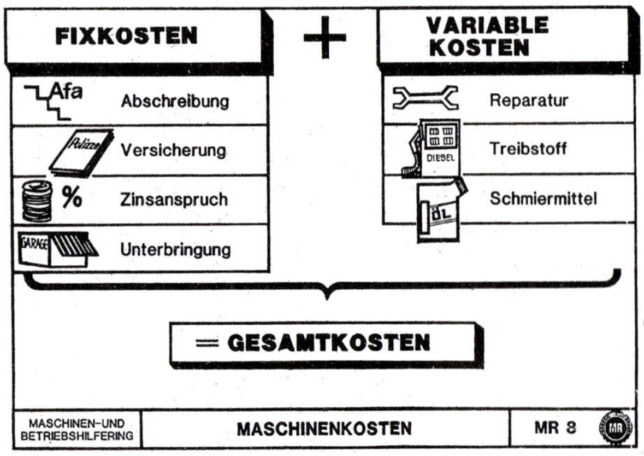

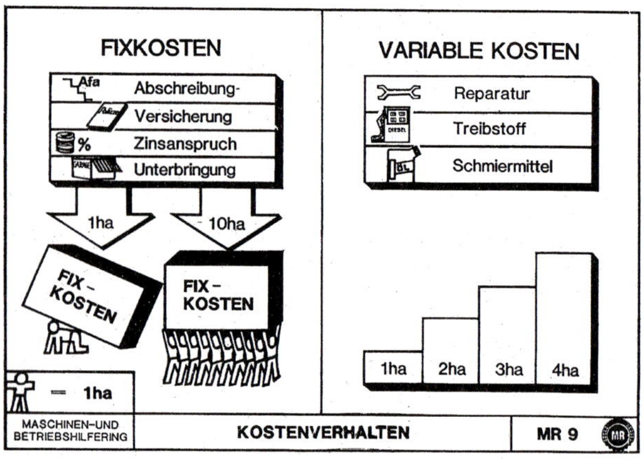

$$\text{Abschreibung} = \frac{\text{Neuwert}}{\text{Nutzungsdauer}}$$

Bezeichnung	Nutzungsdauer in		Reparaturkosten je 100 Betriebsstunden in % vom Neuwert
	Jahren	Stunden	
Traktor	11 bis 17	10.000	0,8
Anhänger	11 bis 20	4.000	3
Förderanlagen	10	2.500	2 bis 4
Pflüge	14	2.000	6 bis 9
Eggen, Kultivatoren, Saatbeetkombinationen	14	2.000	5 bis 6
Handelsdüngerstreuer	7	1.000	3
Stallmiststreuer	8	2.000	5
Vakuumfaß	8	2.000	3
Sämaschine	14	2.000	3
Hack-, Lege- und Vereinzelungsgeräte	14	2.000	3
Spritzgeräte	6	1.500	4 bis 5
Mähwerke	7	1.500	5
Heuwerbegeräte	7 bis 10	2.000	3 bis 4
Futtererntegeräte	10	2.000	3
Hackfruchterntegeräte, Mähdrescher	10	2.000	1

Maschinen mit ausnahmsweise hoher jährlicher Betriebsstundenzahl können in kürzerer Zeit als die durch die voraussichtliche Lebensdauer in Jahren angegebene abgeschrieben (amortisiert) sein. Die normale zeitabhängige Abschreibung führt in diesem Fall also zu Ergebnissen, die nicht mehr voll mit der Wirklichkeit übereinstimmen. Eine nach der Anzahl der Betriebsstunden berechnete, also nutzungsabhängige Abschreibung liefert dann brauchbare Ergebnisse. Die „Abschreibungsschwelle" gibt an, ob die Abschreibung zeitabhängig (nach Jahren) oder nutzungsabhängig (nach Stunden) zu erfolgen hat:

$$\text{Abschreibungsschwelle} = \frac{\text{voraussichtliche Lebensdauer in Stunden}}{\text{wirtschaftliche Lebensdauer in Jahren}}$$

Liegt die tatsächliche Betriebsstundenzahl pro Jahr höher als die Nutzungsschwelle, so wird die Abschreibung (pro Betriebsstunde!) errechnet aus:

$$\text{Abschreibung} = \frac{\text{Neuwert}}{\text{voraussichtliche Lebensdauer in Stunden}}$$

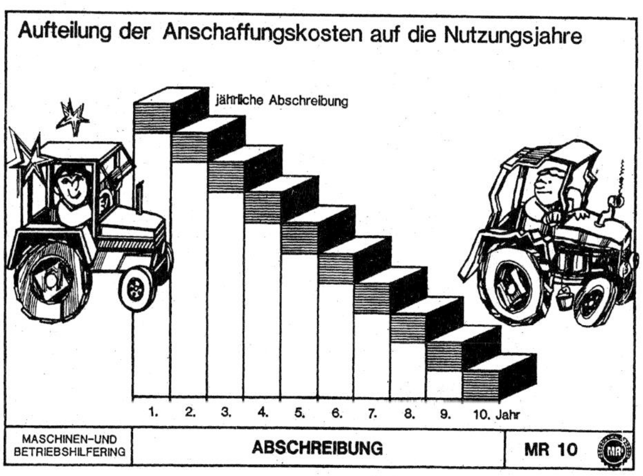

Der Zinsanspruch soll den Zinsverlust des zur Anschaffung der Maschine benutzten Kapitals darstellen. Man hätte ja das Geld auf eine Bank legen können und dafür Zinsen erhalten. Der Zinsanspruch wird dann zu einer realen Größe, wenn die Finanzierung durch Kredit erfolgt. Um einen Mittelweg bei der Berechnung des Zinsanspruchs zu gehen, wählt man einen Mittelwert zwischen dem Satz der Schuldzinsen und Einlagezinsen, also 10%, und zwar fortlaufend vom halben Neuwert. Der halbe Neuwert kann als der durchschnittliche Zeitwert angenommen werden. Man kann gleichermaßen auch sagen: 5% vom ganzen Neuwert.

Für Unterbringung und Versicherung rechnet man pauschal, wenn nicht genauere Werte bekannt sind, mit 2% des Neuwerts pro Jahr.

1.2 Bewegliche (variable) Kosten

Das Kennzeichen der beweglichen Kosten ist, daß sie mit der Zahl der Betriebsstunden zunehmen. Das ist bei den Kosten für Treib- und Schmierstoffe, bei Reparatur- und Wartungsarbeiten der Fall sowie bei der nutzungsabhängigen Abschreibung.

Die Treibstoffkosten lassen sich anhand des spezifischen Treibstoffverbrauchs ermitteln. Nimmt man eine durchschnittliche Auslastung bei Halbgas an, so ergibt sich bei Dieselmotoren ein Verbrauch um 270 g/kWh bzw. 200 g/PSh:

$$\text{Treibstoffverbrauch (l/h)} = \frac{\text{Motorleistung (PS)}}{10}$$

Kostenrechnung für Mähdrescher bei folgenden Daten:

Neuwert	46.500 €
Lebensdauer	2000 Stunden
Nutzungsdauer	10 Jahre
Motorleistung	75 PS
Reparaturkosten	1% vom Neuwert je 100 Stunden
jährlicher Einsatz	50 bis 200 Betriebsstunden

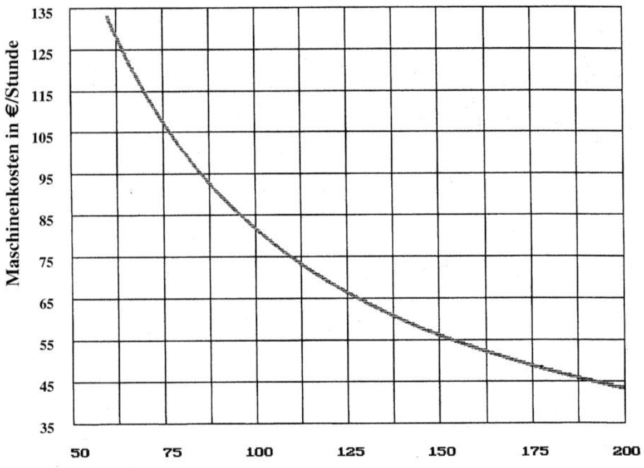

Computerausdruck einer Kostenrechnung

Bei den nachfolgenden Berechnungen wurde die Treibstoffverbilligung nicht berücksichtigt, um einen Vergleich mit ÖKL-Richtwerten zu ermöglichen.
Die Schmierstoffkosten machen mengenmäßig etwa 4%, wertmäßig aber rund 20% der Treibstoffkosten aus. Bei Maschinen und Geräten ohne Verbrennungsmotor sind die Kosten für Schmiermittel in den Werten für die Reparaturkosten bereits enthalten und brauchen daher nicht mehr gesondert berücksichtigt zu werden.
Die Reparaturkosten werden bei Kostenberechnungen anhand von Erfahrungswerten ermittelt. Die auf Seite 94 abgedruckte Tabelle enthält wichtige Zahlenwerte, die den vom Österreichischen Kuratorium für Landtechnik (Schwindgasse 5, 1041 Wien) herausgegebenen „Richtwerten für Maschinenselbstkosten“ entnommen wurden.

1.3 Beispiel zur Kostenrechnung

Maschine: TRAKTOR, 39 KW (54 PS)

Neuwert NW) = 22.165 €

Voraussichtliche Lebensdauer N = 16 Jahre oder n = 10.000 Stunden

Jährliche Nutzungsdauer j = 500 Stunden

Abschreibungswelle $\frac{n}{N} = \frac{10.000}{16} = 625$ Stunden

Abschreibung (wenn j kleiner als $\frac{n}{N}$) $= \frac{NW}{N} = \frac{22.165}{16} =$	€ 1385,35
Verzinsung = 0,03 · NW = 0,03 · 22.165 =	€ 664,97
Versicherung + Unterbringung = 0,02 · NW = 0,02 · 22.165 =	€ 443,30
Zwischensumme = Fixkosten pro Jahr	€ 2493,62
Abschreibung (wenn j größer als $\frac{n}{N}$) $= \frac{NW}{n} \cdot j =$ ________ · _____ =	€
Reparaturkosten = 0,008 bis 0,09 · NW · $\frac{j}{100} = 0{,}008 \cdot 22.165 \cdot \frac{500}{100} =$	€ 886,60
Treibstoffkosten $= \frac{\text{Motornenn-PS} \cdot \text{Preis/l}}{10} \cdot j = \frac{54 \cdot 0{,}77}{10} \cdot 500 =$	€ 2079,00
Schmiermittelkosten = 0,2 · Treibstoffkosten = 0,2 · 2079 =	€ 415,80
Gesamtkosten pro Jahr	€ 5875,02
pro Stunde 5875,02 : 500	€ 11,75

1.4 Die wirtschaftliche Einsatzgrenze

Bei ungenügender Maschinenausnutzung infolge geringer Betriebsstundenzahl können die Kosten jene bei überbetrieblichem Maschineneinsatz nach den „Richtwerten für Maschinenselbstkosten" oder eines Lohnmaschineneinsatzes übersteigen. Sind die Kosten bei Eigenmechanisierung gleich hoch wie diejenigen für überbetriebliche oder Lohnarbeit, so ist die wirtschaftliche Einsatzgrenze der Eigenmechanisierung erreicht. Die Eigenmechanisierung hat allerdings zweifellos den Vorteil eines geringeren Wetterrisikos, besonders während der oft kurzen Erntezeitspannen im Herbst. Dies läßt sich aber z. B. als Risikoversicherung in Form eines 10%igen Zuschlages zu den Kosten für Fremdmechanisierung berücksichtigen.

Beispiel:

Lohndruschkosten pro ha	€ 120.–
Rohertrag pro ha	€ 720.–
Risikoversicherung	10%
Lohndruschkosten pro ha	€ 120.–
+ 10% Risikoversicherung von € 720.–	€ 72.–
Wirtschaftliche Einsatzgrenze	€ 192.–

1.5 Der Maschinenkauf

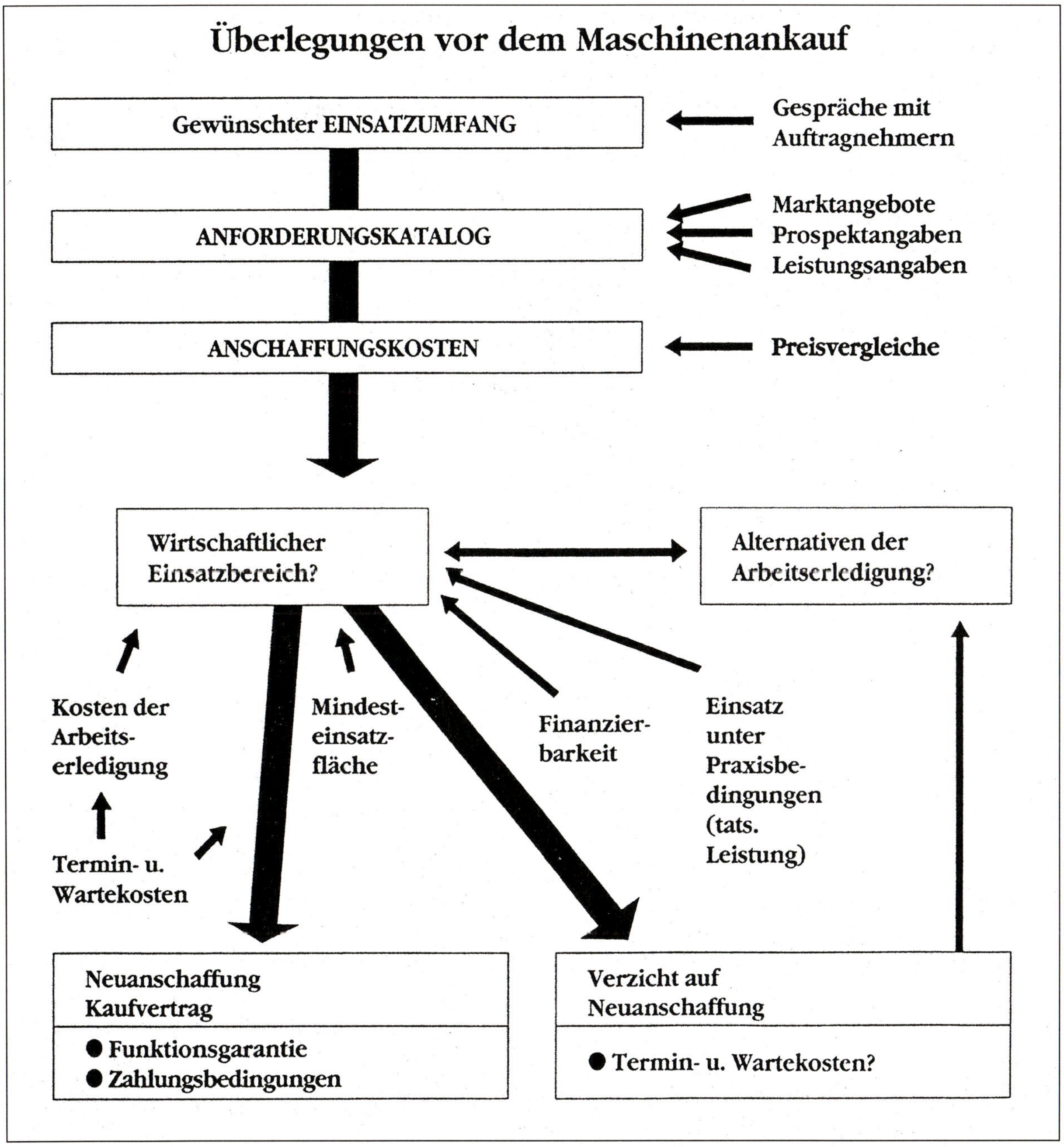

Je weiter die Mechanisierung fortschreitet, um so wichtiger wird eine planmäßige und überlegte Maschinenanschaffung. Beim **Maschinenkauf** geht es nicht nur um geschicktes Handeln und Feilschen, sondern um zielbewußte Planung und Kalkulation. Ausgangspunkt soll daher ein Mechanisierungsplan sein. Bei der Erstellung eines solchen Plans sollen die natürlichen Voraussetzungen des Betriebes beachtet werden. Anzustreben ist eine Schwerpunktbildung und Spezialisierung auf einzelne Betriebszweige. Die Einzelmaschinen einer Mechanisierungskette sind aufeinander abzustimmen. Die Erntemaschine bestimmt meist die Art der Mechanisierungskette. Engpässe, wie die begrenzte Leistung eines Fördergeräts oder ein begrenzter Anschlußwert, sind zu beachten.

Ist die Entscheidung für eine bestimmte Maschinenart gefallen, so kommt die Qual der Wahl eines geeigneten Typs. Heute wird immer mehr der Kauf von Gebrauchtmaschinen interessant. Im Ausland ist das Verhältnis von Zulassungen an Alt- und Neutraktoren zum Teil schon bei 1 : 1 angelangt. Wegen der ständigen technischen Neuerungen kommt eine Ersatzbeschaffung für eine bewährte Maschine kaum in Frage. Neben den einseitigen Informationsquellen von Händlerbesuchen, Anzeigen und Prospekten lohnen sich hier wegen der Vergleichsmöglichkeit Besuche von Vorführungen und Messen oder Lehrfahrten. Als neutrale Beratungsorgane kommen die Landwirtschaftsschulen, die Bezirksbauernkammern, die Landes-Landwirtschaftskammer oder das Österreichische Kuratorium für Landtechnik in Frage. Grundlagen liefern die Gutachten der Bundesanstalt für Landtechnik in Wieselburg. Diese Anstalt ist berechtigt, positive Gutachten (nur solche!) auszustellen und Prüfzeichen zu verleihen.

Rechtlich ist der Kauf abgeschlossen, wenn sich Käufer und Verkäufer über Art, Menge und Preis der Ware einig sind und der Wille zum Kauf bzw. Verkauf besteht. Eine schriftliche Form des Kaufvertrages ist daher nicht notwendig, bei größeren Kaufsummen aber empfehlenswert. Inhalt eines Kaufvertrags sind der Gegenstand (die genaue Kennzeichnung der Maschine), weiters die Preisvereinbarung und die Zahlungsbedingungen sowie eventuelle Liefer- und Übernahmsbedingungen. Unter Zahlungsbedingungen gelten die Angabe eines Liefertermins oder eines Rücktrittsrechts bei verschuldet nicht termingemäßer Lieferung. Eine Übernahmsbedingung wäre z. B. die Feldprobe.

Beim Kauf besteht eine allgemeine Garantieleistung in jedem Fall soweit, daß die Maschine für die ihr zugedachte Arbeit verwendbar sein muß. Darüber hinausgehende Garantien müssen schriftlich festgehalten werden, z. B. eine bestimmte Leistung. Ein Rücktritt vom Kauf ist dann möglich, wenn die Maschine für den gewöhnlichen Gebrauch oder den vereinbarten Zweck ungeeignet ist. Weiters besteht auch dann ein Rücktrittsrecht, wenn auf Probe gekauft wurde und innerhalb der vereinbarten Frist vom Kauf zurückgetreten wird; oder wenn der Liefertermin nicht eingehalten und für diesen Fall ein Rücktrittsrecht im Vertrag festgelegt wurde; oder wenn die Maschine hinsichtlich Leistung, Arbeitsqualität, Eignung, Haltbarkeit oder Vollständigkeit nicht entspricht und durch eine „Besserung" vom Händler keine Abhilfe geschaffen wurde. Ist ein solcher Mangel aufgetreten, so muß er unverzüglich dem Verkäufer bekanntgemacht werden. Die Maschine darf dann nicht weiterverwendet werden. Bei unerheblichen Mängeln kann ein Preisnachlaß gewährt werden. Bei jedem Kauf besteht immer dann noch ein Rücktrittsrecht, wenn der wahre Wert der Ware unter der Hälfte des gezahlten Preises liegt („Verkürzung über die Hälfte").

Das Konsumentenschutzgesetz (BGBl. vom 8. März 1979, Nr. 140) regelt Verträge zwischen Unternehmern und Verbrauchern. Es gilt also nicht für Geschäfte, die der Bauer als Unternehmer (für seinen land- und forstwirtschaftlichen Betrieb) tätigt, wohl aber für solche Geschäfte, die der Bauer für seinen Privathaushalt abschließt.

Beim Kauf von Gebrauchtmaschinen ist ein Risiko unumgänglich. Sachkenntnis ist hier von Vorteil. Beim Kauf von Gebrauchttraktoren kann die folgende Überprüfung einen Überblick über den Gesamtzustand geben:

- Spiel in der Vorderachslagerung und Achsschenkellagerung sowie im Pendelzapfen nach dem Aufbocken des Traktors feststellen
- Lenkspiel, – auch bei vollem Lenkeinschlag, – prüfen
- Reifenzustand prüfen
- Funktion der Differentialsperre prüfen
- auf Undichtheiten am Motor, Getriebe und Kühler achten
- Auspuffrauch beachten
- Fahrprobe machen und auf Geräusche achten
- Zulassungsgenehmigung noch erreichbar?

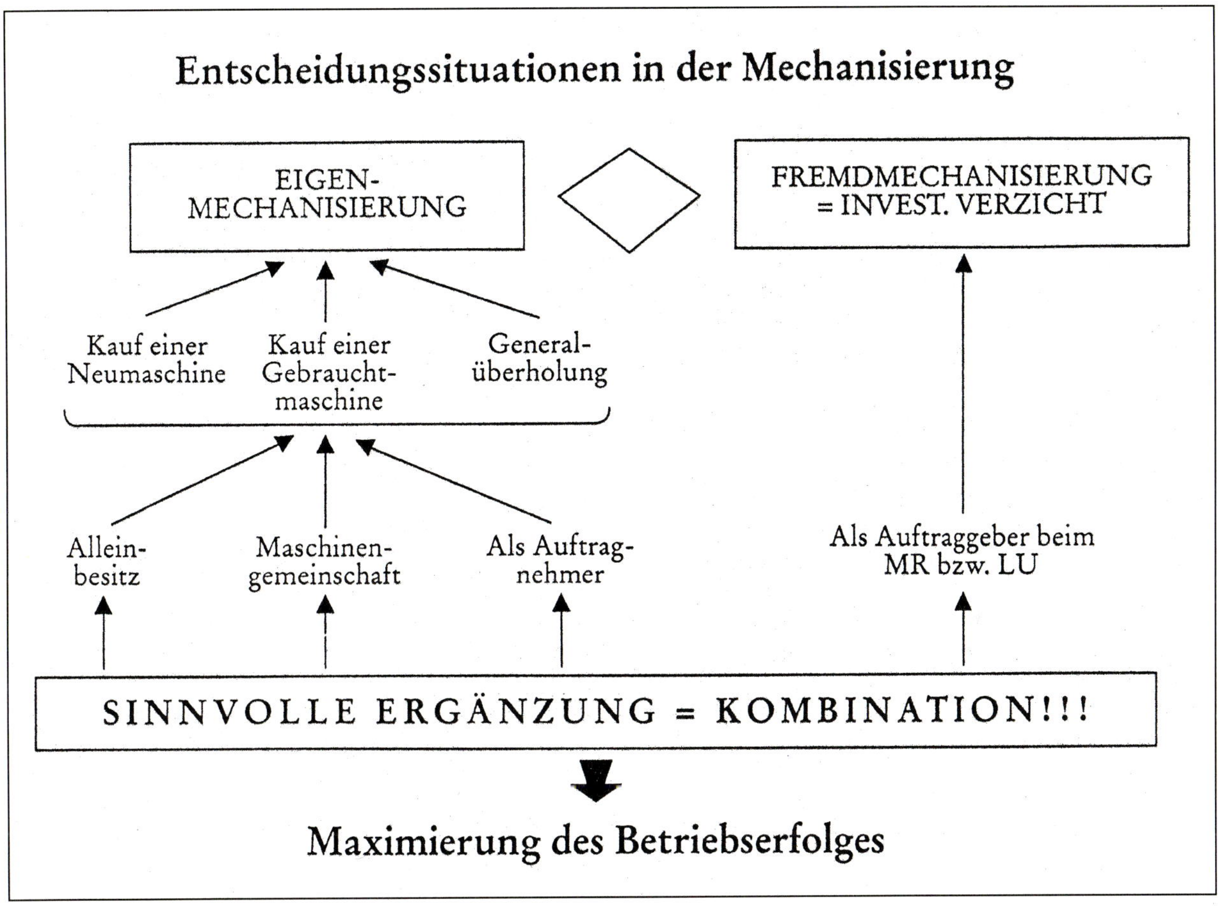

2. Arbeitstechnik

Technik im weiteren Sinn des Wortes ist der Weg zum bestmöglichen Erfolg auf einem bestimmten Gebiet. Bei der Arbeitstechnik geht es darum, jenes Arbeitsverfahren zu finden, das bei den gegebenen Voraussetzungen den geringsten Bedarf an Arbeitskräften und Arbeitszeit hat. Das Arbeitsverfahren ist jene Art und Weise, wie eine bestimmte Arbeit erledigt wird, unter besonderer Berücksichtigung betriebs- und arbeitswirtschaftlicher Gegebenheiten. Zur Erreichung geeigneter Arbeitsverfahren sind erforderlich:

- der Mensch als Arbeitskraft
- Zusammenspiel von Mensch, Maschine und Gebäude
- eine entsprechende Arbeitsplanung und Organisation

Das Zusammenspiel von Mensch, Maschine und Gebäude ermöglicht dann hohe Arbeitsleistungen, wenn die Arbeitsplätze an den Menschen angepaßt sind und dieser vor gesundheitlichen Schäden und Unfällen geschützt ist.

Unfälle können vermieden werden durch:

- Beachtung der detaillierten Unfallschutzvorschriften
- ruhiges und überlegtes Arbeiten
- Ordnung
- entsprechend gepflegte Maschinen und Geräte
- richtige Arbeitskleidung

Bei sinnvoller Planung der Mechanisierung sind einerseits die Kosten zu beachten, die die Maschinen verursachen, andererseits muß aber auch der Arbeitsbedarf berücksichtigt werden. Besonders günstige Werte bei Arbeitsstunden und -kräften sind nur bei sinnvoller Aufeinanderfolge der Arbeit mit Maschinen und Geräten erreichbar. Eine solche Aufeinanderfolge von Arbeitsgängen bezeichnet man treffend auch als Arbeitskette. Für die Festigkeit einer Kette ist jeweils das schwächste Glied maßgeblich. Auf ähnliche Weise hängt die Leistungsfähigkeit der ganzen Arbeitskette von dem in dieser Hinsicht ungünstigsten Arbeitsgang ab. Ein leistungsfähiger Ladewagen wird z. B. die meiste Zeit über stehen, wenn nicht ebenso leistungsfähige Fördereinrichtungen zum Weitertransport des Ladewageninhalts verfügbar sind.
Die Glieder einer Arbeitskette weisen meist folgende Arbeitsgänge auf:

- Ernte- oder Bearbeitungsvorgang
- Laden (zum Teil gekoppelt)
- Transport
- Abladen
- Einlagern

Die Arbeitsgänge einer Arbeitskette können gleichzeitig oder hintereinander ablaufen. Wenn die Arbeitsgänge gleichzeitig ablaufen, spricht man von Fließarbeit. Eine absätzige Arbeit liegt dagegen dann vor, wenn die Glieder einer Arbeitskette nacheinander ablaufen. Das ist beispielsweise dann der Fall, wenn bei der Getreideernte der Korntank in einen am Feldrand bereitgestellten Anhänger entleert wird. Die Schlagkraft von Arbeitsketten hängt von folgenden Faktoren ab:

- Erntefläche oder Bearbeitungsmenge
- verfügbare (regenfreie) Tage, die in der Arbeitssaison zu erwarten sind (Zeitspanne)
- Einsatzstunden der Maschinen pro Tag (der Mähdrescher läßt sich z. B. in einigen Gebieten erst ab 11 Uhr vormittags einsetzen)
- tatsächliche Leistung der Maschinen

Die Schlagkraft einer Maschine kann auch in der Ernteleistung ausgedrückt werden. Ein wichtiger Maßstab bei allen arbeitstechnischen Überlegungen ist der Arbeitsbedarf, ausgedrückt in Arbeitsstunden pro Hektar (AKh/ha):

$$\text{Arbeitsbedarf (AKh/ha)} = \text{Zahl der Arbeitskräfte (AK)} \times \text{Zeitbedarf (h/ha)}$$

Ein Maß für die Leistungsfähigkeit oder Schlagkraft einzelner Feldmaschinen ist die Flächenleistung:

$$\begin{matrix}\text{theoretische} \\ \text{Flächenleistung}\end{matrix} \text{(ha/h)} = \frac{\text{Arbeitsbreite (m)} \times \text{Fahrgeschwindigkeit (km/h)}}{10}$$

Die auf diese Weise errechnete theoretische Flächenleistung wird tatsächlich nie ganz erreicht, weil Wendezeiten, Rüstzeiten, Störungen und eine unvollständige Ausnutzung der Arbeitsbreite nicht berücksichtigt werden. Diese Tatsache läßt sich durch einen Minderleistungsfaktor (0,6 bis 0,8) berücksichtigen:

tatsächliche Flächenleistung = 0,6 bis 0,8 x theoretische Flächenleistung
Der Arbeitsbedarf von Feldmaschinen ergibt sich aus:

$$\text{Arbeitsbedarf (AKh/ha)} = \frac{\text{Zahl der Arbeitskräfte (AK)} \times 10}{\text{Arbeitsbreite (m)} \times \text{Fahrgeschw. (km/h)} \times \text{0,6 bis 0,8}}$$

Der Gesamtarbeitsbedarf einer Arbeitskette ergibt sich aus der Summe der Arbeitsbedarfszahlen der einzelnen Arbeitsgänge.

Die Arbeitsplatzgestaltung beeinflußt Leistung, Gesundheit und Wohlbefinden. In der Industrie hat man diese Zusammenhänge längst erkannt, in der Landwirtschaft wurden erst in letzter Zeit Studien über eine menschengerechte Arbeitsplatzgestaltung angestellt, die durch entsprechende Normen im Maschinen- und Gerätebau festgelegt wurden.
Für die Arbeitsplatzgestaltung wurden folgende Regeln aufgestellt:

- Einseitige Beanspruchungen bei der Arbeit möglichst vermeiden
- Bequeme Körperhaltung wählen oder die Haltung häufig wechseln
- Den Arbeitsplatz den Körpermaßen anpassen und auf Verstellmöglichkeiten achten
- Gute Sicht- und Beleuchtungsverhältnisse schaffen
- Hohe Betätigungskräfte durch Hilfsmittel verringern
- Lärm möglichst meiden – das Gehör schützen
- Vor Luftverunreinigungen schützen – Atemfilter verwenden
- Vor extremen Temperaturen schützen
- Schädliche Schwingungen meiden

Mit der Verwirklichung dieser ergonomischen Grundsätze (körpergerechte Anpassung des Arbeitsplatzes) sollen auch für die in der Landwirtschaft Tätigen menschengerechte Arbeitsplätze geschaffen werden.
In den folgenden Abschnitten werden bei wichtigen Maschinen und Geräten Arbeitsbedarfszahlen als Kalkulationswerte angegeben. Die Werte stammen vorwiegend aus Veröffentlichungen der Bundesanstalt für Landtechnik in Wieselburg. In einigen Fällen wurden Daten des Kuratoriums für Technik und Bauwesen in der Landwirtschaft (KTBL Frankfurt) verwendet, die in dankenswerter Weise zur Verfügung gestellt wurden. Wenn nicht anders angegeben, gelten die Werte für eine Feld-Hof-Entfernung von 1000 m.

3. Zwischenbetrieblicher Maschineneinsatz

Merksätze zum zwischenbetrieblichen Maschineneinsatz

1. Zu hoher Maschinenbesatz zehrt am Betriebsergebnis und erhöht unnötig die Schulden, daher:
- Eigene Maschinen auslasten!
- Maschinen zwischenbetrieblich einsetzen!
- Unrentable Maschinen verkaufen!
- Maschinenleistungen zwischenbetrieblich ausführen lassen!
- Durch gute Pflege die Nutzungsdauer der Maschine erhöhen!
- Kleinere Reparatur- und Wartungsarbeiten selbst erledigen!
2. Bei teuren und wenig genutzten Maschinen ist der zwischenbetriebliche Einsatz am vorteilhaftesten. Mit diesen Maschinen beginnen.
3. Die für den Betrieb und die Region passende Form der zwischenbetrieblichen Zusammenarbeit auswählen! Am gebräuchlichsten sind:
- Nachbarschaftshilfe
- Maschinengemeinschaft
- Maschinen- und Betriebshilfering
- Lohnunternehmer
4. Kombination von Angebot und Nachfrage von Maschinenleistung erwägen!
5. Bei Terminarbeiten Leistungsreserven vorsehen!
6. Durch zwischenbetrieblichen Maschineneinsatz freiwerdende Arbeitszeit und finanzielle Mittel gewinnbringend einsetzen!

Die Berechnung der Maschinenkosten am Beispiel eines Traktors ergibt bei üblicher niedriger Nutzungsdauer im Vergleich zu den Gesamtkosten hohe Fixkosten.

Jährliche Betriebsstunden	Festkosten (€)	Gesamtkosten (€)
300	8,28	14,10
500	4,94	10,75
800	3,12	8,94

Bei nur saisonmäßig eingesetzten Maschinen ist die Fixkostenbelastung noch wesentlich höher. Beim Mähdrescher mit 10 ha Erntefläche liegen die Fixkosten ungefähr 40mal höher als die Betriebskosten pro Hektar. Bei 30 Hektar Getreidefläche machen die Fixkosten immer noch rund das 14fache der Betriebskosten aus. Die hohen Fixkosten setzen der Mechanisierung des Einzelbetriebs Grenzen. Diese Grenzen kann man im Verhältnis zum Wert landwirtschaftlicher Erzeugnisse angeben, und zwar mit 25 bis 30% des jährlichen Rohertrags.
Die durchschnittlichen Maschinenkosten pro Jahr betragen 15 bis 20% des Maschinenneuwerts. Die wirtschaftlich vertretbare Grenze des Maschinenneuwerts liegt demnach beim ein- bis eineinhalbfachen Rohertrag.
Die Ursache für die hohen Fixkosten der Maschine ist die geringe durchschnittliche Ausnutzung. Alle Maßnahmen der Maschinenkostensenkung münden daher in der Erhöhung der Zahl der Einsatzstunden.
Diese Erhöhung kann
- innerbetrieblich, durch Ändern der Betriebsstruktur (Betriebsvereinfachung, Spezialisierung) oder Betriebsvergrößerung, und
- zwischenbetrieblich erfolgen (Nachbarschaftshilfe, Maschinenkleingemeinschaften, Maschinenringe, Lohnmaschineneinsatz).

Die **Nachbarschaftshilfe** stellt die einfachste Form eines zwischenbetrieblichen Maschineneinsatzes dar. Ohne Formalität wird ein Austausch von Maschinenarbeit durchgeführt. Nach dem Grundsatz „strenge Rechnung – gute Freunde“ sollen alle Leistungen eines Betriebs verrechnet werden. Als neutrale Kalkulationsunterlage eignen sich dazu die „Richtwerte für Maschinenselbstkosten“ des Kuratoriums für Landtechnik (ÖKL). Durch die Nachbarschaftshilfe läßt sich eine gewisse Spezialisierung auf Mechanisierungsschwerpunkte erreichen.

Maschinenkleingemeinschaften umfassen eine geringe Anzahl von Maschinenmitbesitzern und beziehen sich auf eine bestimmte Maschine, wie Mähdrescher, Einzelkornsämaschine, Kartoffeldämpfanlage usw. Diese Form des überbetrieblichen Maschineneinsatzes verlangt ein Höchstmaß an Gemeinschaftsgeist. Besonders problematische Punkte sind oft: Bedienung, Wartung, Reparaturen und deren Bezahlung, Unterbringung, unterschiedliche Einsatzzeit auf den Betrieben der Mitbesitzer und Organisation des Einsatzes. Wenn diese vorgenannten Punkte einer einvernehmlichen Lösung zugeführt werden können, ist die Maschinenkleingemeinschaft durchaus imstande, eine Senkung von Maschinenkosten zu erzielen. Die Einhebung einer Flächenumlage, aus der Reparaturen und Wartung bestritten werden, hat sich sehr bewährt.

Maschinenringe stellen eine besonders organisierte Form der Nachbarschaftshilfe dar. Die Maschine bleibt im Maschinenring Eigentum des Mitglieds, und dieser oder eine vom Eigentümer beauftragte Person bedient sie. Damit ist auch die Voraussetzung dafür gegeben, daß die Maschine einwandfrei bedient und richtig gewartet wird. Die Vermittlung erfolgt in der Regel über einen Geschäftsführer, der entweder hauptberuflich, ehrenamtlich oder gegen eine Vermittlungsprovision (als Spesenersatz ca. 5% vom Umsatz) tätig ist. Mit der Tüchtigkeit eines Geschäftsführers steht und fällt natürlich diese Gemeinschaft. Er hat nicht nur für eine reibungslose Vermittlung zu sorgen, sondern soll auch beratend bei der Maschinenanschaffung und der Wahl der Arbeitsverfahren wirken.

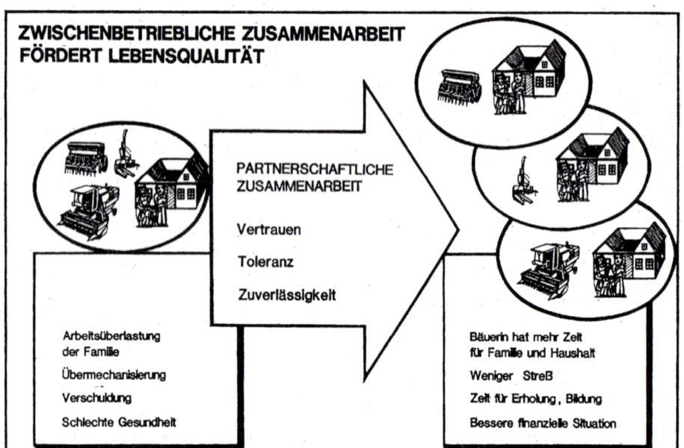

Die Verrechnung geschieht in der Regel bargeldlos über das Girokonto des Mitglieds mit eigenen Verrechnungsformularen. Rechtlich gesehen ist der Maschinenring ein Verein mit Statuten und Organen (Vorstand, Aufsichtsorgan, Vollversammlung). Der Grundsatz der Freiwilligkeit wird besonders betont: Jeder kann seine Maschine zur Vermittlung beim Geschäftsführer melden, muß aber nicht. Genauso bleibt es jedem Mitglied überlassen, ob es eine Maschine durch Vermittlung bekommen möchte. Verrechnungsbasis vieler Maschinenringe sind die bereits erwähnten ÖKL-Richtwerte oder frei kalkulierte Werte.

Der Telefonanschluß ist besonders wichtig für die einwandfreie Funktion des Maschinenrings, besonders dann, wenn der Wirkungsbereich über eine Ortschaft hinausgeht. Nicht alle Maschinen eignen sich für den zwischenbetrieblichen Einsatz. Bei Terminarbeiten, wie z. B. Heuernte, können Probleme auftreten, die jedoch durch ausreichende Schlagkraft überwunden werden können. Besonders geeignet sind natürlich jene Maschinen, die zeitgemäß ungebundener eingesetzt werden können. In den letzten Jahren kam es zu einer Weiterentwicklung in Form der Maschinen- und Betriebshilfsringe. Aufgabe dieser Ringe ist neben der Senkung der Mechanisierungskosten durch überbetrieblichen Maschineneinsatz auch die Aushilfe durch Beistellung von Arbeitskräften bei Abwesenheit der Betriebsführer durch Krankheit, Kuraufenthalt oder Urlaub.

Lohnmaschineneinsatz ist eine weitere Möglichkeit zur Senkung der Mechanisierungskosten. Lohnmaschinenhalter können Gewerbetreibende, Vereine, Genossenschaften oder auch Bauern sein. Zu beachten ist, daß das freie Spiel von Angebot und Nachfrage die Preise beeinflußt. Für den Lohnmaschinenhalter bedeutet dies oft ein hohes Risiko, weil jeder Betrieb sich um den Bestbieter umschauen wird oder sich unter Umständen zu einer Eigenmechanisierung entschließen kann.

Tätigkeiten, die im Rahmen der Nachbarschaftshilfe erbracht werden, gelten als Nebengewerbe der Land- und Forstwirtschaft und sind in der Gewerbeordnung geregelt. Auf diese Tätigkeiten findet die Gewerbeordnung keine Anwendung, und es ist daher für deren Ausübung keine Gewerbeberechtigung erforderlich.

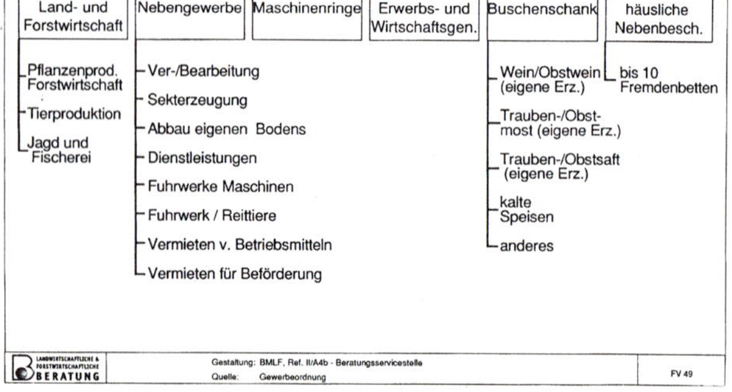

Im einzelnen dürfen daher Dienstleistungen mit land- und forstwirtschaftlichen Betriebsmitteln (auch Fuhrwerksdienste), die im eigenen Betrieb verwendet werden, für andere land- und forstwirtschaftlichen Betriebe im selben oder im angrenzenden Verwaltungsbezirk vorgenommen werden.
Mähdrescher, die für Dienstleistungen in landwirtschaftlichen Betrieben eingesetzt werden, dürfen nur in demselben Verwaltungsbezirk oder in einer an diesen Verwaltungsbezirk angrenzenden Ortsgemeinde zwischenbetrieblich verwendet werden.
Fuhrwerksdienste, mit hauptsächlich im eigenen Betrieb verwendeten land- und forstwirtschaftlichen Transportgeräten (selbstfahrenden Arbeitsmaschinen, Zugmaschinen, Motorkarren und Transportkarren), die ihrer Leistungsfähigkeit nach den Bedürfnissen des eigenen Betriebes entsprechen, dürfen für andere land- und forstwirtschaftliche Erzeugnisse von Gütern, zur Bewirtschaftung land- und forstwirtschaftlich genutzter Grundstücke oder von Gütern, die der Tierhaltung dienen, zwischen Wirtschaftshöfen und Betriebsgrundstücken oder zwischen diesen und der nächstgelegenen Abgabe-, Übernahme-, Verarbeitungs- oder Verladestelle eingesetzt werden, wenn die Betriebe in demselben Verwaltungsbezirk oder in einer an diesen Verwaltungsbezirk angrenzenden Ortsgemeinde liegen.
Vermieten von land- und forstwirtschaftlichen Betriebsmitteln, die im eigenen land- und forstwirtschaftlichen Betrieb verwendet werden, an andere land- und forstwirtschaftliche Betriebe in demselben oder in einem angrenzenden Verwaltungsbezirk für andere als Beförderungszwecke, für Beförderungszwecke im eigenen Verwaltungsbezirk oder in einer an diesen angrenzenden Ortsgemeinde fällt daher ebenfalls unter den Begriff des landwirtschaftlichen Nebengewerbes.

4. Maschinenpflege

Die Kapitalbelastung durch die Anschaffung von Maschinen ist um so höher, je kürzer die Lebensdauer ist. Aber nicht nur diese Kosten sind maßgeblich, sondern auch die Reparaturkosten. In beiden Fällen hängt die Höhe der Kosten von der Wartung und Pflege ab. Das gilt um so mehr, als ein Großteil der Landmaschinen während des Jahres nur kurzzeitig im Einsatz ist und während der übrigen Zeit erheblich an Wert verlieren kann. Die Unterbringung ist die erste Pflegemaßnahme.

4.1 Reinigen

Grundbedingung für jede Maschinenpflege ist eine gründliche Reinigung. Wer seine Maschine nicht sauberhält, der kennt sie meist auch nicht. Besonders wichtig ist eine Reinigung bei Handelsdüngerstreuern, Stallmiststreuern und Schädlingsbekämpfungsspritzen wegen der erhöhten Korrosionsgefahr. Alte ölige Schmutzschichten können durch einfaches Abspritzen mit Wasser nicht mehr entfernt werden. Kaltreiniger in Verbindung mit Spachtel und Bürste helfen dann weiter. Kaltreiniger werden zweckmäßig mit Dieselöl verdünnt und auf die Maschine gestrichen oder gespritzt. Erst dann kräftig mit Wasser nachspülen. Hochdruckspritzen, die an die Traktorzapfwelle ansteckbar sind, oder Dampfstrahlgeräte erleichtern die Arbeit sehr. Rostlösende Sprays kommen besonders bei festgerosteten Schrauben als wirksame Nothelfer in Frage.

4.2 Konservieren

Nach dem Reinigen werden oft vorher nicht sichtbare Schäden oder Verschleißerscheinungen erkennbar. Die zeitgerechte Behebung erspart viel Ärger. Schadhaft gewordene lackierte Flächen werden möglichst mit der Drahtbürste entrostet und mit einem Grundanstrich versehen. Rostbindende Grundierfarben mit Phosphat- oder Chromzusätzen sind sehr praktisch, weil der Rost nicht fein säuberlich entfernt werden muß. Ohne Putzen geht es aber dabei auch nicht.
Nach zweimaligem Grundieren – den ersten Grundanstrich besser mit Pinsel – wird erst ein Decklackanstrich mit Pinsel oder Spritzpistole aufgetragen. Bei der Verwendung der Spritzpistole ist zu beachten, daß die Farbe meist verdünnt werden muß und der Druck der Preßluft 2 bis 5 bar nicht übersteigt. Grund- und Decklack müssen übereinstimmen, desgleichen die Verdünnungsflüssigkeit.
Zur Konservierung hat die einschlägige Industrie Konservierungsöle im Angebot, die grob in Innen- und Außenkonservierungsöle unterteilt werden können:
Außenkonservierungsöle enthalten Lösungsmittel, die nach dem Verstreichen oder Aufsprühen verdunsten. Zurück bleibt ein wachsartiger, schützender Überzug. Die Öle haben auch wasserverdrängende Wirkung. Für Spezialzwecke gibt es auch Hohlraumkonservierungsöle und Unterbodenschutzmittel.
Innenkonservierungsöle gibt es für Motoren, Getriebe und Hydrauliksysteme. Ein gutes Motorkonservierungsöl hat etwa 20 Betriebsstunden auch volle Schmierfähigkeit.

4.3 Schmieren

Eine weitere wichtige Pflegemaßnahme ist die regelmäßige Schmierung der Lagerstellen. Hebelfettpressen und hochwertige Mehrzweckfette werden den Ansprüchen aller Nippelschmierstellen gerecht. Staufferfette haben bei Maschinen nichts verloren! Wälzlager sollen nur zu einem Teil mit Schmierfett gefüllt werden. Ölbadgetriebe werden meist mit Getriebeölen der Viskosität SAE 90 geschmiert; ein jährlicher Ölwechsel ist in den meisten Fällen empfehlenswert. Ein Getriebegehäu-

se wird nie voll mit Öl gefüllt, sondern, wenn nicht anders vorgeschrieben, nur zu einem Drittel. Einfache Gelenkstellen ohne Nippel werden mit Öl geschmiert.
Kettentriebe sollen jährlich einmal gründlich gereinigt werden, am besten durch Abnehmen der Kette und Waschen in Dieselöl. Die saubere Kette wird dann durch Kettenfett gezogen. Bei Ketten, die unmittelbar mit Schmutz und Staub in Berührung kommen, verwendet man allerdings anstelle von Kettenfett besser Motoröl. Günstig wirkt sich ein Zusatz von Molybdänschmiermittel zum Motoröl aus. Zahnräder offener Zahntriebe werden mit bitumenhältigen Schmierfetten behandelt. Seilzüge erfordern Seilfette.

Auf eine Reihe weiterer Pflege- und Wartungsmaßnahmen wird bei der Behandlung der einzelnen Maschinen und Geräte hingewiesen. Die Betriebsanleitung soll bei den Pflegearbeiten nie vergessen werden. Fehlt die Betriebsanleitung, so überprüft man:

- Lagerspiel und Schmierstellen
- Kupplungen
- Drehmomente der Schrauben und Muttern
- Ketten, Riemen, Zahnräder und Riemenscheiben
- Rahmen
- Schutzanstriche

Maschinenpflege ist nicht nur Saisonarbeit, sondern auch in besonderem Maß dann nötig, wenn die Maschine im harten Einsatz steht.
Erfahrene Praktiker legen sich für jede Maschine ein Karteiblatt an und vermerken darauf Besonderheiten während des Einsatzes, z. B. Schwergängigkeit von Hebeln, Ölverluste, Betriebsgeräusche. Diesen aufgezeichneten Fehlern kann in arbeitsstilleren Zeiten nachgegangen werden, und so geraten sie nicht in Vergessenheit.

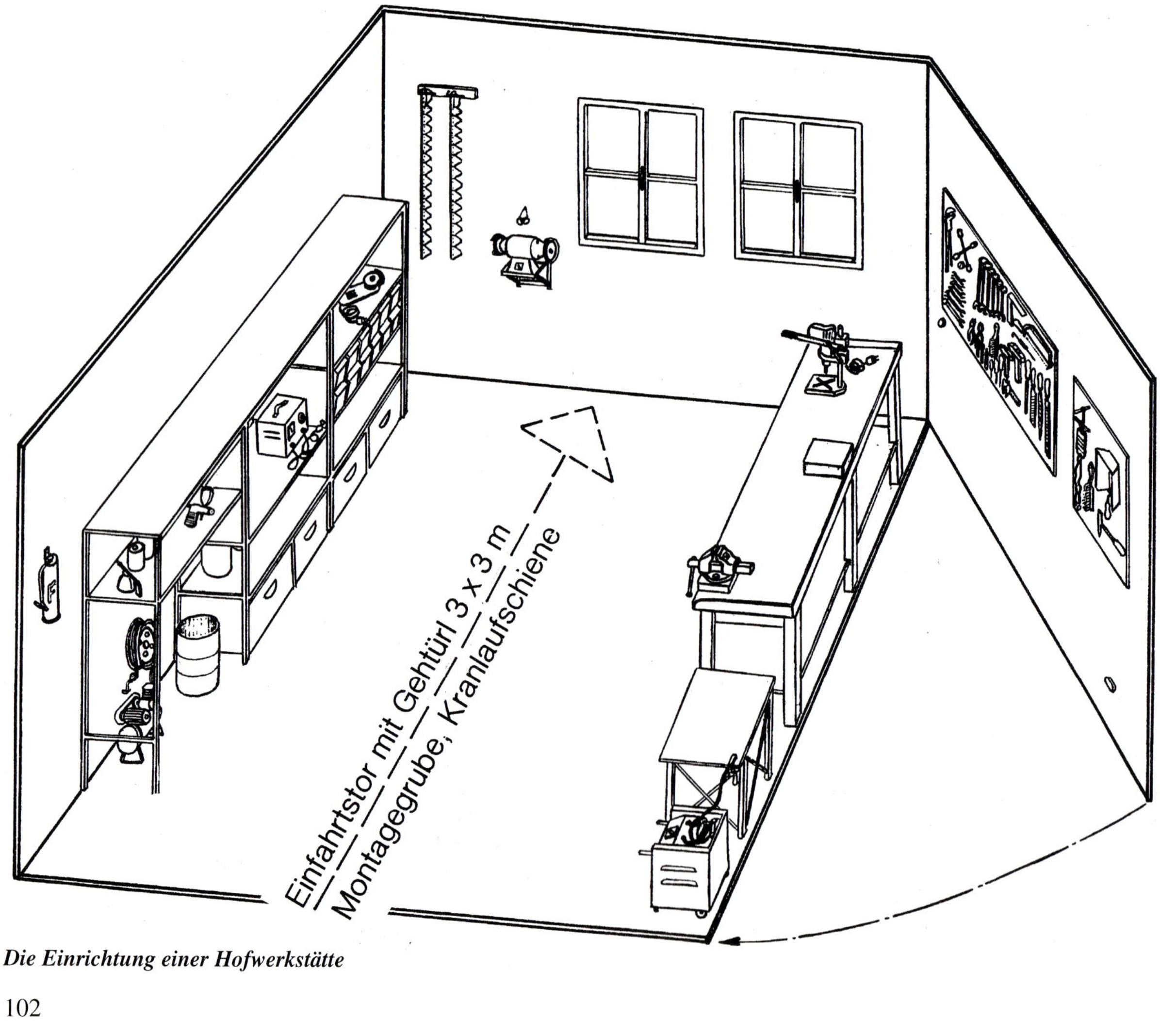

Die Einrichtung einer Hofwerkstätte

4.4 Die Werkstätte

Voraussetzung für die Maschinenpflege ist eine entsprechend eingerichtete Hofwerkstätte. Sie soll zum Aufbewahren von Materialien, diversen Werkzeugen und Geräten dienen. Sie soll groß genug sein (Mindestmaße: l = 9 m, b = 5 m, h = 3–3,5 m), um die regelmäßig notwendigen Pflege- und Instandhaltungsarbeiten durchführen zu können. Die Ausstattung sollte reichen, um kleinere Reparaturen durchführen zu können.

Wichtig ist eine große Einfahrt. Im Winter ist eine Heizung unerläßlich. Wegen der Funkenbildung beim Schleifen oder Schweißen scheidet die Werkstätte als Abstellgarage für den Traktor aus, weil hier meist Treibstoff oder Schmieröl gelagert wird. Eine Montiergrube erleichtert die Arbeit, ist aber keine notwendige Voraussetzung. Wichtiger Einrichtungsgegenstand ist eine massive Werkbank mit starker Hartholzauflage. Dazu gehört ein Parallelschraubstock aus geschmiedetem Stahl mit mindestens 135 mm Backenbreite. Mit Hilfe einer Holzzwischenlage erreicht man eine günstige Höhe des Schraubstockes. Mit einem über der Werkbank angebrachten Werkzeugbrett mit Halterungen und Schattenzeichnungen für die gebräuchlichen Handwerkzeuge läßt sich leichter Ordnung halten als mit einer Reihe von Laden. Wichtige Kleinteile, wie Nägel, Nieten, Splinten Schrauben und Muttern usw., lassen sich übersichtlich in kleinen Kunststoffboxen oder Holzkistchen unterbringen. So findet man auch, was man braucht.

Ein Schweißtisch mit einem Schweißgerät, möglichst bis 180 A Schweißstrom, setzt sich auch bei kleineren Betrieben immer mehr durch. Ein weiterer wichtiger Ausrüstungsgegenstand ist eine elektrische Handbohrmaschine mit Bohrständer, einem Satz Spiralbohrer und gängigen Größen von Steinbohrern. Fest montierte Ständerbohrmaschinen sind leistungsstärker und ermöglichen eine hohe Genauigkeit beim Bohren. Zusatzwerkzeuge zum Schleifen, Polieren usw. erweitern die Einsatzmöglichkeiten. Zusatzgeräte, wie Kreissäge, Stichsäge etc., erhöhen das Gewicht erheblich, sind unhandlich und verursachen immer Rüstzeiten. Spezialmaschinen arbeiten präziser und haben eine höhere Leistung. Geräte, die fast nichts kosten und sehr hohe Umdrehungszahlen haben, sind nicht das richtige. Geeignet sind Bohrmaschinen mit einer Leistungsaufnahme ab etwa 600 W, mit mehreren Bohrgeschwindigkeiten und Drehrichtungsänderung.

Schleifgeräte dürfen nicht fehlen: Mähmesserschleifapparate mit Parallelführung sind zum Messerschleifen ideal. Ein Schleifbock mit Netzanschluß von 400 V und zwei Schleifscheiben unterschiedlicher Körnung (grob, fein). Ein Winkelschleifer mit Trennscheiben zum Schneiden von Rohren, Profilen, Blechen, Steinen und Beton sowie Schruppscheiben zum Schleifen von Schweißnähten, Kanten, zum Rostentfernen usw. ist unentbehrlich.

Unfallschutz: Die Umdrehungszahl des Gerätes und die höchstzulässige Geschwindigkeit bzw. Umdrehung der Scheibe müssen übereinstimmen. Nach dem Scheibenwechsel muß die Schutzhaube wieder befestigt werden. Beim Arbeiten mit Schleifgeräten muß immer eine Schutzbrille verwendet werden, um Augenverletzungen zu vermeiden. Die Auflage beim Schleifbock muß 1 bis 2 mm an die Schleifscheiben herangestellt werden, das Schutzfenster ist auf festen Sitz zu prüfen.

Für viele Pflegearbeiten, zum Farbspritzen und Reifenaufpumpen ist ein Druckluftkompressor nützlich. Im Notfall genügt auch ein an die Zapfwelle ansteckbarer Kleinkompressor. Ein Amboß, behelfsmäßig auch ein Stück einer Stahlprofilschiene, ist für Nietarbeiten wichtig. Für Montagearbeiten an Fahrzeugen sollte ein kräftiger Wagenheber vorhanden sein. Neben einer Handlampe und einer Hebelfettpresse gehören auch ein Satz von Gewindeschneidwerkzeugen für übliche Größen und ein Batterieladegerät dazu. Das Werkzeugbrett mit dem Handwerkszeug soll an Schraubenschlüsseln nicht nur einen Satz Gabelschlüssel, sondern auch Ringschlüssel, eventuell kombinierte Gabel-Ring-Schlüssel, enthalten. Nachfolgende Zusammenstellung von Werkzeugen hat sich bestens bewährt:

1 Schlosserhammer 300 g
1 Schlosserhammer 500 g
1 Hammer 1000 g
1 Flachmeißel
1 Kreuzmeißel
3 Durchschläger (3, 4 und 6 mm)
3 Splinttreiber (2, 4 und 6 mm)
1 Körner
1 Satz Nietenzieher und Kopfmacher (5 mm)
1 Metallsägebogen mit HSS-Blättern
2 Flachfeilen (Bastard und Schlicht, 350 mm)
2 Rundfeilen (Bastard und Schlicht, 350 mm)
1 Dreikant-Bastardfeile 300 mm
1 Feilbürste
1 Raspel
1 Gripzange (Haltezange)
1 Rohrzange, 1½ Zoll
1 Kombizange, isoliert
1 Beißzange
1 Langbeck-Flachzange
1 Seitenschneider
1 Wasserpumpenzange
1 Plastikhammer oder Gummihammer
1 Drahtbürste
3 Schraubenzieher (4, 7 und 10 mm)
2 Montiereisen
1 Zündkerzenschlüssel
1 Satz Gabelschlüssel (6 bis 36 mm)
1 Satz Gabel-Ring-Schlüssel (6 bis 36 mm, 12teilig)
1 Kreuzschlüssel für Radmuttern
1 Reißnadel
1 Anschlagwinkel
1 Rollmaßband
1 Schiebelehre
1 Satz Fühlerlehren
1 Kontaktfeile
1 Ölkännchen
1 Malerspachtel
2 Seegerringzangen (für außen und innen)

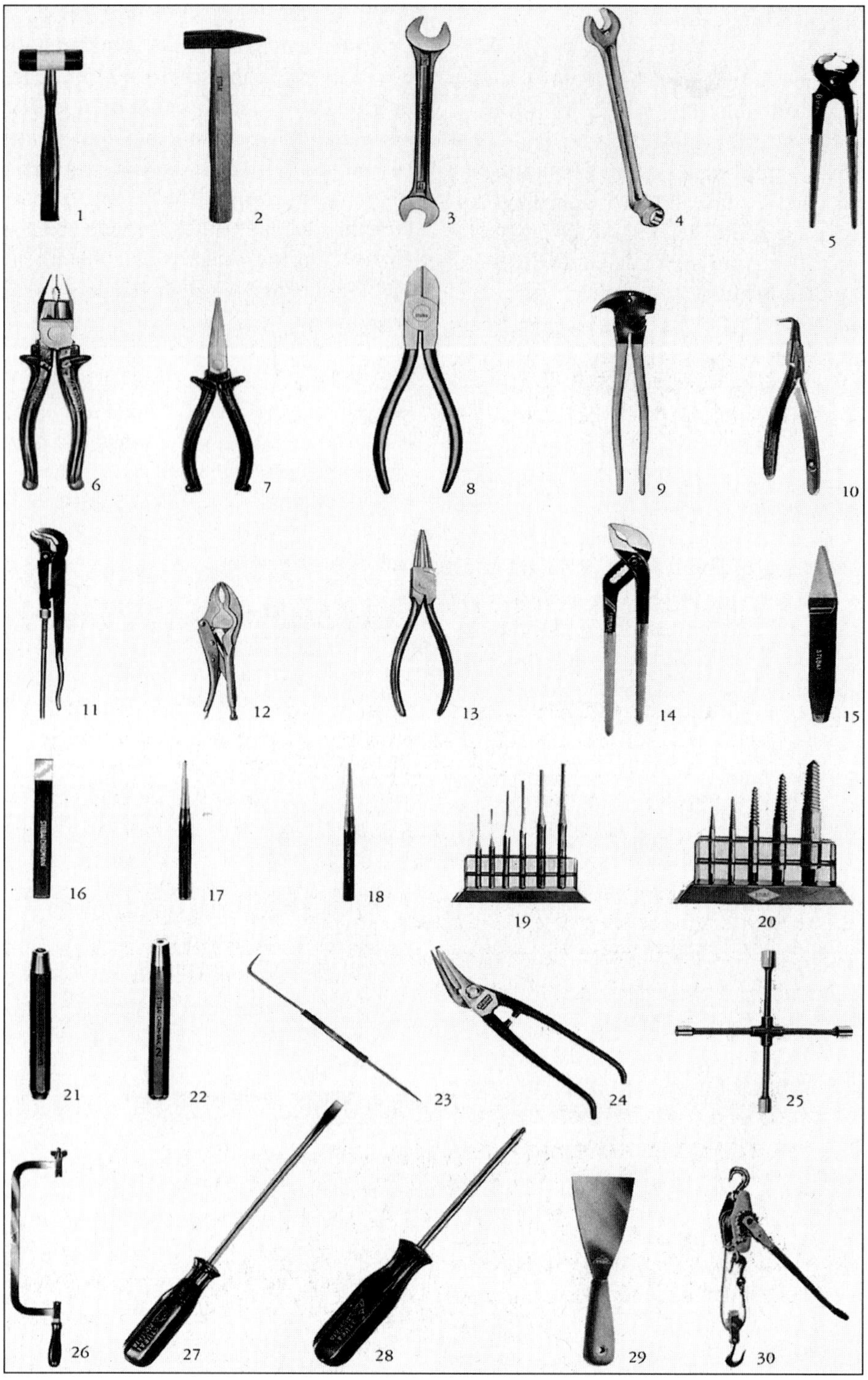

Handwerkszeug:

1 Plastikhammer
2 Schlosserhammer
3 Gabelschlüssel
4 Gabel-Ring-Schlüssel
5 Beißzange
6 Kombizange, isoliert
7 Langbeck-Flachzange
8 Seitenschneider
9 Farmerzange
10 Seegerringzange
11 Rohrzange
12 Gripzange
13 Spitzzange
14 Wasserpumpenzange
15 Kreuzmeißel
16 Flachmeißel
17 Körner
18 Durchschläger
19 Splinttreibersatz
20 Schraubenausdrehersatz
21 Nietenkopfmacher
22 Nietenzieher
23 Reißnadel
24 Blechschere
25 Kreuzschlüssel
26 Metallsägebogen
27 Schraubenzieher
28 Kreuzschlitz-Schraubendreher
29 Malerspachtel
30 Hebezeug (Stubai)